高职高专新形态一体化教材
供护理及相关专业使用

生物化学

第2版

主　审　吕学儒　宋晓凤
主　编　张承玉
副主编　赵　婷
编　者（以姓氏笔画为序）
马元春（青海卫生职业技术学院）
王秀红（天津医学高等专科学校）
文　程（大庆医学高等专科学校）
刘春荣（天津市海河医院）
苏蓓莉（天津医学高等专科学校）
张　娜（天津医学高等专科学校）
张承玉（天津医学高等专科学校）
赵　婷（天津医学高等专科学校）
崔文静（沧州医学高等专科学校）

人民卫生出版社
·北　京·

图书在版编目(CIP)数据

生物化学 / 张承玉主编. —2 版. —北京：人民卫生出版社，2021. 8

ISBN 978-7-117-31785-6

Ⅰ.①生… Ⅱ.①张… Ⅲ.①生物化学 - 高等职业教育 - 教材 Ⅳ. ①Q5

中国版本图书馆 CIP 数据核字（2021）第 160567 号

生 物 化 学

Shengwu Huaxue

第 2 版

主　　编：张承玉
出版发行：人民卫生出版社（中继线 010-59780011）
地　　址：北京市朝阳区潘家园南里 19 号
邮　　编：100021
E - mail：pmph @ pmph.com
购书热线：010-59787592　010-59787584　010-65264830
印　　刷：北京华联印刷有限公司
经　　销：新华书店
开　　本：787 × 1092　1/16　　印张：14
字　　数：341 千字
版　　次：2013 年 8 月第 1 版　　2021 年 8 月第 2 版
印　　次：2021 年 9 月第 1 次印刷
标准书号：ISBN 978-7-117-31785-6
定　　价：55.00 元
打击盗版举报电话：010-59787491　E-mail：WQ @ pmph.com
质量问题联系电话：010-59787234　E-mail：zhiliang @ pmph.com

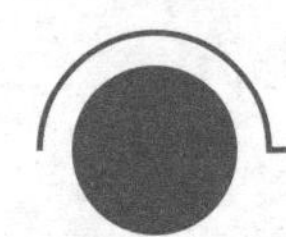

前　言

根据国务院《国家职业教育改革实施方案》对高职院校教材建设提出的新要求，我们特邀了具有多年教龄的一线教师以及具有多年临床护理工作经验的兼职教师共同参与本教材的编写，力争符合护理专业需求。现将护理及相关专业使用的第1版《生物化学》教材改编为新形态一体化教材。

本教材紧紧围绕高等职业教育护理专业人才培养目标，结合临床护理专业特点，充分满足护理岗位需要。生物化学是重要的医学基础课程，在教材编写的过程中注重本课程与平行课、后期基础课以及专业课的衔接，同时兼顾学生的认知规律，学习特点及可持续发展，科学合理设计教材结构。本教材序化与重组了医学化学基础、生物化学和分子生物学，有机整合为5大教学模块。同类院校可根据各自的教学要求和生源层次等实际学情选择使用。本教材在保留第1版教材简明扼要、深入浅出特色的基础上，根据护理岗位任务的新要求，删除了溶液、生物信号转导等章节内容，增加了新冠病毒基因检测相关的分子生物学知识，使教材更具系统性、科学性、先进性。教材通过“问题导入”串联基础知识要点，引发学生思考，方便教师开展问题式教学；此外还设有点睛之语、思维导图、学习目标、知识链接、目标检测、参考答案；同时每章都配有全套课件、重要知识点微课视频等信息化教学资源，充分发挥新形态教材“视听练”一体化的优势。

本教材的编者们以严谨的态度，科学的作风确保教材编写质量和编写任务的顺利完成。由于主编水平有限，尽管编者们已尽最大努力，但仍有某些欠妥之处，请广大师生提出宝贵批评意见。

张承玉

2021年4月

目　录

模块三　动态生物化学

模块四　分子生物学

模块五　临床生物化学

绪　论

- 绪论
  - 概念
    - 研究生物体的化学组成和生命过程中化学变化规律的科学，又称“生命的化学”
  - 发展简史
    - 研究阶段
      - 静态生物化学
      - 动态生物化学
      - 分子生物学
    - 研究内容
      - 有机化合物基本知识
      - 化学物质组成、结构与功能
      - 物质代谢及调控
        - 营养物质的代谢
        - 非营养物质的代谢
      - 中心法则
      - 酸碱平衡
  - 生物化学与医学的关系
    - 生物化学与其他医学基础课程有着密切的联系
    - 为临床、护理专业课打下扎实基础
    - 生物化学在疾病诊断治疗中广泛应用

1. 掌握生物化学的概念。
2. 熟悉生物化学的任务和主要研究内容；生物化学与医学的关系。
3. 了解生物化学发展史。
4. 能够理解生物化学在医护工作中的作用。

生物化学绪论

一、生物化学的概念及研究对象

生物化学(biochemistry)是生物学的分支学科之一，是研究生物体的化学组成和生命过程中化学变化规律的科学，故又称“生命的化学”。其任务是从分子水平上阐明生物体基本物质(如糖、脂质、蛋白质、核酸、酶、维生素和激素等)的结构、性质和功能，以及这些物质在生物体内的代谢规律，揭示复杂的生命现象，如生长、生殖、衰老、运动及免疫等之间的关系。由于生物化学与分子生物学的迅速发展，目前已成为生命科学领域最有活力的前沿科学之一。

二、生物化学的发展简史

生物化学这一名词的出现大约在19世纪末20世纪初，但它的起源可追溯得更远。古代人们利用豆、谷、麦等为原料，酿制酒、酱、醋等，就是将生物化学反应应用于实践。生物化学真正成为一门独立学科只有近100余年。因此，这是一门既古老又年轻的学科。生物化学的发展大致经历了三个阶段。

(一)静态生物化学阶段

大约从18世纪中叶到20世纪初，主要研究生物体的物质组成，生物分子的性质、结构与功能，并对其进行分离、纯化、合成。此阶段的主要成就包括：研究了生物氧化作用的本质；较为系统的研究了脂质、糖类及氨基酸的性质；分离了核酸；发现了维生素对人体的作用；从血液中分离了血红蛋白；证实了连接相邻氨基酸的肽键，提出蛋白质分子结构的多肽学说；发现酵母发酵可生成醇，并产生CO_2，酵母发酵过程中存在“可溶性催化剂”，奠定了酶学基础等。

(二)动态生物化学阶段

大约从20世纪初到20世纪50年代，研究工作的重心由物质的组成转向物质的变化。人们对各种化学物质的代谢途径(物质的反应过程)有了一定的了解。此阶段基本确定了生物体主要物质的代谢途径，包括糖代谢途径、酶促反应过程、脂肪酸的β-氧化、尿素合成途径及三羧酸循环等；在生物能研究中提出了生物能产生过程中ATP循环学说。生物化学研究中应用了放射性核素标记、电泳和X射线晶体学等技术方法，极大地推动了学科的发展。我国生物化学家吴宪在血液分析方面创立了血滤液的制备及血糖的测定等方法，并在蛋白质的研究中提出了蛋白质变性的学说。吴宪教授被誉为“中国生物化学和营养学之父”。

（三）分子生物学阶段

从1953年开始，生物化学研究深入生命的本质和奥秘，即运动、生长、发育、繁殖、神经调节、内分泌等的分子机制。以1953年Watson和Crick提出DNA的双螺旋结构模型为标志，生物化学的发展进入了分子生物学阶段。这一阶段的主要研究工作是探讨各种生物大分子的结构与功能之间的关系。通常将生物大分子的结构、功能及其代谢调控等的研究称为分子生物学。随着分子生物学技术的出现，相继人工合成了蛋白质；成功地测定了猪胰岛素的空间结构；对DNA的复制机制、RNA转录过程以及RNA在蛋白质合成过程中的作用进行了深入研究，提出了遗传的中心法则，破译了mRNA分子中的遗传密码；70年代，建立了重组DNA技术，人们利用转基因及基因剔除等手段开始主动改造生物体，由此产生了新的物种；聚合酶链反应（PCR）技术的发明，使体外高效扩增DNA成为可能；新基因克隆技术、人类基因组及功能基因组计划等，使人们对"生命现象"本质的认识成为可能。生物化学的蓬勃发展、生物化学的辉煌成就在这五六十年间大放异彩。生物化学面临前所未有的机遇与挑战，研究手段和研究方法的出现为生物化学的发展提供了机遇，但还有许多重大的理论问题没有解决，向生物化学提出了挑战。随着生物化学的发展，必将对人类临床医学、预防医学等领域的进步作出重大贡献。

三、生物化学的学习内容

本教材是针对护理专业的学习需要，将有机化学与生物化学两门课整合为一门课，全书共编排为8章：①介绍有机化合物基本知识：如饱和烃和不饱和烃，醇、酚、醚，醛和酮，羧酸和取代酸的命名及常用化学性质，生物分子常见的化学基团等。②介绍蛋白质和核酸的化学组成、结构、性质与功能。③介绍酶的结构和功能，影响酶促反应的因素，以及酶与疾病的发生、诊断、治疗的关系。④介绍三羧酸循环与能量的生成。⑤介绍体内物质代谢，如糖、脂质、蛋白质等生物分子在体内分解与合成代谢途径，能量的利用。生物分子的分解代谢可为机体提供能量，当机体能量出现剩余时，可促进体内物质的合成代谢，将能量转换为能源形式（糖、脂肪）贮存。机体各组织细胞中的物质代谢有很大区别，临床生物化学检验就是基于这个原理，通过检测体内某些物质的含量，准确提供某些组织器官的化学成分改变信息，为疾病的诊断、预防和治疗提供有力的依据。⑥介绍中心法则，即遗传信息从DNA传递给RNA，再从RNA传递给蛋白质，完成遗传信息的转录和翻译的过程。⑦介绍物质代谢的副产物——生物活性物质及各种非营养物质的代谢。机体为了自身安全，需要对这些物质进行生物转化，改变其溶解性及毒性，使其易于排出体外，确保机体健康。⑧介绍体内酸、碱物质的来源与酸碱平衡的调节。

体内物质代谢的任何环节发生紊乱，都可能干扰正常的生理功能，给生命活动带来很大影响，从而导致疾病的发生。熟悉不同组织器官及各亚细胞器的物质代谢特点，对认识疾病的发生机制以及提供有效的防治措施具有重要意义。

四、生物化学与医学的关系

(一)生物化学与其他医学基础课程的关系

生物化学与其他医学基础课程有着密切的联系。如解剖学与组织学研究正常人体的形态结构,生理学研究正常人体的功能活动,这两门学科从细胞外(器官系统、组织细胞水平)认识人体结构与功能;而生物化学是研究细胞内(分子水平)的物质组成与分子结构,代谢活动与调控的学科,更能从本质上揭示生命活动现象和疾病的发生发展;遗传学和微生物学等研究内外致病因素;病理学研究患病机体形态功能改变;药理学研究药物作用机制;这些后续课程的深入学习都需要生物化学的知识做铺垫。

此外,生物化学与其他医学基础课程又存在广泛交叉。如人体生理学与生物化学属于姊妹学科,共同研究物质和能量代谢;生物化学与遗传学共同研究核酸和蛋白质的结构、代谢与功能;生物化学广泛应用大肠埃希菌等作为研究材料,与微生物学也密切相关。因此生物化学形成了许多交叉和分支学科,如分子遗传学、分子微生物学、分子病理学、分子药理学等。

可见,生物化学是一门重要的医学基础课程,为后续专业课程的学习奠定坚实的理论和技能基础。

(二)生物化学在疾病诊断治疗中的应用

生物化学与医学的发展紧密相关。生物化学为疾病的发生机制、预防、诊断和治疗提供理论基础和技术支持。如糖代谢异常引起糖尿病;脂代谢异常引起动脉粥样硬化;氨代谢异常导致肝性脑病;胆红素代谢异常出现黄疸;缺乏维生素 A 导致夜盲症等。临床可以通过检测血糖、血脂、血氨、血尿胆红素、维生素 A 等生化指标,对疾病进行诊断。调节糖代谢、脂代谢、氨代谢、胆红素代谢,补充维生素 A,就可以对相应的疾病进行预防和治疗。

随着分子生物学时代的到来,对一些重大疾病,如肿瘤、遗传性疾病、免疫性疾病等,在分子水平上开展了广泛的研究。如遗传性酶缺乏导致白化病、痛风;基因突变导致肿瘤和分子病等。基因诊断和基因治疗已经为临床医学带来了全新的理念,如靶向治疗、基因克隆技术等的应用,将大大促进临床医学的发展。新型冠状病毒核酸检测,通过聚合酶链式反应(PCR)这一分子生物学技术,扩增病毒 RNA,能够及早发现感染者,有力地推动了疫情防控工作。

五、学好生物化学的意义

生物化学作为生命科学的一门重要学科,对于护生学好医学基础课和专业课以及培养职业素质有重要的支撑作用;生物化学的理论基础和技术,能够使学生了解疾病的本质、提高对健康的认识、明确药物作用机制以及开展健康指导。因此,要想成为优秀的护理工作者,一定要必备生物化学知识,除理解生命现象的本质与人体正常生理过程的分子机制外,更重要的是为进一步学习基础医学其他课程和护理专业课打下扎实基础。

生物化学是生命的化学，是从分子水平和化学变化本质上阐述各种生命现象。其研究内容是人体基本物质的结构、性质和功能，这些物质在人体内的代谢规律，生物大分子的结构功能及基因表达调控。揭示疾病发生的分子机制，指导疾病的预防、诊断和治疗，维护人体健康。生物化学与医学的关系非常紧密。生物化学的基础理论和技术，能够使学生了解疾病的本质、提高对健康的认识、明确药物作用机制，开展健康指导。要想成为优秀的医护工作者，必须要学好生物化学知识。

（张承玉）

模块一 化学基础

第一章 有机化合物概述

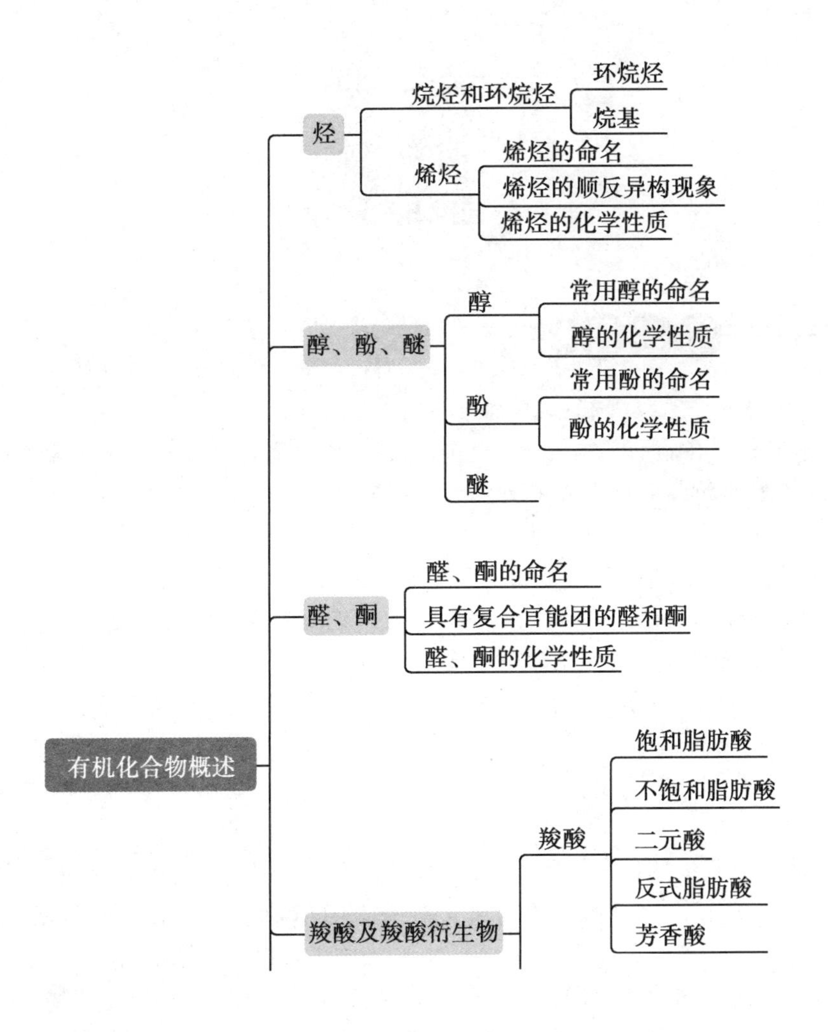

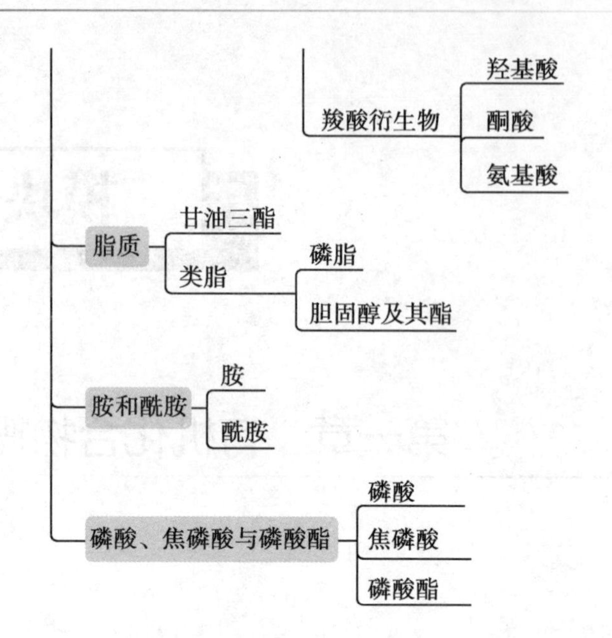

1. 掌握常见的羟基酸、酮酸的结构与命名。
2. 熟悉有机化合物的基本概念；十碳以内烷、烯、炔的命名及常用化学基团的结构、烯烃的加成反应及氧化反应；简单醇、酚、醚的结构与命名；醇的酯化及氧化反应；乙醇、甘油、苯酚的结构；简单醛、酮的结构与命名；醛的还原性及醛基的氧化反应；醛、酮官能团的区别；胺和酰胺结构与命名；胺、酰胺的结构、性质；磷酸、焦磷酸与磷酸酯结构通式与常见磷酸酯、焦磷酸酯。
3. 了解相关有机化合物发生的化学反应。
4. 学习有机化合物的基本结构，为学习生物化学打下基础，增强科学、严谨的学习态度和创新能力。

通常将含有碳元素的化合物称为有机化合物，简称有机物，如甲烷、乙醇、葡萄糖、淀粉等。有机物都含碳元素，大多数还含有氢元素，有的还含有氧、氮、氯、硫、磷等元素。

有机物中碳原子不仅可以和H、O、Cl、N、F等原子直接结合，而且碳原子之间也可以互相连接成链状或环状结构。我们将碳氢化合物及其衍生物统称为有机化合物。研究有机物的组成、结构、性质、应用及其变化规律的科学称为有机化学。有机化合物是生命产生的物

质基础，如脂肪、氨基酸、蛋白质、糖、血红素、叶绿素、酶、激素等，这些有机物都是生命的重要物质。

生物体内的新陈代谢和生物的遗传现象，都涉及有机物的转变。疾病的发生、发展、诊断、治疗和预防过程均与有机物有关。人体本身是一个复杂的化学反应系统，生命现象就是一系列复杂的有机物相互制约、彼此协调的变化过程的体现。学习有机化学目的是为进一步学习生物化学打下必备的基础。

第一节　烃

只有两种元素碳和氢组成的有机化合物称为烃。

烃(音 tīng)是碳氢化合物的简称，是把“碳”中的“火”和“氢”的下半部分合写而成的。烃分为饱和烃和不饱和烃。石油中的烃类多是饱和烃，而不饱和烃如乙烯、乙炔等，一般只在石油加工过程中才能得到。石油中的烃有四种类型：根据分子结构的差异，分为烷烃、烯烃、炔烃和芳香烃。本节重点学习烃类化合物的基本命名，常见的烷烃、烯烃的化学性质及烃类的正确书写方法。

一、烷烃和环烷烃

烷烃分子中的碳碳键均以单键相连，碳原子的其余价键都与氢原子结合，这样的烃称为饱和烃。饱和烃通常有开链状和环状两种。开链状习惯叫做烷烃，环状称为环烷烃。

（一）烷烃

烷烃的通式为 C_nH_{2n+2}。符合通式的一系列化合物称为同系物。同系物是指结构相似、且必须是同一类物质，分子组成相差若干个“CH_2”原子团的有机化合物。甲烷是烷系中最简单的烷烃。

1. 烷烃的结构　甲烷由一个碳原子和四个氢原子组成，分子式为 CH_4，甲烷的电子式和结构式为：

$$\begin{array}{ccc} & H & \\ & \bullet + & \\ H \ {}^{\bullet}_{+} & C & {}^{\bullet}_{+} \ H \\ & + \bullet & \\ & H & \end{array} \qquad\qquad \begin{array}{ccc} & H & \\ & | & \\ H - & C & - H \\ & | & \\ & H & \end{array}$$

甲烷应是一个正四面体结构的分子，碳原子位于正四面体的中心，四个价键伸向正四面体的四个顶角，与四个氢原子结合。

为了书写方便，通常用简化结构式表示分子的一般结构。如：

名称	甲烷	乙烷	戊烷
简化结构式	CH_4	CH_3CH_3	$CH_3CH_2CH_2CH_2CH_3$

还可以用更简单的方法书写多数直链烷烃，方法是将中间的亚甲基（CH_2）合并写。例如戊烷也可以写作 $CH_3(CH_2)_3CH_3$ 这种形式。书写简化结构式时，必须满足碳原子的四价。

2. 烷烃的同分异构现象　同分异构体是指分子式相同"结构式"不同的化合物互称为同分异构体。许多同分异构体有着相同或相似的化学性质。同分异构现象是有机化合物种类繁多、数量巨大的原因之一。

烷系中的前三个化合物（甲、乙、丙烷）的碳原子间的连接方式只有一种，无同分异构体。较高级烷烃的碳原子可以有几种连接方式，因此所有高级烷烃都有同分异构体。如烷系中第四个成员丁烷 C_4H_{10} 就有两种异构体，正丁烷和异丁烷。

$CH_3—CH_2—CH_2—CH_3$

正丁烷

$(CH_3)_2CH—CH_3$

异丁烷

随着烷烃碳原子数的增加，它们的异构体数目也增多，6 个碳的己烷 C_6H_{14} 中有 5 个异构体，10 个碳的癸烷 $C_{10}H_{22}$ 则有 75 个异构体。

（二）环烷烃

有单环烃和稠环烃。含有 1 个环的环烷烃，分子通式为 C_nH_{2n}。环戊烷、环己烷及它们的烷基取代衍生物是石油产品中常见的环烷烃。稠环烃存在于高沸点石油馏分中。环烷烃有很高的发热量，凝固点低，抗爆性介于正构烃和异构烃之间。化学性质和烷烃相似。其中以五碳环烃和六碳环烃的性质较稳定。

环丙烷　　环戊烷　　环己烷

（三）烷基

烷烃分子去掉一个氢原子后剩余的部分称为某烷基，通式为 $C_nH_{2n+1}—$，常用 R—表示。常见的烷基有：

CH_4（甲烷）去掉一个氢原子称为甲烷基（$CH_3—$），简称甲基。

CH_3CH_3（乙烷）去掉一个氢原子称为乙烷基（$CH_3CH_2—$），简称乙基。

$CH_3CH_2CH_3$（丙烷）去掉一个氢原子称为丙烷基（$CH_3CH_2CH_2—$），简称丙基。

二、烯烃

分子中含"C═C"的烃称为烯烃。根据分子中含"C═C"的数目，可分为单烯烃和二烯烃。单烯烃分子中含一个"C═C"，通式为 C_nH_{2n}，其中 $n \geq 2$。最重要的单烯烃是乙烯 $H_2C═CH_2$，次要的有丙烯 $CH_3CH═CH_2$ 和 1- 丁烯 $CH_3CH_2CH═CH_2$。

（一）烯烃的命名

1. 结构简单的烯烃采用普通命名法，即在“烯”的前面加上烷基的名称，如乙烯、丙烯、丁烯等。

结构式	$CH_2{=}CH_2$	$CH_2{=}CHCH_3$	$CH_3CH{=}CHCH_3$	$CH_3CH_2CH{=}CH_2$
碳数	2	3	4	4
名称	乙烯	丙烯	2- 丁烯	1- 丁烯

2. 结构复杂的烯烃采用系统命名法。

（1）将含有双键的最长碳链作为主链，称为“某烯”。

（2）从距离双键最近的一端给主链上的碳原子依次编号定位。

（3）用阿拉伯数字标明双键的位置（只需标明双键碳原子编号较小的数字）。用“二”“三”等表示双键的个数。

（4）支链的定位应服从所含双键的碳原子的定位：选主链时应选含双键最长的碳链作为主链，有取代基时，取代基及双键的位置都要注明。先注明取代基位置，后注明双键位置。如：

$$H_3C-\overset{H}{C}=CH-CH_3$$

2- 丁烯

$$H_3C-\overset{CH_3}{CH}-\overset{H}{C}=\overset{H}{C}-\overset{CH_2CH_3}{CH}-CH_3$$

2，5- 二甲基 -3- 庚烯

$$\overset{5}{H_3C}-\underset{CH_3}{\overset{4H}{C}}-\underset{CH_2CH_3}{\overset{3}{C}}=\overset{2H}{C}-\overset{1}{CH_3}$$

4- 甲基 -3- 乙基 -2- 戊烯

$$\overset{4}{H_3C}-\underset{CH_3}{\overset{3H}{C}}-\underset{CH_2CH_3}{\overset{2}{C}}=\overset{1}{CH_2}$$

3- 甲基 -2- 乙基 -1- 丁烯

（二）烯烃的顺反异构现象

由于 C=C 不能自由旋转，致使与 C=C 上碳原子直接相连的原子或基团在空间的相对位置就被固定下来。如 2- 丁烯就有下列两种异构体：

$$\begin{matrix} H_3C & & CH_3 \\ & C=C & \\ H & & H \end{matrix} \qquad \begin{matrix} H_3C & & H \\ & C=C & \\ H & & CH_3 \end{matrix}$$

顺式　　　　反式

两个相同原子或基团在双键或环的同侧的为顺式异构体，两个相同原子或基团在双键或环的两侧的为反式异构体。凡是以双键相连的两个碳原子上带有不同的原子或原子团时，都有两种顺反异构体，称为顺反异构现象。

虽然顺反异构现象在烯烃中普遍存在，但并非所有具有 C=C 的化合物都存在顺反异构现象。产生顺反异构现象的条件是：

（1）分子中存在着限制原子自由旋转的因素，如双键、脂环等结构。

(2)在不能自由旋转的C=C两端的碳原子上，必须各自连接两个不同的原子或基团。如：

$$\begin{matrix} a \\ b \end{matrix} > C = C < \begin{matrix} a \\ b \end{matrix} \qquad \begin{matrix} a \\ b \end{matrix} > C = C < \begin{matrix} a \\ d \end{matrix} \qquad \begin{matrix} a \\ b \end{matrix} > C = C < \begin{matrix} d \\ e \end{matrix}$$

(三)烯烃的化学性质

1. 加成反应 加成反应是烯烃的主要反应类型。最常见的加成反应有加氢反应和加水反应。

乙烯加氢生成乙烷

$$CH_2{=}CH_2 + H_2 \rightarrow CH_3{-}CH_3$$

乙烯加水生成乙醇

$$CH_2{=}CH_2 + H_2O \rightarrow CH_3{-}CH_2OH$$

2. 氧化反应 烯烃因含有双键结构，化学性质不稳定，在一般氧化剂的作用下，易生成邻二醇化合物。含有双键的化合物容易发生氧化反应。

目标检测

一、名词解释

1. 有机化合物 2. 有机化学 3. 烃 4. 烷烃 5. 烯烃 6. 同系物 7. 同分异构体 8. 顺反异构现象

二、填空题

1. 含1个碳原子的烷烃称________；含2个碳原子的烷烃称________；含3个碳原子的烷烃称________。

2. 不同碳原子数目的烷烃互称________。

3. 分子式相同结构式不同的化合物互称________。

4. 分子中含“C=C”的烃称为________。

5. 顺反异构现象在________中普遍存在，但并非所有具有“C=C”的化合物都存在顺反异构现象。

6. 结构简单的烯烃采用普通命名法，即在“烯”的前面加上烷基的名称，如2个碳原子的烯烃称为________；4个碳原子的烯烃称为________。

三、写出下列化学反应方程式

1. 乙烯加氢生成乙烷

2. 乙烯加水生成乙醇

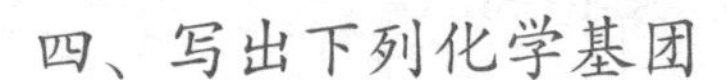
四、写出下列化学基团

1. 甲基　2. 乙基　3. 丙基

第二节　醇、酚、醚

醇和酚是重要的烃的含氧衍生物，它们共同的特点是都含有羟基（—OH）官能团。羟是由氧和氢各取下半部分组成的字，羟的读音为（qiǎng）。

一、醇

醇的官能团是羟基（—OH），也可以是巯基（—SH）。

醇看作是由烃基"R—"和羟基"—OH"两部分组成，即R—OH表示醇。含一个C原子的醇称为甲醇，含两个C原子的醇称为乙醇，依此类推。

（一）常用醇的命名

醇是由烃基和羟基两部分组成，烃基部分去掉基字与醇字合在一起即为某醇。如：

结构式	CH_3OH	CH_3CH_2OH	$CH_3(CH_2)_3CH_2OH$	$CH_3(CH_2)_{10}CH_2OH$
碳数	1	2	5	12
名称	甲醇	乙醇	戊醇	十二醇

醇还可以根据来源称呼某醇的名字。例如：木醇（甲醇）由干馏木材得到，甘醇（乙二醇）因具有醇和甘油的特征而得名，甘油（丙三醇）。

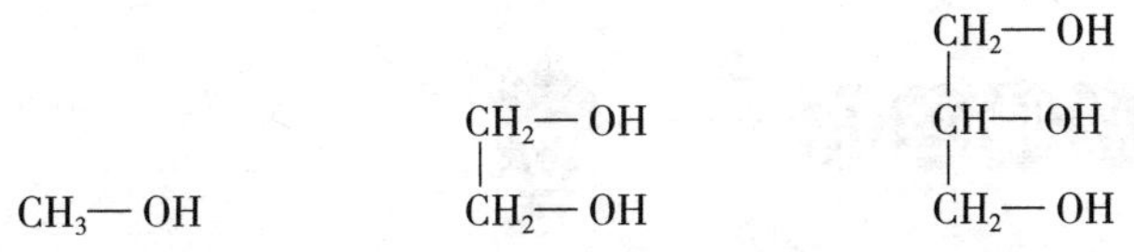

$CH_3—OH$

木醇（甲醇）

$CH_2—OH$
|
$CH_2—OH$

甘醇（乙二醇）

$CH_2—OH$
|
$CH—OH$
|
$CH_2—OH$

甘油（丙三醇）

烃基"R—"和巯基"—SH"相连称巯醇。巯字由氢的下半部分和硫的右半部分组成，因此巯读作（qiú）。如乙基与巯基相连形成CH_3CH_2SH称为乙巯醇。由于巯基（—SH）的S原子与羟基（—OH）的O原子在元素周期表中处于相同的主族，因此巯基的化学性质与羟基非常相似。

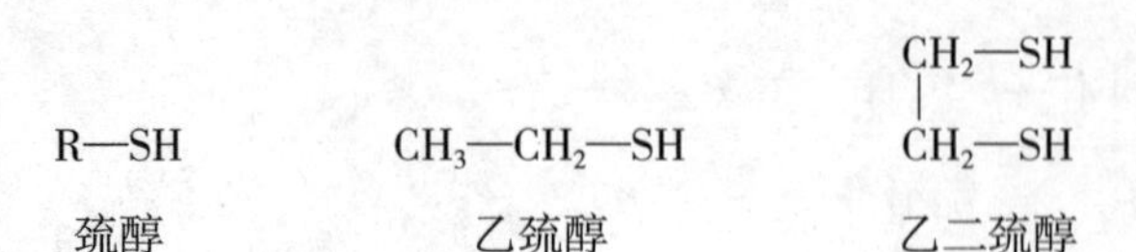

（二）醇的化学性质

1. 醇与酸反应生成酯

$$\underset{\text{乙醇}}{CH_3—CH_2—OH}+\underset{\text{乙酸}}{CH_3—COOH} \longrightarrow \underset{\text{乙酸乙酯}}{CH_3—\overset{\overset{O}{\|}}{C}—O—CH_2—CH_3}+\underset{\text{水}}{H_2O}$$

乙醇与磷酸反应生成磷酸乙酯，该反应又称乙醇磷酸化反应。

$$\underset{\text{乙醇}}{CH_3—CH_2—OH}+\underset{\text{磷酸}}{HO—PO_3H_2} \longrightarrow \underset{\text{磷酸乙酯}}{CH_3—CH_2—O—PO_3H_2}+\underset{\text{水}}{H_2O}$$

2. 醇脱水反应生成烯

$$\underset{\text{丙醇}}{CH_3—CH_2—CH_2—OH} \longrightarrow \underset{\text{丙烯}}{CH_3—CH{=}CH_2}+\underset{\text{水}}{H_2O}$$

3. 醇脱氢反应生成醛或酮

$$\underset{\text{乙醇}}{CH_3—CH_2—OH} \xrightarrow{-2H} \underset{\text{乙醛}}{CH_3—CHO}$$

$$\underset{\text{苹果酸}}{\begin{array}{l}HO—CH—COOH\\ \quad\;\;|\\ \quad\;\;CH_2—COOH\end{array}} \xrightarrow{-2H} \underset{\text{草酰乙酸}}{\begin{array}{l}CO—COOH\\ |\\ CH_2—COOH\end{array}}$$

二、酚

羟基连接在苯环（芳环）上称为酚。

（一）酚的命名

酚可以看作芳环上的氢原子被羟基取代生成的化合物。酚的结构特征是羟基（—OH）直接与苯基或其他芳香基相连，如苯酚。

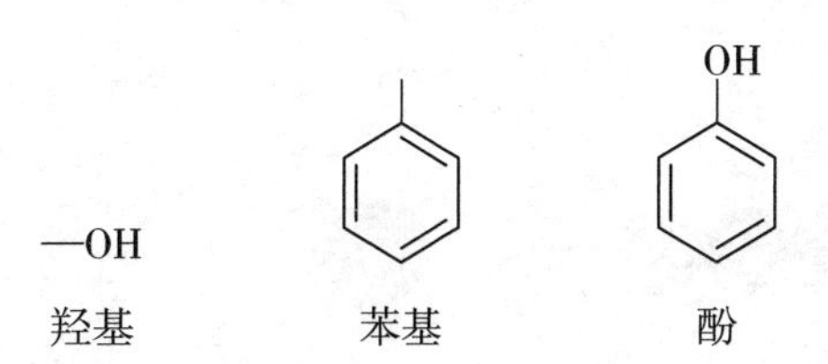

羟基　　苯基　　酚

结构复杂的酚，也可将酚羟基作为取代基命名。

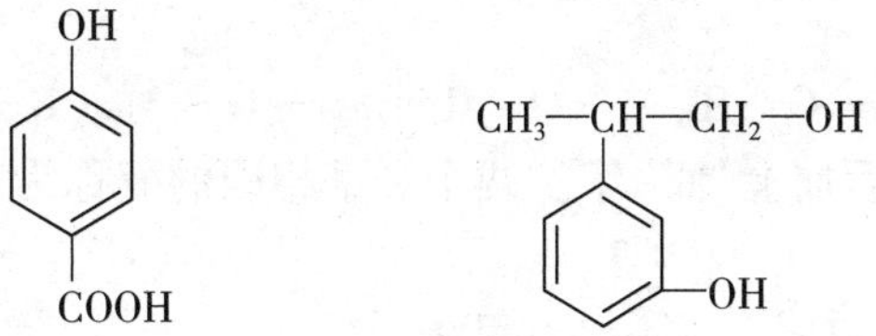

对羟基苯甲酸　　2-(3-羟苯基)-1-丙醇

酚的分类很简单，根据其分子中所含羟基的数目多少分为一元酚和多元酚。例如：

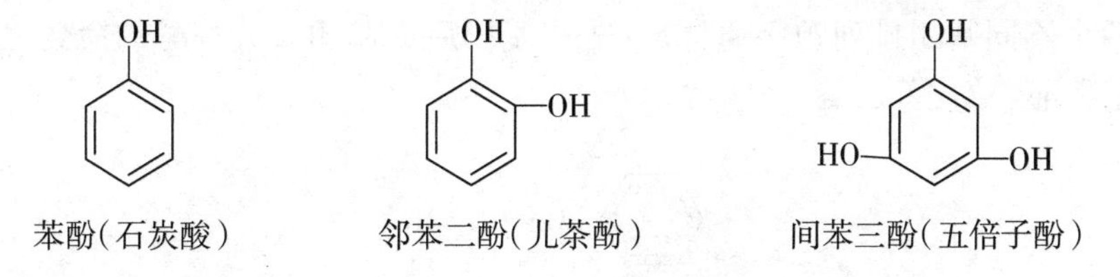

苯酚（石炭酸）　　邻苯二酚（儿茶酚）　　间苯三酚（五倍子酚）

（二）酚的化学性质

1. 酸性　酚羟基的氢原子可以电离，但电离程度很低，因此具有弱酸性。与氢氧化钠反应生成苯酚钠，与碳酸氢钠不反应。

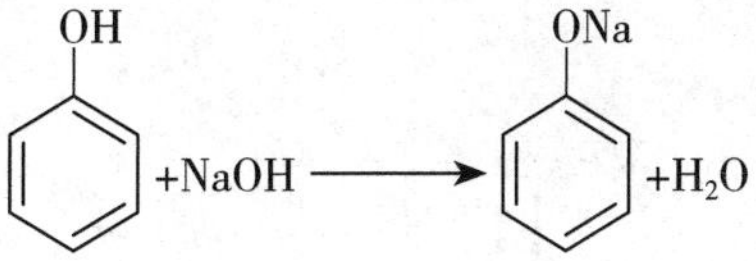

$$+NaOH \longrightarrow \quad +H_2O$$

苯酚（微溶于水）　　苯酚钠（易溶于水）

2. 氧化反应　酚氧化失去氢原子生成醌，醌加氢还原生成酚，这是可逆反应。

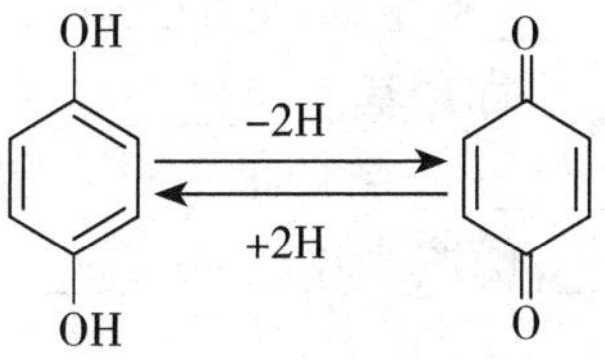

$$\underset{+2H}{\overset{-2H}{\rightleftharpoons}}$$

酚　　醌

（三）醚

具有R—O—R结构的物质才能称为醚。

醚的结构通式为：R—O—R、Ar—O—R或Ar—O—Ar，（R= 烃基，Ar= 芳烃基）。醚的普通命名法是在烃基后加上“醚”字。两个烃基相同的醚称为对称醚，也叫简单醚。如甲醚、乙醚。结构式为：

$CH_3—O—CH_3$　　甲醚

$CH_3CH_2—O—CH_2CH_3$　　乙醚

两个烃基不相同的醚称为不对称醚，也叫混合醚。如甲乙醚。结构式为：

$CH_3—O—CH_2CH_3$　　甲乙醚

醚的两个不同基团排列顺序通常是：先小基团后大基团。芳香醚的命名习惯则为：苯基或芳烃基在前。如：苯乙醚

$C_6H_5—O—CH_2CH_3$

乙醚是在外科手术中常用的麻醉剂，其作用不是由化学性质决定的，而是溶于神经组织脂肪中引起的生理变化。

石油醚是无色透明液体，主要为戊烷和己烷的混合物。虽然名称中有醚，但不属于醚，按照有机化合物分类属于烷烃。

目标检测

一、填空题

1. 醇和酚是重要的烃的________衍生物，它们共同的特点是都含有________官能团。
2. 醇看作是由烃基“________”和羟基“________”两部分组成，即________表示醇。
3. 含一个C原子的醇称为________，含两个C原子的醇称为________，依此类推。
4. 醇与酸反应生成________，醇脱水反应生成________，醇脱氢反应生成________或________。
5. 乙巯醇的官能团为________，巯醇的性质与醇________。
6. 酚的结构特征是羟基（—OH）直接与________或其他________相连。
7. 酚可以看作芳环上的氢原子被________取代生成的化合物。
8. 酚羟基的氢原子可以________，但电离程度很低，因此具有________。

9. 两个烃基相同的醚称为________，也叫简单醚。两个烃基不相同的醚称为________，也叫混合醚。

二、写出下列化学反应方程式

1. 乙醇 + 乙酸
2. 乙醇 + 磷酸
3. 丙醇脱水
4. 苹果酸脱氢

第三节　醛、酮

醛酮官能团相似，化学性质既相似，又有很大区别。

一、醛、酮的命名

按照烃基普通命名方式，在碳原子数后面加上醛字即可。醛的官能团为醛基，其结构为“—CHO”。如：

结构式	HCHO	CH_3CHO	$CH_3(CH_2)_3CHO$	$CH_3(CH_2)_{10}CHO$
碳数	1	2	5	12
名称	甲醛	乙醛	戊醛	十二醛

酮的命名与醛相似，也在碳原子数后面加上酮字即可，5 个碳原子及其以上的酮要注明酮基的位置。酮的官能团为酮基，其结构为“$\overset{\displaystyle O}{\overset{\|}{—C—}}$”，或“—CO—”，如：

结构式	CH_3COCH_3	$CH_3CH_2COCH_3$	$CH_3CH_2COCH_2CH_3$	$CH_3CH_2CH_2COCH_3$
碳数	3	4	5	5
名称	丙酮	丁酮	3- 戊酮	2- 戊酮

由于酮基由氧和碳原子构成，又称为羰基。羰字由氧的下半部分及碳的右半部分组成，羰的读音为（tāng）。

二、具有复合官能团的醛和酮

（一）普通命名法

有的醛或酮具有复合官能团，命名时常采用普通命名法。如：

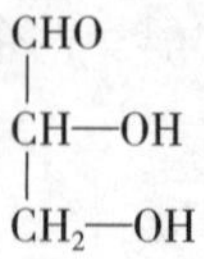

甘油醛	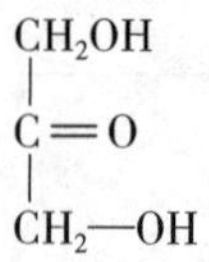 二羟丙酮
CHO	CH_2OH
CH—OH	C=O
CH_2—OH	CH_2—OH

甘油醛与二羟丙酮是同分异构体，即分子式相同（$C_3H_6O_3$），结构式不同。在一定条件下二者结构可以相互转化，甘油醛可以变成二羟丙酮，二羟丙酮也可以变成甘油醛。由含有多羟基的醛或多羟基的酮具有甜味，所以也称为糖。甘油醛被称为丙醛糖，二羟丙酮被称为丙酮糖，它们是最简单的糖。常见的糖有戊糖和己糖，如：核糖（$C_5H_{10}O_5$）和脱氧核糖（$C_5H_{10}O_4$）都有5个碳原子，统称为戊糖。

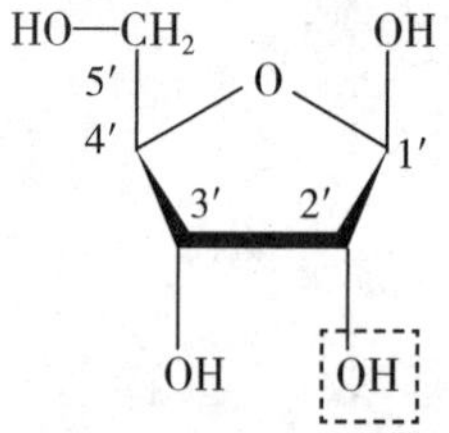

核糖 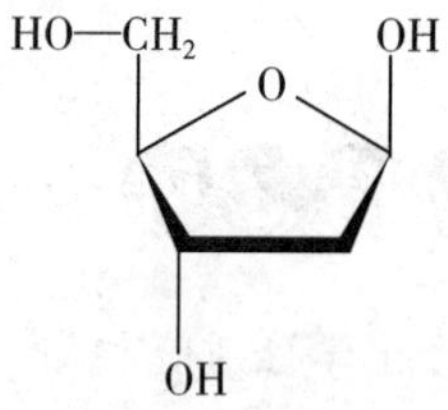　　2-脱氧核糖

如：葡萄糖（$C_6H_{12}O_6$）和果糖（$C_6H_{12}O_6$）都有6个碳原子，统称为己糖。二者分子式相同，结构式不同，也是同分异构体。葡萄糖结构中有醛基（—CHO），称为己醛糖；果糖结构中有酮基（—C=O），称为己酮糖。

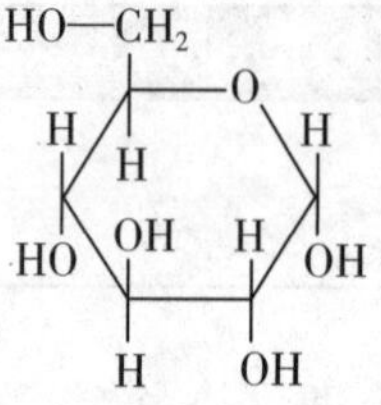

葡萄糖 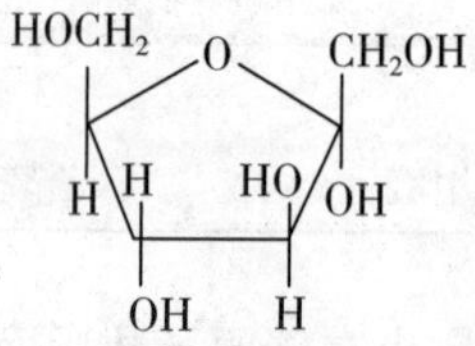　　果糖

在醛的结构中，醛基具有还原性，因此醛能够发生氧化反应，醛糖也有醛基，也能够发生氧化反应，也具有还原性。酮的结构中只有酮基没有醛基，因此，酮没有还原性，不能发生氧化反应。但是，甘油醛和二羟丙酮是同分异构体、葡萄糖和果糖也是同分异构体，它们之间可以相互转化，二羟丙酮和果糖虽然没有醛基，但是都能转化生成它们的异构体，所以都具有还原性，都可以发生氧化反应。具有复合官能团的醛或酮表现的性质与普通的醛或酮有所区别。

（二）醛、酮系统命名法

对结构比较复杂的醛、酮则用系统命名法命名。命名时先选择包括羰基碳原子在内的最长碳链作主链，称为某醛或某酮。从醛基一端或从靠近酮基一端开始把主链中碳原子编号。由于醛基一定在碳链的末端，故不必用数字标明其位置，但酮基的位置必须标明，写在酮名的前面。主链上如有支链或取代基，应标明位次，把它的位次（按次序规则）、数目、名称写在某醛、某酮的前面。

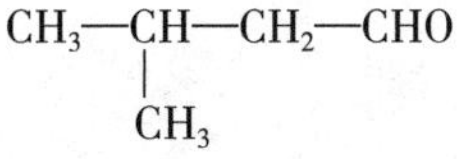

$$\underset{\displaystyle CH_3}{\overset{}{CH_3-\underset{|}{CH}-CH_2-CHO}}$$

3-甲基丁醛

$$CH_3-\underset{\displaystyle |\atop CH_3}{CH}-\overset{\displaystyle O\atop \|}{C}-CH_3$$

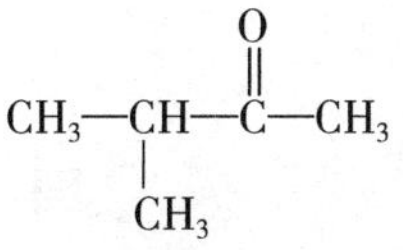

3-甲基-2-丁酮

（三）具有复合官能团的醛或酮的系统命名法

具有复合官能团的醛或酮的命名可以用系统命名法，但是由于系统命名法比较复杂，一般习惯根据来源或结构特点命名。

如甘油醛按照系统命名应称为2，3-二羟基丙醛，由于该物质来源于甘油氧化生成，所以称为甘油醛。二羟丙酮系统名称为1，3-二羟基丙酮，可看作是丙酮羟化生成，因为两个羟基只能连接在第一和第三碳原子上，所以简称为二羟丙酮。葡萄糖系统名称为2，3，4，5，6-五羟基己醛，但没有称作葡萄糖简单；果糖也是如此，不称作1，3，4，5，6-己酮，而称作果糖。

一般说来，只要该化合物有简单名称，人们习惯直接用简单名称。这种命名方法已被大多数人采纳。

三、醛、酮的化学性质

（一）羰基的加成反应

醛、酮羰基的碳氧（C=O）双键可以与氢原子（2H）发生加成反应。醛、脂族甲基酮都能和氢原子作用生成醇，此反应也可称为醛、酮的还原反应。该反应是可逆的，逆反应相当于醇的氧化反应。

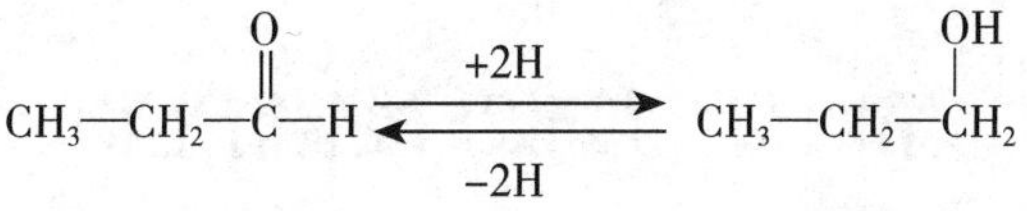

$$CH_3-CH_2-\overset{\displaystyle O\atop \|}{C}-H \underset{-2H}{\overset{+2H}{\rightleftharpoons}} CH_3-CH_2-\overset{\displaystyle OH\atop |}{CH_2}$$

丙醛　　　　1-丙醇

$$CH_3-\overset{\displaystyle O\atop \|}{C}-CH_3 \underset{-2H}{\overset{+2H}{\rightleftharpoons}} CH_3-\overset{\displaystyle OH\atop |}{CH}-CH_3$$

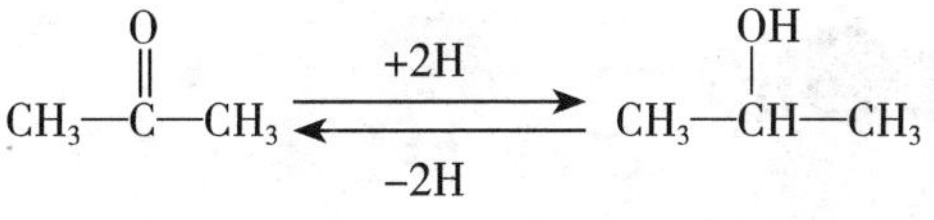

丙酮　　　　2-丙醇

（二）还原性

醛具有还原性，其醛基（—CHO）易被氧化成相应的羧基（—COOH）。所以，醛能被氧化剂氧化生成酸，酮则不能发生氧化反应。

$$CH_3CHO \xrightarrow{[O]} CH_3COOH$$

乙醛　　　　乙酸

目标检测

一、填空题

1. 醛的官能团为________，其结构为________。
2. 酮的官能团为________，其结构为________或________。
3. 甲醛的结构为________。
4. 丙酮的结构为________。
5. 醛命名时从________端开始编号。
6. 酮命名时从靠近________端开始编号。
7. 甘油醛与二羟丙酮是________，在一定条件下，二者结构可以________。
8. 醛具有________，其醛基（—CHO）易被氧化成相应的________。酮则不能发生________反应。
9. 单糖指的是________的醛或________的酮。
10. 多羟基的________或多羟基的________具有还原性，可以发生________氧化反应。

二、写出下列化学反应方程式

1. 丙醛加氢反应
2. 丙酮加氢反应

第四节 羧酸及羧酸衍生物

一、羧酸

羧酸是人体组成必不可少的物质。

羧酸的官能团是羧基（—COOH），除甲酸外，羧酸可看作是烃分子中的氢原子被羧基取代而成的化合物。其通式为：

R—COOH 或 Ar—COOH（R=H 甲酸，Ar—表示苯基）

根据羧酸分子中烃基的结构不同，羧酸分为脂肪酸和芳香酸两大类；脂肪酸又分为饱和脂肪酸和不饱和脂肪酸；按羧酸分子中羧基的数目，又可分为一元、二元及多元酸。

（一）饱和脂肪酸

饱和脂肪酸指的是碳链中没有不饱和键（双键）的脂肪酸，是机体脂质的基本成分之一。食物中的脂肪酸主要来源于家畜肉和乳类的脂肪，还有热带植物油（如棕榈油、椰子油等），其主要作用是为人体提供能量。

饱和脂肪酸的命名是以包括羧基碳原子在内的最长碳链作为主链，根据主链碳原子数称为某酸。10个碳以内羧酸按天干顺序命名，10个碳以上羧酸按中文数字命名。如：

结构式	HCOOH	CH_3COOH	CH_3CH_2COOH	$CH_3(CH_2)_2COOH$
碳数	1	2	3	4
名称	甲酸	乙酸	丙酸	丁酸

生物化学中对羧酸的命名，有两种方法，简单羧酸采用化学名称，如：辛酸（8C）、癸酸（10C）。

$CH_3CH_2CH_2CH_2CH_2CH_2CH_2COOH$

辛酸

$CH_3CH_2CH_2CH_2CH_2CH_2CH_2CH_2CH_2COOH$

癸酸

10个碳以上羧酸一般不采用化学名称，而是根据来源及化学结构特点命名。如：软脂酸（16C）、硬脂酸（18C）、花生酸（20C）等。

$CH_3CH_2CH_2CH_2CH_2CH_2CH_2CH_2CH_2CH_2CH_2CH_2CH_2CH_2CH_2COOH$

十六酸（软脂酸）

$CH_3CH_2CH_2CH_2CH_2CH_2CH_2CH_2CH_2CH_2CH_2CH_2CH_2CH_2CH_2CH_2CH_2COOH$

十八酸（硬脂酸）

$CH_3CH_2CH_2CH_2CH_2CH_2CH_2CH_2CH_2CH_2CH_2CH_2CH_2CH_2CH_2CH_2CH_2CH_2CH_2COOH$

二十酸（花生酸）

食物中的饱和脂肪酸对人体非常重要，如果摄入不足，会使人的血管变脆，易引发脑出血、贫血，易患肺结核和神经障碍等疾病。

（二）不饱和脂肪酸

不饱和脂肪酸指的是分子结构中至少含有一个碳碳双键的脂肪酸，也是机体脂质的基本成分，食物中的不饱和脂肪酸主要来源于植物油，主要作用是人体基本组成成分。

不饱和脂肪酸命名时，主链应是包括羧基碳原子和碳碳双键的碳原子都在内的最长碳链为主链，从羧基碳原子开始编号，并注明双键的位置。根据双键数目的多少，不饱和脂肪酸分为单不饱和脂肪酸和多不饱和脂肪酸。

1. 单不饱和脂肪酸　单不饱和脂肪酸人体可以合成，主要代表为油酸，结构中含1个双键，具有预防动脉硬化的作用。其结构为：

$CH_3CH_2CH_2CH_2CH_2CH{=}CHCH_2CH_2CHCH_2CH_2CH_2CH_2CH_2CH_2CH_2COOH$

十八碳单烯酸（油酸）

2. 多不饱和脂肪酸　多不饱和脂肪酸有软化血管、健脑益智、改善视力等功效。由于人体不能合成，需要从食物中获得，被称为营养必需脂肪酸。主要有亚油酸、亚麻酸、花生四烯酸三种。

$CH_3CH_2CH_2CH_2CH_2CH{=}CHCH_2CH{=}CHCH_2CH_2CH_2CH_2CH_2CH_2CH_2COOH$

十八碳二烯酸(亚油酸)

$CH_3CH_2CH_2CH_2CH_2CH{=}CHCH_2CH{=}CHCH_2CH{=}CHCH_2CH_2CH_2CH_2COOH$

十八碳三烯酸(亚麻酸)

$CH_3CH_2CH_2CH_2CH_2CH{=}CHCH_2CH{=}CHCH_2CH{=}CHCH_2CH{=}CHCH_2COOH$

二十碳四烯酸(花生四烯酸)

多不饱和脂肪酸结构中含有不饱和键,化学稳定性差,过度加热容易氧化形成自由基,加速细胞老化及癌症的产生。

(三)二元酸

化学结构中具有两个羧基的羧酸称为二元酸。如乙二酸、丙二酸、丁二酸和丁烯二酸等。

1. 乙二酸　俗名草酸,最简单的有机二元酸。结构简式 HOOC—COOH。它一般是无色透明结晶,易溶于水而不溶于乙醚等有机溶剂。草酸的酸性比醋酸(乙酸)强 10 000 倍,是有机酸中的强酸。具有很强的还原性,与氧化剂作用易被氧化成二氧化碳和水。对皮肤、黏膜有刺激及腐蚀作用,极易经表皮、黏膜吸收引起中毒。

2. 丙二酸　俗名缩苹果酸,分子式 $HOOC—CH_2—COOH$。在医药工业中用于生产苯巴比妥、巴比妥、维生素 B_1、维生素 B_2、维生素 B_6、苯基保泰松、氨基酸等。

3. 丁二酸　俗名琥珀酸,在医药上有抗痉挛、祛痰和利尿作用。琥珀酸还可以用作防腐剂,pH 调节剂,助溶剂;还可以用来合成解毒剂、利尿剂、镇静剂、止血药、抗生素以及维生素 A、维生素 B 等。结构式:

$$\begin{array}{l} CH_2—COOH \\ | \\ CH_2—COOH \end{array}$$

丁二酸(琥珀酸)

4. 丁烯二酸　具有顺反异构。顺丁烯二酸(马来酸)已成为食品饮料工业中的新型酸味剂。食品、饮料中添加适量马来酸可增强特殊果香味并改善口感。目前马来酸主要用于果汁、即饮茶、橘子汁、运动饮料及其他各种强化果味饮料与食品。反丁烯二酸,俗名延胡索酸(富马酸),一直用于治疗严重银屑病。如今,研究人员发现,这种药物还可以帮助防止多发性硬化症;神经学家发现,延胡索酸盐在清除炎症过程中释放自由基,从而保护神经和胶质细胞。在食品中主要用于肉制品、鱼肉制品加工等。富马酸可作为酸度调节剂、酸化剂、抗氧化助剂、腌制促进剂、香料使用。

$$\begin{array}{l} CH—COOH \\ \| \\ CH—COOH \end{array}$$

丁烯二酸(延胡索酸)

(四)反式脂肪酸

反式脂肪酸是植物油经过部分氢化处理过程中产生的,多为固态或半固态,熔点较高。其双键上两个碳原子结合的两个氢原子分别在碳链的两侧,其空间构象呈线性。营养专家认为,反式脂肪酸对人类健康有害,主要表现在以下几点:①反式脂肪酸会增加人体血液的

黏稠度和凝聚力，容易导致血栓的形成；②妊娠期或哺乳期的妇女，过多摄入含有反式脂肪酸的食物会影响胎儿的健康；③反式脂肪酸会减少男性激素的分泌，对精子的活跃性产生负面影响；④当反式脂肪酸结合于脑脂质中时，将会对婴幼儿的大脑发育和神经系统发育产生不利影响；⑤反式脂肪酸不容易被人体消化，容易在腹部积累，导致肥胖；⑥反式脂肪酸能使有效防止心脏病及其他心血管疾病的胆固醇（Ch）的含量下降，引发冠心病。

$$R{-}CH{=}CH{-}CH_2{-}CH_2{-}COOH$$

反式脂肪酸结构

（五）芳香酸

芳环上的一个氢原子被羧基（—COOH）取代形成的化合物称为芳香酸。如苯环上的一个氢原子被羧基（—COOH）取代形成的化合物称苯甲酸（或安息香酸），一般常作为药物或防腐剂使用，有抑制真菌、细菌、霉菌生长的作用。

$C_6H_5{-}COOH$

苯甲酸（安息香酸）

命名含脂环和芳环酸时，以脂环和芳环作取代基，脂肪酸作为母体。

$C_6H_5{-}COOH$　苯甲酸（安息香酸）

$C_6H_5{-}CH_2{-}COOH$　苯乙酸（苯醋酸）

$C_6H_{11}{-}CH_2{-}COOH$　环已基乙酸

（六）酰基

羧酸（R—COOH）去掉羧基上的羟基（—OH）后称为酰基（R—CO—）。如：甲酸（HCOOH）去掉羟基后称为甲酰基或醛基（HCO—或写成—CHO）。

乙酸或称醋酸（CH_3—COOH）去掉羟基后称为乙酰基（CH_3CO—）。

草酸或称乙二酸（HOOC—COOH）去掉羟基后称为草酰基（HOOC—CO—）。

酰基可与多种化学基团相连接，与 Cl 原子相连称为酰氯（R—CO—Cl）；与氨基相连称为酰胺（R—CO—NH_2）。

二、羧酸衍生物

在羧酸的基础上衍生了其他官能团——羧酸衍生物。

羧酸衍生物属于多官能团化合物，它们是在羧酸的基础上衍生了其他官能团。这类分子结构中至少有两种官能团，羧基及其他的官能团。各官能团除具有特有的典型性质外，还具有分子中不同官能团之间相互影响下的一些特殊性质。下面主要讨论羟基酸和酮酸。氨基酸在蛋白质的结构与功能一节中介绍。

（一）羟基酸

羟基酸是分子中既含有羟基（—OH）又含有羧基（—COOH）的双官能团化合物。广泛存在于动植物体内，它们中有的是生物体内进行生命活动的物质，有的是合成药物的原料和食品调味剂。

羟基（—OH）连接在饱和碳链上称为醇酸，是脂肪酸烃基上的氢原子被羟基取代的衍生物；羟基连接在芳香环上称为酚酸，是芳香酸上的氢原子被羟基取代的衍生物。根据分子中羟基和羧基的相对位置不同，羟基酸可分为α-羟基酸、β-羟基酸……。命名时，以羧酸为母体，羟基作为取代基。用阿拉伯数字编号时，从羧基的碳原子开始编号，依次为1，2，3……表示；用希腊字母编号时，从连接羧基的第一个碳原子开始编号，依次为α、β、γ……表示。酚酸除可用阿拉伯数字编号外，也常用邻、间、对位来表示羟基的位置。许多羟基酸都存在于自然界中，习惯上常根据来源而称其俗名。例如：

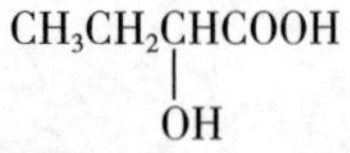

$$\begin{array}{c}CH_3CH_2\underset{\displaystyle |\atop \displaystyle OH}{CH}COOH\end{array}$$

α-羟基丁酸（2-羟基丁酸）

$$\begin{array}{c}CH_3\underset{\displaystyle |\atop \displaystyle OH}{CH}CH_2COOH\end{array}$$

β-羟基丁酸（3-羟基丁酸）

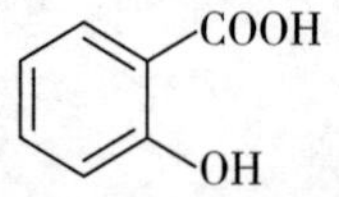

$$C_6H_4(OH)COOH$$

邻羟基苯甲酸（水杨酸）

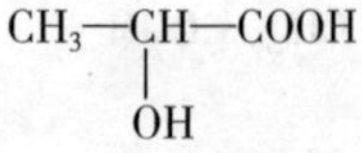

$$CH_3—\underset{\displaystyle |\atop \displaystyle OH}{CH}—COOH$$

2-羟基丙酸（乳酸）

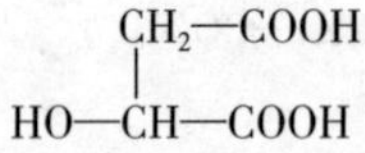

$$\begin{array}{l}\quad\ CH_2—COOH\\ \quad\ \ |\\ HO—CH—COOH\end{array}$$

2-羟基丁二酸（苹果酸）

$$\begin{array}{l}\qquad\ CH_2—COOH\\ \qquad\ \ |\\ HO—C—COOH\\ \qquad\ \ |\\ \qquad\ CH_2—COOH\end{array}$$

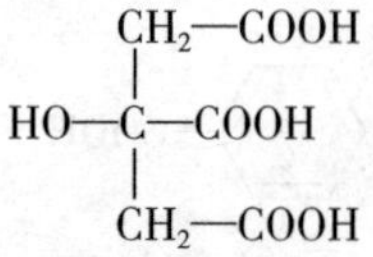

3-羧基-3-羟基戊二酸（柠檬酸）

为了方便记忆，书写柠檬酸时可看作是由甘油分子的上下两个羟基及中间一个氢原子被3个羧基取代形成的化合物，如：

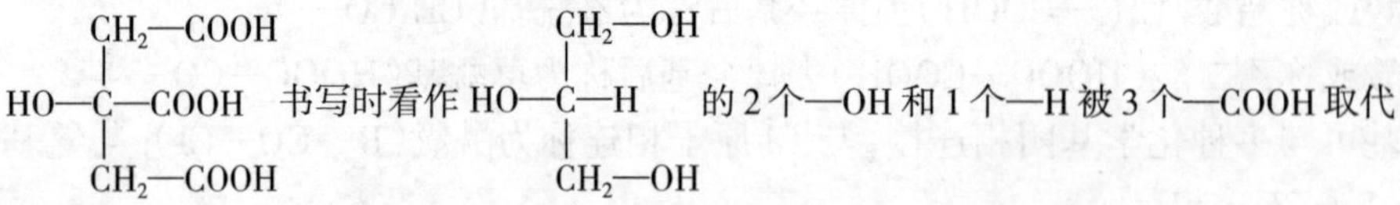

$$\begin{array}{l}\qquad\ CH_2—COOH\\ \qquad\ \ |\\ HO—C—COOH\\ \qquad\ \ |\\ \qquad\ CH_2—COOH\end{array}\ \text{书写时看作}\ \begin{array}{l}\qquad\ CH_2—OH\\ \qquad\ \ |\\ HO—C—H\\ \qquad\ \ |\\ \qquad\ CH_2—OH\end{array}\ \text{的2个—OH和1个—H被3个—COOH取代}$$

柠檬酸分子中间的羟基向下移动后，形成的化合物称异柠檬酸。

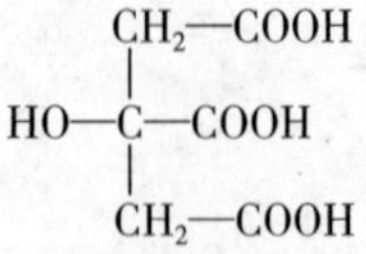

$$\begin{array}{l}\qquad\ CH_2—COOH\\ \qquad\ \ |\\ HO—C—COOH\\ \qquad\ \ |\\ \qquad\ CH_2—COOH\end{array}$$

柠檬酸

$$\begin{array}{l}\qquad\ CH_2—COOH\\ \qquad\ \ |\\ \qquad\ CH—COOH\\ \qquad\ \ |\\ HO—CH—COOH\end{array}$$

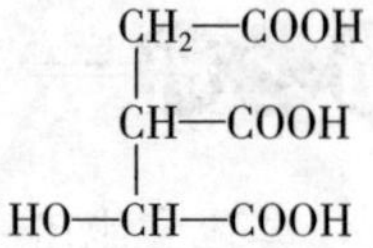

异柠檬酸

甘油氧化可以得到两种产物，甘油醛和二羟丙酮。甘油醛继续氧化得到甘油酸。甘油醛和二羟丙酮是同分异构体，二者可以相互转化。

$$\underset{\text{甘油}}{\begin{array}{l}CH_2—OH\\ |\\ CH—OH\\ |\\ CH_2—OH\end{array}} \xrightarrow{[O]} \begin{cases}\underset{\text{甘油醛}}{\begin{array}{l}CHO\\ |\\ CH—OH\\ |\\ CH_2—OH\end{array}} \xrightarrow{[O]} \underset{\text{甘油酸}}{\begin{array}{l}COOH\\ |\\ CH—OH\\ |\\ CH_2—OH\end{array}}\\ \quad\updownarrow \\ \underset{\text{二羟丙酮}}{\begin{array}{l}CH_2OH\\ |\\ C{=}O\\ |\\ CH_2—OH\end{array}}\end{cases}$$

（二）酮酸

酮酸是分子中同时含有羧基和酮基的化合物。根据分子中酮基和羧基的相对位置不同，把酮酸可分为α、β、γ……酮酸等。α-酮酸和β-酮酸是人体内糖、脂肪和蛋白质代谢的中间产物。

$$\underset{\text{α-酮丙酸（丙酮酸）}}{CH_3—\overset{\overset{\large O}{\|}}{C}—COOH} \qquad \underset{\text{α-酮戊二酸}}{HOOCCH_2CH_2—\overset{\overset{\large O}{\|}}{C}—COOH}$$

酮酸的命名也是以羧酸为母体，酮基作为取代基，酮基的位次用阿拉伯数字或希腊字母表示；但许多酮酸都存在于自然界中，习惯上也常按其来源而用俗名。例如：

$$\underset{\text{β-丁酮酸（乙酰乙酸）}}{CH_3—\overset{\overset{\large O}{\|}}{C}—CH_2—COOH} \qquad \underset{\text{丁酮二酸（草酰乙酸）}}{HOOC—\overset{\overset{\large O}{\|}}{C}—CH_2—COOH}$$

乙酰乙酸可以看作是由乙酰基和乙酸基组成。

$$\underset{\text{乙酰乙酸}}{CH_3—\overset{\overset{\large O}{\|}}{C}—CH_2—COOH} \qquad \underset{\text{乙酰基}}{CH_3—\overset{\overset{\large O}{\|}}{C}—} \qquad \underset{\text{乙酸基}}{—CH_2—COOH}$$

草酰乙酸可以看作是由草酰基和乙酸基组成。

$$\underset{\text{草酰乙酸}}{HOOC—\overset{\overset{\large O}{\|}}{C}—CH_2—COOH} \qquad \underset{\text{草酰基}}{HOOC—\overset{\overset{\large O}{\|}}{C}—} \qquad \underset{\text{乙酸基}}{—CH_2—COOH}$$

酮酸进行加氢反应可以生成羟基酸，羟基酸进行脱氢反应可以生成酮酸。

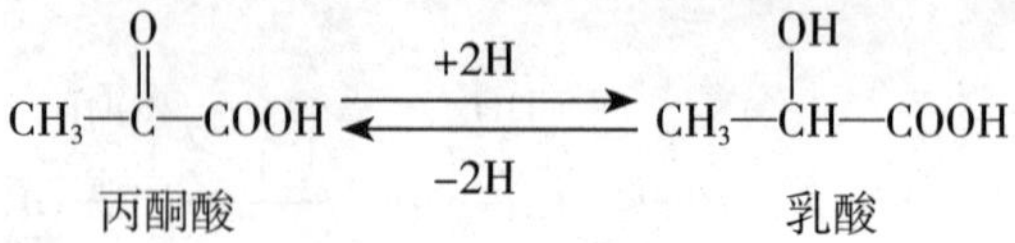

$$\underset{\text{丙酮酸}}{CH_3-\overset{\overset{O}{\|}}{C}-COOH} \underset{-2H}{\overset{+2H}{\rightleftharpoons}} \underset{\text{乳酸}}{CH_3-\overset{\overset{OH}{|}}{CH}-COOH}$$

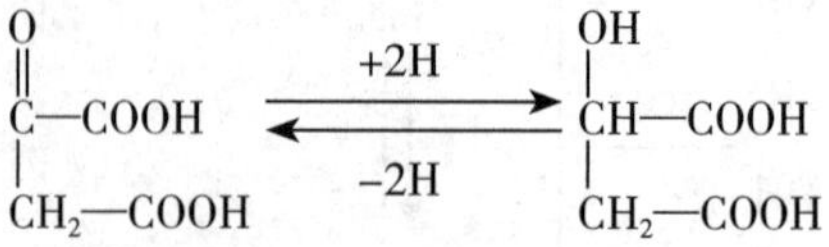

$$\underset{\text{草酰乙酸}}{\begin{matrix} \overset{\overset{O}{\|}}{C}-COOH \\ | \\ CH_2-COOH \end{matrix}} \underset{-2H}{\overset{+2H}{\rightleftharpoons}} \underset{\text{苹果酸}}{\begin{matrix} \overset{\overset{OH}{|}}{CH}-COOH \\ | \\ CH_2-COOH \end{matrix}}$$

（三）氨基酸

氨基酸是分子中同时含有羧基和氨基（$-NH_2$）的化合物。根据分子中氨基和羧基的相对位置不同，把氨基酸可分为 α、β、γ……氨基酸等。在学习过程中常见的氨基酸主要是 α- 氨基酸。

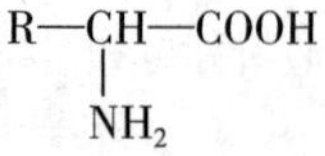

$$R-\underset{\underset{NH_2}{|}}{CH}-COOH$$

α- 氨基酸通式

氨基酸的命名与其他化合物命名略有区别，同样是以羧酸为母体，氨基作为取代基，但是氨基的位置常用希腊字母编号。编号从离官能团（—COOH）最近的碳原子开始，分别用 α、β、γ……等字母依次编号。

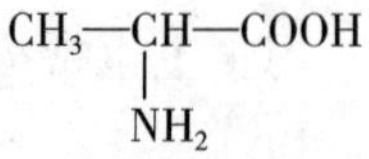

$$CH_3-\underset{\underset{NH_2}{|}}{CH}-COOH$$

α- 氨基丙酸（丙氨酸）

$$\underset{\underset{NH_2}{|}}{CH_2}-CH_2-COOH$$

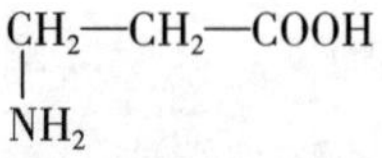

β- 氨基丙酸

多数氨基酸的命名采用简单的俗名。

目 标 检 测

一、填空题

1. 羧酸的官能团是________，羧酸可看作是烃分子中的氢原子被________取代而成的

化合物。

2. 根据羧酸分子中烃基的结构不同，羧酸分为________和________两大类；脂肪酸又分为________脂肪酸和________脂肪酸。

3. 饱和脂肪酸指的是碳链中________的脂肪酸。主要来源于家畜肉和乳类的________，还有热带________，其主要作用是为人体提供________。

4. 饱和脂肪酸的命名是以包括羧基碳原子在内的________作为主链，根据主链________称为某酸。

5. 10个碳以内羧酸按________命名，10个碳以上羧酸按________命名。

6. 食物中的________对人体非常重要，如果摄入不足，会使人的血管变脆，易引发脑出血、贫血，易患肺结核和神经障碍等疾病。

7. 化学结构中具有两个羧基的羧酸称为________。

8. 乙二酸俗名________，丙二酸俗名________，丁二酸俗名________，反丁烯二酸俗名________。

9. 芳环上的一个氢原子被________取代形成的化合物称为芳香酸。

10. 苯环上的一个氢原子被________取代形成的化合物称苯甲酸（或安息香酸）。

11. 羧酸去掉羧基上的________称为酰基。

12. 羧酸衍生物属于________化合物。分子中至少有________官能团，________和________官能团。

13. 羟基酸是分子中既含有________又含有________的双官能团化合物。

14. 羟基（—OH）连接在饱和碳链上称为________，是脂肪酸烃基上的________被羟基取代的衍生物；羟基连接在芳香环上称为________，是芳香酸上的________被羟基取代的衍生物。

15. 羟基酸命名时，以________为母体，________作为取代基。用阿拉伯数字编号时，从________开始编号，依次为1，2，3……表示；用希腊字母编号时，从________开始编号，依次为α、β、γ……表示。

16. 许多羟基酸都存在于自然界中，习惯上常根据________而称其________。

17. 酮酸是分子中同时含有________和________的化合物。

18. 根据分子中________和________的相对位置不同，把酮酸可分为α、β、γ……酮酸等。

19. 氨基酸结构中含有________和________两种官能团。

二、写出下列物质的结构式

1. 乳酸、苹果酸、柠檬酸
2. 甘油、甘油醛、甘油酸、二羟丙酮
3. 乙酰乙酸、草酰乙酸
4. 丙酮酸、α-酮戊二酸

三、写出下列化学反应方程式

1. 丙酮酸加氢生成乳酸
2. 草酰乙酸加氢生成苹果酸

第五节 脂 质

脂质(lipid)是人体需要的重要营养素之一,供给机体所需的能量、提供机体所需的必需脂肪酸,是人体细胞组织的组成成分。脂质包括脂肪(甘油三酯)和类脂(磷脂、固醇类)。

一、甘油三酯

甘油三酯存在于植物及动物体内,由一分子甘油和三分子脂肪酸结合而成。存在于植物体内,常温下呈液态的甘油三酯称为油,存在于动物体内,常温下呈固态时的甘油三酯称为脂肪。二者的化学本质都是甘油三酯。

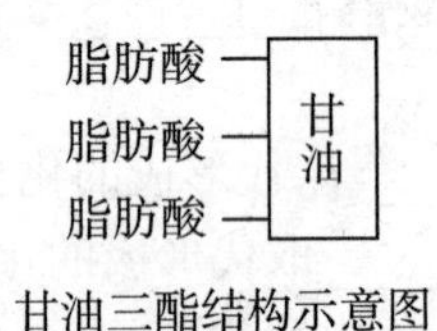

甘油三酯结构示意图

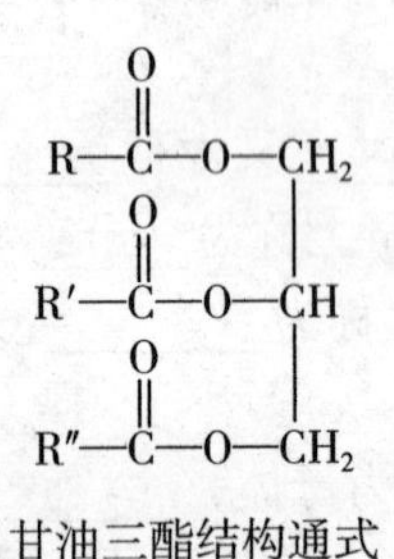

甘油三酯结构通式

二、类脂

类脂主要包括磷脂、胆固醇及其酯。

(一)磷脂

磷脂是一类含有磷酸的脂质,机体中主要含有两大类磷脂,由甘油构成的磷脂称为甘油磷脂(phosphoglyceride, PL);由神经鞘氨醇构成的磷脂,称为鞘磷脂(sphingolipid)。磷脂的结构特点是:由磷酸相连的取代基团(含氮碱或醇类)构成的亲水头和由脂肪酸链构成的疏水尾。在生物膜中磷脂的亲水头位于膜表面,而疏水尾位于膜内侧。

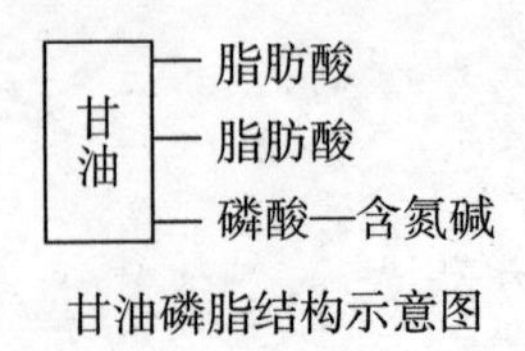

甘油磷脂结构示意图

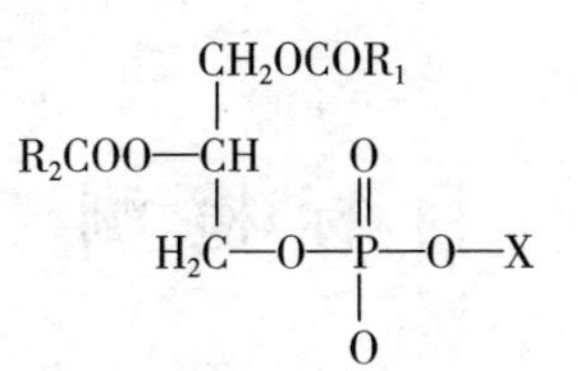

甘油磷脂结构通式

常见的甘油磷脂主要有脑磷脂(磷脂酰乙醇胺)和卵磷脂(磷脂酰胆碱),二者区别在于含氮碱不同,脑磷脂的含氮碱为乙醇胺,卵磷脂的含氮碱为胆碱。

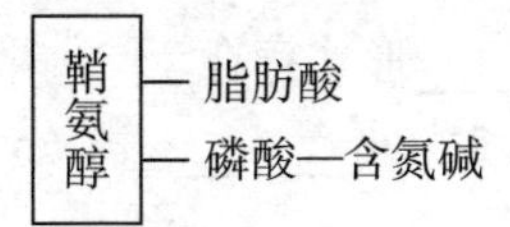

神经磷脂结构示意图

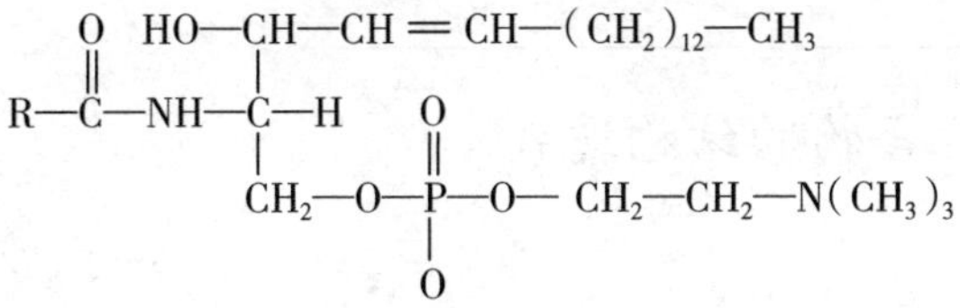

O　HO—CH—CH ═ CH—$(CH_2)_{12}$—CH_3
R—C—NH—C—H　O
CH_2—O—P—O— CH_2—CH_2—$N(CH_3)_3$
O

神经磷脂结构通式

(二)胆固醇

胆固醇(cholesterol, Ch)是一种环戊烷多氢菲的衍生物,分子式为$C_{27}H_{46}O$。广泛存在于动物体内,尤以脑及神经组织中最为丰富,在肾、脾、皮肤、肝和胆汁中含量也高。胆固醇是动物组织细胞不可缺少的重要物质,它不仅参与形成细胞膜,而且是合成胆汁酸、维生素 D 以及类固醇激素的原料。由于许多含有胆固醇的食物中其他的营养成分也很丰富,如果过分忌食这类食物,很容易引起营养平衡失调,导致贫血和其他疾病的发生。所以胆固醇不是人体的有害物质。

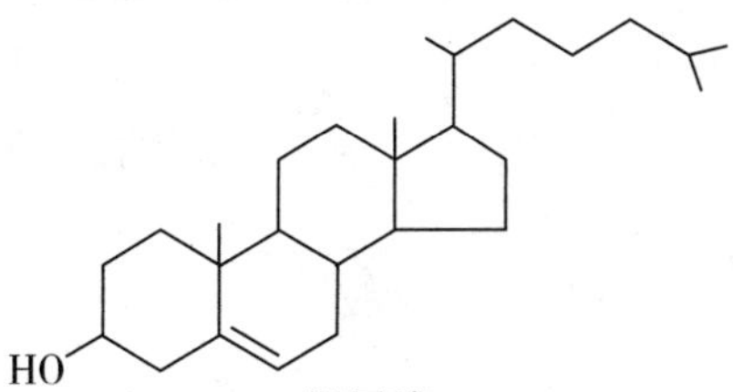

HO

胆固醇

O
R—C—O

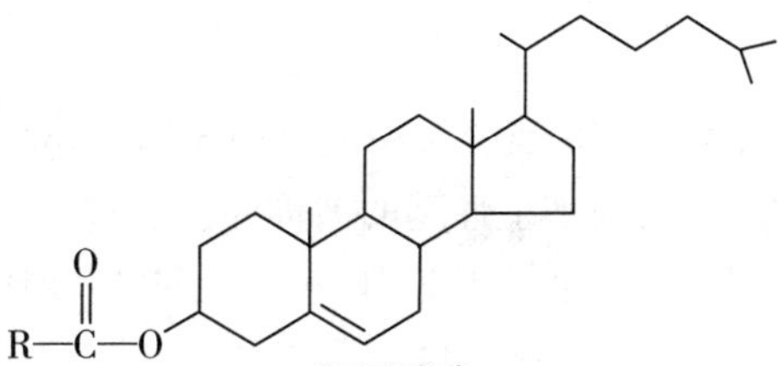

胆固醇酯

胆固醇在体内与脂肪酸结合,可以生成胆固醇酯(cholesteryl ester, CE)。

目标检测

一、填空题

1. 甘油三酯由1分子________和3分子________组成。

2. 在常温下，以液体形式存在的甘油三酯称为________，以固体形式存在的甘油三酯称为________。

3. 在体温下，甘油三酯以________形式存在。

4. 甘油磷脂由1分子________，2分子________，1分子________和1分子________组成。

5. 神经磷脂由________、________、________和________组成。

6. 胆固醇是________的衍生物，由________个C原子组成。

7. 胆固醇与________结合，可以生成胆固醇酯。

8. 胆固醇可生成________、________和________。

二、写出下列化合物的结构通式

1. 甘油三酯

2. 甘油磷脂

第六节 胺和酰胺

一、胺

胺是有机化合物中的"碱"。

胺可看作是氨分子中的氢原子被烃基取代的衍生物（R—NH_2）。对于简单的胺命名时，在"胺"字之前加上烃基的名称即可。如：

CH_3NH_2 甲胺 $CH_3CH_2NH_2$ 乙胺 $CH_3CH_2CH_2NH_2$ 丙胺

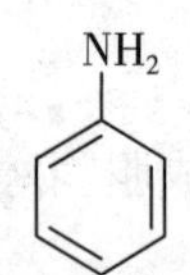

苯胺简写为$C_6H_5NH_2$

如果氢原子是被多个烃基取代生成的衍生物（R—NH—R）

CH_3—NH—CH_3 二甲胺简写为（CH_3）$_2$NH

$$\begin{array}{c} CH_3 \\ | \\ CH_3—N—CH_3 \end{array}$$ 三甲胺简写为（CH_3）$_3$N

多元胺则在胺前加上氨基的数目。如：

$H_2NCH_2CH_2NH_2$　乙二胺

氨基（—NH_2）是胺的官能团，在水溶液中能够与 H^+ 结合，因此具有碱性。

$$NH_3+H_2O \rightarrow NH_4^++OH^-$$

$$R\text{-}NH_2+H_2O \rightarrow R—NH_3^++OH^-$$

胺属于有机碱，能与酸进行反应生成铵盐。

$$R\text{-}NH_2+HCl \rightarrow R—CH_3Cl$$

胺是生物活性物质，有的胺具有毒性，在体内可以分解为醛，再氧化为酸，通过代谢分解为 CO_2 和 H_2O 将其排出体外。

二、酰胺

酰胺可看作是羧酸分子中羟基被氨基取代后生成的化合物，也可看作是氨分子中的氢原子被酰基取代后的化合物。其通式为：

$$\begin{array}{c} O \\ \| \\ R—C—NH_2 \end{array}$$

酰胺一般是近中性的化合物，但在一定条件下可表现出弱酸或弱碱性。尿素（H_2N—CO—NH_2）又称脲，是碳酸的二酰胺。

尿素是哺乳动物体内蛋白质代谢的最终产物，存在于动物的尿中。许多含氮化合物在代谢过程中所释放的氨是有毒的，通过转变为尿素从尿中排出而使氨的浓度降低。

目 标 检 测

一、填空题

1. 胺可看作是氨分子中的________被________取代的衍生物。

2. 简单的胺命名时，在“胺”字之前加上________的名称即可。

3. ________是胺的官能团，在水溶液中能够与 H^+ 结合，因此具有________。

4. 酰胺可看作是羧酸分子中________被氨基取代后生成的化合物，也可看作是氨分子中的________被________取代后的化合物。

5. 酰胺一般是近________的化合物，但在一定条件下可表现出弱酸或弱碱性。

6. 含氮化合物在代谢过程中所释放的________是有毒的，通过转变为________从尿中排出而使________的浓度降低。

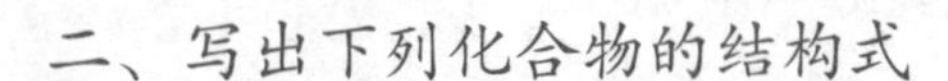

二、写出下列化合物的结构式

1. 甲胺、苯胺
2. 尿素

第七节 磷酸、焦磷酸与磷酸酯

一、磷酸

磷酸属于无机酸，分子式 H_3PO_4，用“Pi”表示。磷酸既能参与无机化学反应，也能参与有机化学反应，在有机化学反应中书写磷酸可以写作 $HO—PO_3H_2$，前面的羟基（—OH）代表磷酸的官能团，后面的—PO_3H_2 是磷酸基。

二、焦磷酸

焦磷酸由两分子磷酸脱水缩合生成，化学式 $H_2PO_3—O—PO_3H_2$，为了书写方便可以用 PPi 表示。

$$\begin{array}{c} \quad O \qquad\quad O \\ \quad \| \qquad\quad \| \\ HO—P—O—P—OH \\ \quad | \qquad\quad | \\ \quad OH \qquad OH \end{array}$$

焦磷酸

三、磷酸酯

磷酸与有机化合物反应称为磷酸化反应。结构中有—OH 的化合物均能与磷酸反应生成磷酸酯。例如：甘油、葡萄糖与磷酸反应分别生成磷酸甘油、磷酸葡萄糖等。结构中有—OH 的化合物也能与焦磷酸反应生成焦磷酸酯。

甘油磷酸化生成 α- 磷酸甘油：

$$\begin{array}{l} CH_2—OH \\ | \\ CH—OH \\ | \\ CH_2—OH \end{array} \xrightarrow{HO—PO_3H_2} \begin{array}{l} CH_2—OH \\ | \\ CH—OH \\ | \\ CH_2—O—PO_3H_2 \end{array}$$

甘油 α- 磷酸甘油

葡萄糖磷酸化生成 1- 磷酸葡萄糖

$$\text{葡萄糖} \xrightarrow{HO—PO_3H_2} \text{1- 磷酸葡萄糖}$$

(结构式：葡萄糖环 CH_2OH、H、O、H、OH、H、HO、OH、H、OH；1- 磷酸葡萄糖环 CH_2OH、H、O、H、OH、H、HO、O—Ⓟ、H、OH)

葡萄糖 1- 磷酸葡萄糖

葡萄糖磷酸化还能生成6-磷酸葡萄糖

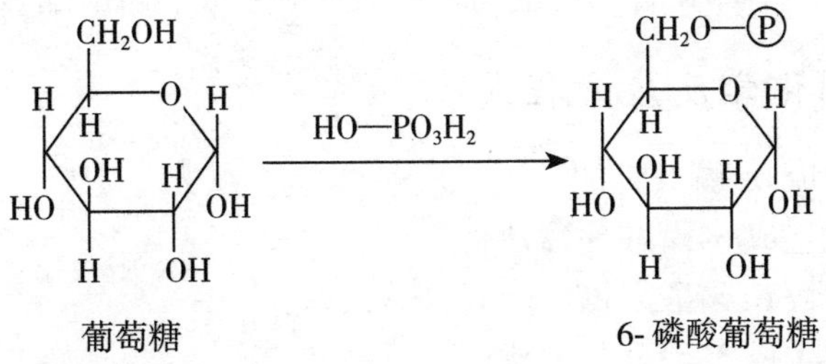

$HO—PO_3H_2$

葡萄糖　→　6-磷酸葡萄糖

果糖磷酸化生成6-磷酸果糖

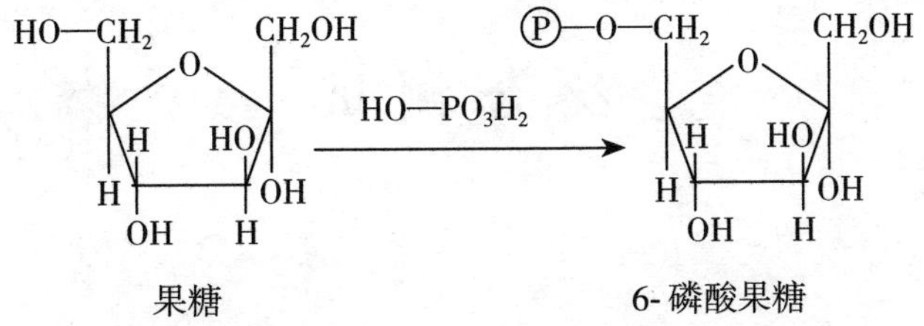

$HO—PO_3H_2$

果糖　→　6-磷酸果糖

甘油醛磷酸化生成3-磷酸甘油醛

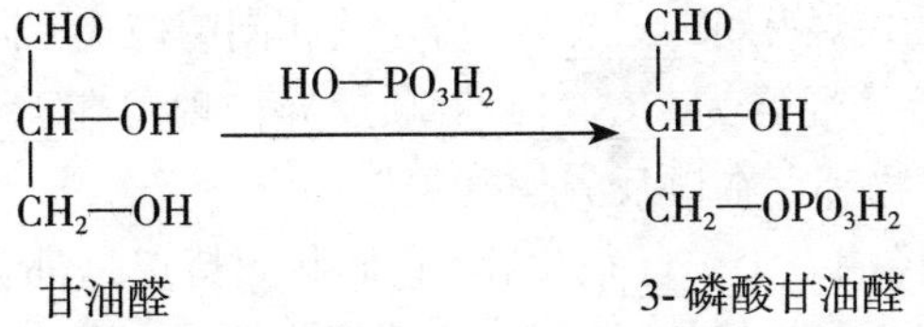

$CHO—CH(OH)—CH_2—OH \xrightarrow{HO—PO_3H_2} CHO—CH(OH)—CH_2—OPO_3H_2$

甘油醛　→　3-磷酸甘油醛

二羟丙酮磷酸化生成磷酸二羟丙酮

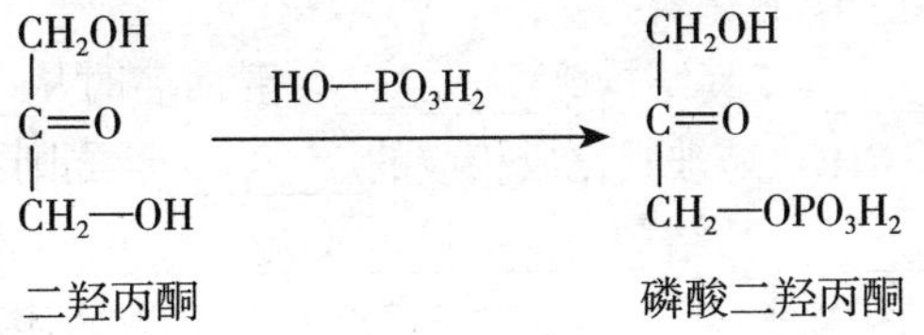

$CH_2OH—C(=O)—CH_2—OH \xrightarrow{HO—PO_3H_2} CH_2OH—C(=O)—CH_2—OPO_3H_2$

二羟丙酮　→　磷酸二羟丙酮

目 标 检 测

一、填空题

1. 磷酸属于________酸，分子式________，用“________”表示。

2. 有机化学反应中磷酸可以写作________，前面的________代表磷酸的官能团，后面的________是磷酸基。

3. 焦磷酸由两分子磷酸脱水缩合生成，化学式_______，为了书写方便可以用_______表示。

4. 磷酸与有机化合物反应称为________。结构中有________的化合物均能与磷酸反应生成磷酸酯。

5. 结构中有________的化合物也能与焦磷酸反应生成焦磷酸酯。

二、写出下列化学反应方程式

1. 甘油磷酸化生成α-磷酸甘油
2. 葡萄糖磷酸化生成6-磷酸葡萄糖
3. 果糖磷酸化生成6-磷酸果糖
4. 甘油醛磷酸化生成3-磷酸甘油醛
5. 二羟丙酮磷酸化生成磷酸二羟丙酮

综 合 测 试

一、填空题

1. 含1个碳原子的烷烃称________；含2个碳原子的烷烃称________；含3个碳原子的烷烃称________。

2. 不同碳原子数目的烷烃互称________，分子式相同结构式不同的化合物互称________。

3. 分子中含“C═C”的烃称为________。顺反异构现象在________中普遍存在，但并非所有具有C═C的化合物都存在顺反异构现象。

4. 醇和酚是重要的烃的________衍生物，它们共同特点是都含有________官能团。醇看作是由烃基“________”和羟基“________”两部分组成，即________表示醇。含一个C原子的醇称为________，含两个C原子的醇称为________，依此类推。酚可以看作芳环上的氢原子被________取代生成的化合物。

5. 醛的官能团为________，其结构为________。醛命名时从________端开始编号。醛具有________，其醛基（—CHO）易被氧化成相应的________。酮则不能发生________反应。

6. 酮的官能团为________，其结构为________或________。酮命名时从靠近________端开始编号。甘油醛与二羟丙酮是________，在一定条件下，二者结构可以________。

7. 羧酸的官能团是________，羧酸可看作是烃分子中的氢原子被________取代而成的化合物。根据羧酸分子中烃基的结构不同，羧酸分为________和________两大类；脂肪酸又分为________脂肪酸和________脂肪酸。

8. 芳香酸是芳环上的一个氢原子被________取代形成的化合物。羧酸（R—COOH）去掉羧基上的________称为酰基（R—CO—）。

9. 羧酸衍生物属于________化合物。分子中至少有________官能团，________和________官能团。羟基酸是分子中既含有________又含有________的双官能团化合物。羟基（—OH）连接在饱和碳链上称为________，是脂肪酸烃基上的________被羟基取代的衍生物；羟基连接在芳香环上称为________，是芳香酸上的________被羟基取代的衍生物。

10. 胺可看作是氨分子（NH_3）中的________被________取代的衍生物。________是胺的官能团，在水溶液中能够与H^+结合，因此具有________。

11. 酰胺可看作是羧酸分子中________被氨基取代后生成的化合物，也可看作是氨分子中的________被________取代后的化合物。酰胺一般是近________性的化合物，但在一定条件下可表现出弱酸或弱碱性。

12. 磷酸属于________酸，分子式________，用“________”表示。有机化学反应中磷酸可以写作________，前面的________代表磷酸的官能团，后面的________是磷酸基。焦磷酸由两分子磷酸脱水缩合生成，化学式________，为了书写方便可以用________表示。

13. 磷酸与有机化合物反应称为________。结构中有________的化合物均能与磷酸反应生成磷酸酯。结构中有________的化合物也能与焦磷酸反应生成焦磷酸酯。

二、简答题

1. 写出下列化学基团或化学结构

甲烷、乙烷、丙基、异丙基、乙烯、丙烯、1-丁烯、乙醇、苯酚、甲醛、丙酮、乳酸、苹果酸、柠檬酸、甘油、甘油醛、甘油酸、二羟丙酮、乙酰乙酸、草酰乙酸、丙酮酸、α-酮戊二酸、甲胺、乙胺、尿素、磷酸、焦磷酸

2. 写出下列化学反应方程式

（1）乙烯加氢生成乙烷

（2）乙烯加水生成乙醇

（3）乙醇＋乙酸

（4）乙醇＋磷酸

（5）丙醇脱水

（6）苹果酸脱氢反应

（7）丙醛加氢反应

（8）丙酮加氢反应

（9）丙酮酸加氢生成乳酸

（10）草酰乙酸加氢生成苹果酸

（11）甘油磷酸化生成α-磷酸甘油

（12）葡萄糖磷酸化生成1-磷酸葡萄糖

（13）果糖磷酸化生成6-磷酸果糖

（14）甘油醛磷酸化生成3-磷酸甘油醛

（15）二羟丙酮磷酸化生成磷酸二羟丙酮

（赵　婷　王秀红）

参考答案

模块二 静态生物化学

第二章 生物分子的结构与功能

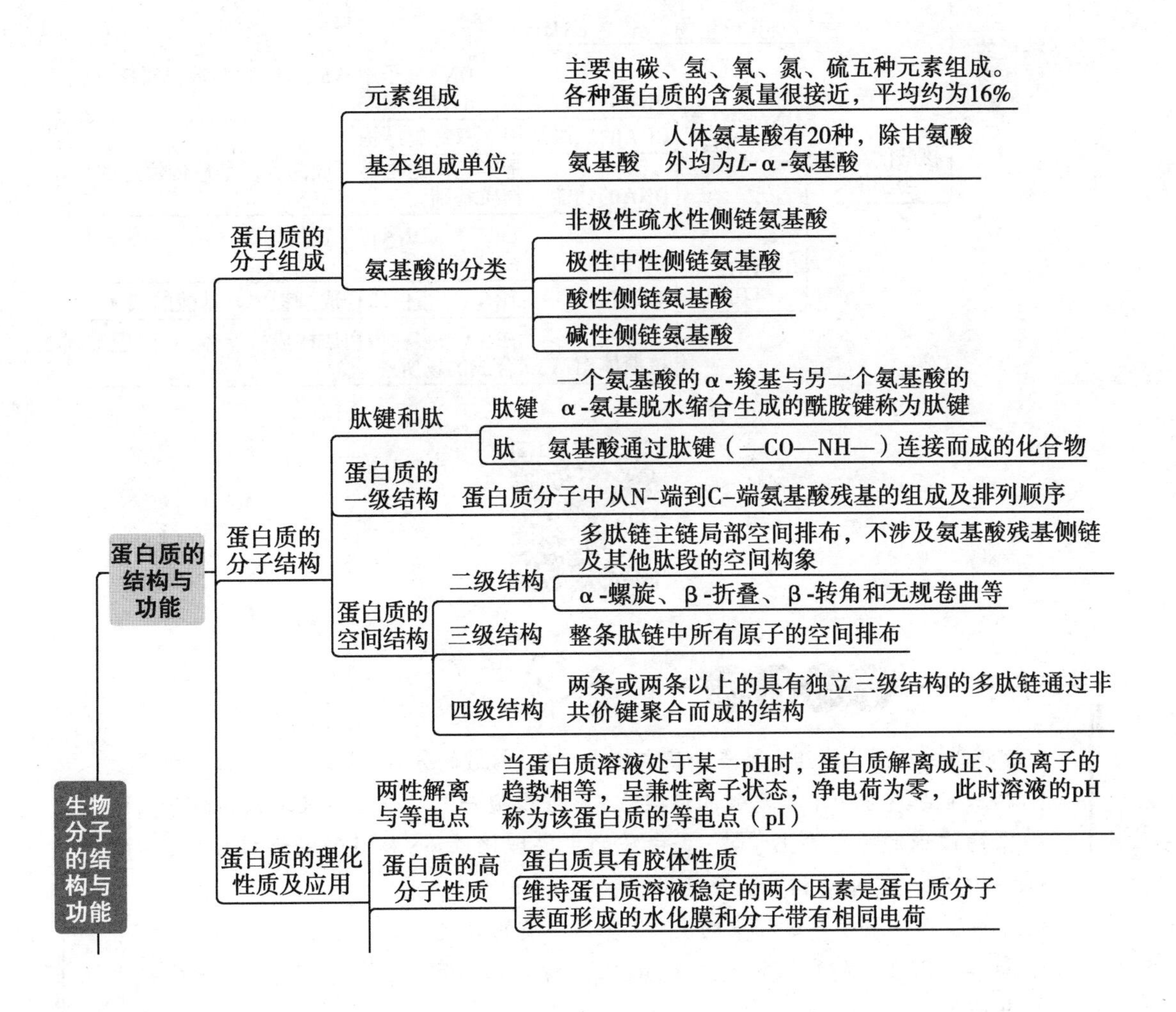

- 蛋白质的变性
  - 变性的理化因素　高温、高压、强酸、强碱、重金属、盐等
  - 变性的本质　非共价键和二硫键等次级键断裂，使其空间构象从紧密有序的状态变成松散无序的状态，不涉及一级结构的改变
  - 变性后的表现　生物学活性丧失；理化性质改变
- 蛋白质的营养作用
  - 氮平衡　氮平衡是指每日摄入氮量和排出氮量之间的对比关系
  - 必需氨基酸　9种，包括缬氨酸、亮氨酸、异亮氨酸、苏氨酸、赖氨酸、甲硫氨酸（蛋氨酸）、苯丙氨酸、色氨酸和组氨酸
- 蛋白质的分类
  - 根据分子组成分类　单纯蛋白质和结合蛋白质
  - 根据分子形状分类　球状蛋白质和纤维状蛋白质
  - 根据蛋白质功能分类　活性蛋白质和非活性蛋白质

核酸的结构与功能

- 核酸的分子组成
  - 元素构成　由碳、氢、氧、氮和磷五种元素构成
  - 基本组成成分　碱基、戊糖和磷酸
  - 核苷酸　碱基和戊糖结合形成核苷，再与磷酸结合生成核苷酸
  - 重要的核苷酸及其衍生物　ATP　cAMP
- 核酸的结构与功能
  - DNA的结构与功能
    - DNA的一级结构　DNA分子中从5′-端到3′-端脱氧核苷酸的排列顺序
    - DNA的二级结构　双螺旋结构
    - DNA的功能　是染色体的主要组成部分，是遗传信息的物质基础
  - RNA的结构与功能
    - 信使RNA　mRNA从DNA转录遗传信息，是指导蛋白质合成的模板
    - 转运RNA　tRNA是蛋白质合成过程中氨基酸的载体
    - 核糖体RNA　rRNA与多种蛋白质构成核糖体，成为蛋白质合成的场所

1. 掌握蛋白质的元素组成特点和基本组成单位；核酸的分类、基本组成单位及成分。
2. 熟悉蛋白质分子中氨基酸的连接方式；蛋白质一、二、三、四级结构的概念及维系结构稳定的主要化学键；蛋白质的主要理化性质；核苷酸的连接方式；核酸结构与功能；重要核苷酸及其衍生物。
3. 了解蛋白质在生命过程中的重要性；蛋白质的分类。
4. 能够运用蛋白质和核酸的生化知识，解释临床及实际生活现象，并应用于临床护理工作。

人体和其他生物体一样都是由化学物质——无机化合物和有机化合物组成。构成人体的无机化合物主要是水和无机盐，有机化合物主要包括蛋白质、核酸、糖类、脂质、维生素等，这些物质不仅是构成机体的组成成分，同时发挥着多种多样的生物学功能，是一切生命活动的物质基础，尤其蛋白质与核酸是最重要的组成成分。

第一节　蛋白质的结构与功能

蛋白质是由氨基酸聚合而成的一类生物大分子，它与核酸及其他生物分子共同构成生命的物质基础。在人体内，除水以外含量最高、分布最广、功能最繁多的物质就是蛋白质，许多重要的生命活动，如生物催化、机体防御、肌肉收缩、物质运输等都是由蛋白质来执行的。蛋白质重要的生理功能依赖于其特定的分子组成和结构。

一、蛋白质的分子组成

蛋白质是生物体含量最丰富的生物大分子，是生物体的基本组成成分之一，约占人体固体成分的45%。蛋白质在生命活动过程中起着十分重要的作用：几乎所有的物质代谢都是在酶的催化下进行，酶是蛋白质；许多对物质代谢起调节作用的激素是蛋白质或其衍生物；具有免疫作用的抗体其主要成分是蛋白质；此外，躯体的运动、心肌收缩、肠蠕动、体内物质的运输、血液凝固、细胞膜的通透性以及遗传信息的调控等都与蛋白质有关。可见，蛋白质是生命的物质基础，是生命活动的体现者，没有蛋白质就没有生命。

（一）元素组成

蛋白质主要由碳（C，50%~55%）、氢（H，6%~8%）、氧（O，19%~24%）、氮（N，13%~19%）和硫（S，0~4%）五种元素组成，有些蛋白质还含有少量的磷（P）、铁（Fe）、铜（Cu）、锌（Zn）和锰（Mn）等元素。各种蛋白质的含氮量很接近，平均约为16%（1g氮元素相当于6.25g蛋白质），并且机体内含氮化合物又以蛋白质为主，因此可以通过测定组织的氮元素含量来推算蛋白质的大致含量。

每克样品中含氮元素克数 ×6.25×100=100g样品中的蛋白质含量（g%）

蛋白质的元素组成种类较多，特别是含有氮元素，因此糖和脂肪在营养上不能替代蛋白质。

复方氨基酸注射液（15AA）在临床上应用于蛋白质摄入不足、氨基酸吸收障碍等患者，亦用于改善手术后病人的营养状况。根据营养或治疗需求，复方氨基酸注射液（15AA）为什么由多种*L*-氨基酸以适当比例配制而成？

（二）基本组成单位

蛋白质是高分子化合物，其水解的终产物为氨基酸，因此氨基酸是构成蛋白质的基本单位。存在于自然界中的氨基酸有300余种，但组成人体蛋白质的氨基酸仅有20种，它们共同的结构特点是氨基（脯氨酸为亚氨基）连接在与羧基相连的α-碳原子上。它们可用下面的结构通式表示，R称为氨基酸的侧链基团。

$$\mathrm{R{-}\underset{\displaystyle NH_2}{\underset{|}{CH}}{-}COOH}$$

不同的氨基酸其侧链（R）不同，除甘氨酸的R为H原子外，其他的氨基酸的α-碳原子都结合了4个不同的原子或原子团。在同一个碳原子上，同时连接四个不同的原子或原子团，这个碳原子称为不对称碳原子（或称手性碳原子）。四个原子或基团在α-碳原子周围有两种不同的空间排布方式，因此氨基酸具有两种构型，即*L*型（氨基在左侧）和*D*型（氨基在右侧）。组成人体蛋白质的氨基酸有20种，除甘氨酸外（甘氨酸的R为H原子）均为*L*-α-氨基酸。

$$\mathrm{H_2N{-}\overset{\displaystyle COOH}{\overset{|}{\underset{\displaystyle R}{\underset{|}{C}}}}{-}H} \qquad \mathrm{H{-}\overset{\displaystyle COOH}{\overset{|}{\underset{\displaystyle R}{\underset{|}{C}}}}{-}NH_2}$$

L-α-氨基酸　　　*D*-α-氨基酸

（三）氨基酸的分类

氨基酸的分类方法有很多种，常用的是根据侧链（R）的性质不同，将20种氨基酸分为非极性疏水性侧链氨基酸、极性中性侧链氨基酸、酸性侧链氨基酸和碱性侧链氨基酸四类（表2-1）。

表2-1　组成人体蛋白质的20种氨基酸分类

中文名	英文名	简写符号	结构式	等电点（pI）
1. 非极性侧链氨基酸				
甘氨酸	glycine	Gly，G	$\mathrm{H{-}\underset{NH_2}{\underset{\mid}{CH}}{-}COOH}$	5.97
丙氨酸	alanine	Ala，A	$\mathrm{CH_3{-}\underset{NH_2}{\underset{\mid}{CH}}{-}COOH}$	6.00
缬氨酸	valine	Val，V	$\mathrm{CH_3{-}\underset{CH_3}{\underset{\mid}{CH}}{-}\underset{NH_2}{\underset{\mid}{CH}}{-}COOH}$	5.96
亮氨酸	leucine	Leu，L	$\mathrm{CH_3{-}\underset{CH_3}{\underset{\mid}{CH}}{-}CH_2{-}\underset{NH_2}{\underset{\mid}{CH}}{-}COOH}$	5.98
异亮氨酸	isoleucine	Ile，I	$\mathrm{CH_3{-}CH_2{-}\underset{CH_3}{\underset{\mid}{CH}}{-}\underset{NH_2}{\underset{\mid}{CH}}{-}COOH}$	6.02
苯丙氨酸	phenylalanine	Phe，F	$\mathrm{C_6H_5{-}CH_2{-}\underset{NH_2}{\underset{\mid}{CH}}{-}COOH}$	5.48

续表

中文名	英文名	简写符号	结构式	等电点(pI)
甲硫氨酸（蛋氨酸）	methionine	Met，M	$CH_3SCH_2CH_2-\underset{NH_2}{\underset{\mid}{CH}}-COOH$	5.74
脯氨酸	proline	Pro，P	$\begin{array}{lll} & CH_2 & \\ \diagup & & \diagdown CH-COOH \\ CH_2 & & \quad \mid \\ \diagdown & & \diagup NH \\ & CH_2 & \end{array}$	6.30
2. 极性中性侧链氨基酸				
色氨酸	tryptophan	Trp，W	$\underset{H}{N}$ $CH_2-\underset{NH_2}{\underset{\mid}{CH}}-COOH$	5.89
丝氨酸	serine	Ser，S	$HO-CH_2-\underset{NH_2}{\underset{\mid}{CH}}-COOH$	5.68
苏氨酸	threonine	Thr，T	$HO-\underset{CH_3}{\underset{\mid}{CH}}-\underset{NH_2}{\underset{\mid}{CH}}-COOH$	5.60
酪氨酸	tyrosine	Tyr，Y	$HO-\bigcirc-CH_2-\underset{NH_2}{\underset{\mid}{CH}}-COOH$	5.66
半胱氨酸	cysteine	Cye，C	$HS-CH_2-\underset{NH_2}{\underset{\mid}{CH}}-COOH$	5.07
天冬酰胺	asparagine	Asn，N	$H_2N-\overset{O}{\overset{\parallel}{C}}-CH_2-\underset{NH_2}{\underset{\mid}{CH}}-COOH$	5.41
谷氨酰胺	glutamine	Gln，Q	$H_2N-\overset{O}{\overset{\parallel}{C}}-CH_2-CH_2-\underset{NH_2}{\underset{\mid}{CH}}-COOH$	5.65
3. 酸性侧链氨基酸				
天冬氨酸	aspartic acid	Asp，D	$HOOC-CH_2-\underset{NH_2}{\underset{\mid}{CH}}-COOH$	2.97
谷氨酸	glutamic acid	Glu，E	$HOOC-CH_2-CH_2-\underset{NH_2}{\underset{\mid}{CH}}-COOH$	3.22
4. 碱性侧链氨基酸				
赖氨酸	lysine	Lys，K	$NH_2CH_2CH_2CH_2CH_2-\underset{NH_2}{\underset{\mid}{CH}}-COOH$	9.74
精氨酸	arginine	Arg，R	$NH_2\underset{NH}{\underset{\parallel}{C}}NHCH_2CH_2CH_2-\underset{NH_2}{\underset{\mid}{CH}}-COOH$	10.76
组氨酸	histidine	His，H	$\begin{array}{l} HC=C-CH_2-\underset{NH_2}{\underset{\mid}{CH}}-COOH \\ \ \mid \quad \mid \\ N \quad NH \\ \ \diagdown \ \diagup \\ \ \ CH \end{array}$	7.59

1. 非极性疏水性侧链氨基酸　这类氨基酸的侧链 R 主要由 C、H 元素构成，其侧链均为非极性基团，不能电离，不能与水形成氢键，因此这些侧链都是疏水的，在水中溶解度小。如脂肪族烃基、芳香族烃基、杂环等非极性疏水基团构成的氨基酸侧链属于这一类，有甘氨酸、丙氨酸、缬氨酸、亮氨酸、异亮氨酸、苯丙氨酸、甲硫氨酸（蛋氨酸）、脯氨酸 8 种。

2. 极性中性侧链氨基酸　这类氨基酸的侧链 R 含有羟基（—OH）、巯基（—SH）、酰胺基（—CO—NH_2）和杂环基（吲哚基）极性基团，具有亲水性，在水溶液中可与水形成氢键（半胱氨酸除外），与非极性疏水性氨基酸相比，极性中性氨基酸较易溶于水。有色氨酸、丝氨酸、苏氨酸、酪氨酸、半胱氨酸、天冬酰胺、谷氨酰胺 7 种。

3. 酸性侧链氨基酸　这类氨基酸的侧链含有羧基（—COOH），易解离出 H^+ 而具有酸性，由于分子中带有两个羧基，在碱性溶液中溶解度较大，有天冬氨酸和谷氨酸 2 种。

4. 碱性侧链氨基酸　这类氨基酸的侧链含有氨基、胍基和咪唑基，易接受 H^+ 而具有碱性，在酸性溶液中溶解度较大，有赖氨酸、精氨酸、组氨酸 3 种。

二、蛋白质的分子结构

（一）肽键和肽

1. 肽键　蛋白质是由氨基酸脱水缩合而成的高分子化合物。在蛋白质分子中，一个氨基酸的 α- 羧基与另一个氨基酸的 α- 氨基脱水缩合生成的酰胺键称为肽键。蛋白质分子是由许多氨基酸聚合而成的多肽链，肽键是蛋白质中的主要化学键。

$$\underset{\text{甘氨酸}}{H-NH-CH_2-\overset{O}{\overset{\|}{C}}-OH} + \underset{\text{甘氨酸}}{H-NH-CH_2-\overset{O}{\overset{\|}{C}}-OH} \xrightarrow{-H_2O} \underset{\text{甘氨酰甘氨酸}}{H-NH-CH(H)-\boxed{\overset{O}{\overset{\|}{C}}-\underset{H}{\underset{|}{N}}}-CH_2-\overset{O}{\overset{\|}{C}}-OH}$$

2. 肽　氨基酸通过肽键（—CO—NH—）连接而成的化合物称为肽（peptide）。由两个氨基酸形成的肽称为二肽，三个氨基酸形成的肽称为三肽，依此方式，可生成四肽、五肽等。通常将 10 个以下的氨基酸形成的肽称为寡肽，10 个以上的氨基酸形成的肽称为多肽。蛋白质就属于多肽，但多肽不全是蛋白质。多肽分子中的氨基酸相互衔接，形成长链，因此形成多肽链（polypeptide chain）。肽链中氨基酸分子因脱水缩合导致残缺不全，称为氨基酸残基。

多肽链的主链是由各氨基酸残基通过肽键相连组成的长链骨架，即 α- 碳原子与肽键依次反复排列形成的结构。多肽链的侧链是氨基酸残基中 α- 碳原子连接的侧链 R 基团。主链有两个末端，有自由氨基（—NH_2）的一端称为氨基末端（N- 端），有自由羧基（—COOH）的一端称为羧基末端（C- 端）。肽链的两个末端互不相同，因此具有方向性。按照惯例，肽的书写和命名，均从 N- 端开始指向 C- 端。把氨基末端写在左侧，用 H_2N—或 H—表示，羧基末端写在右侧，用—COOH 或—OH 表示。也可用中文或英文代号表示。如下列表示式：

H- 丙 - 甘 - 半 - 丙 - 丝 -OH　或　H-Ala-Gly-Cys-Ala-Ser-OH

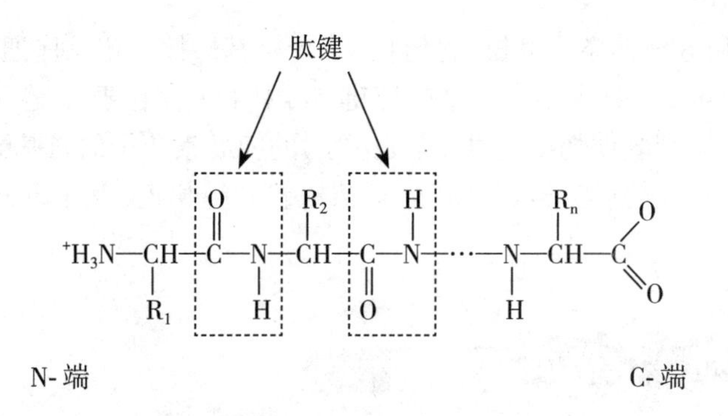

人体内存在一些具有生物活性的肽类物质，称生物活性肽。如谷胱甘肽、多肽激素和神经肽等。谷胱甘肽（GSH）是由谷氨酸、半胱氨酸和甘氨酸组成的3肽，是一个非常重要的抗氧化剂，其N-端的谷氨酸以γ-羧基与半胱氨酸氨基结合。催产素（9肽）、加压素（9肽）、促肾上腺皮质激素（39肽）、脑啡肽（5肽）等均为生物活性肽，这些生物活性肽在代谢调节、神经传导等方面起着重要作用。许多肽类药物和疫苗已广泛应用于疾病预防和治疗。

1. 请分析镰状细胞贫血的分子机制，该病改变了血红蛋白的几级结构？
2. 疯牛病为什么能引起中枢神经系统变性？该病可引起蛋白质哪级结构发生改变？

（二）蛋白质的一级结构

人体内具有生物活性的蛋白质都由一定的氨基酸构成，并有着特定的空间排布，根据其复杂程度，蛋白质分子结构可分为一级结构和空间结构。蛋白质的分子结构决定了蛋白质特有的性质和功能。

蛋白质分子中从N-端到C-端氨基酸残基的组成及排列顺序称为蛋白质的一级结构。形成一级结构的主要化学键是肽键，有的还有少量的二硫键。1953年Sanger等测定了牛胰岛素的一级结构（图2-1）。牛胰岛素是第一个阐明一级结构的蛋白质，也是第一个人工合成的蛋白质。

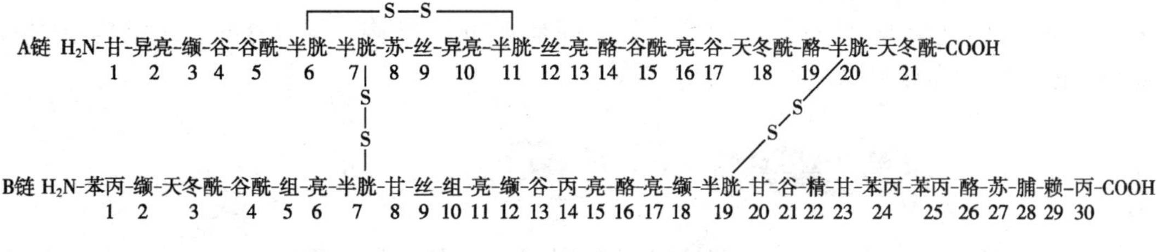

图2-1　牛胰岛素的一级结构

胰岛素有 A 链和 B 链两条多肽链，A 链由 21 个氨基酸按一定顺序通过肽键连接而成，B 链由 30 个氨基酸组成。分子中有 3 个二硫键，其中 1 个存在于 A 链，另 2 个存在于 A、B 两链之间。不同种属哺乳动物（人、牛、羊、猪等）的胰岛素分子的氨基酸序列和结构稍有差异，其中猪胰岛素与人的最为接近。胰岛素结构差异越相近，其生理效应和药物动力学上越相同。

研究蛋白质一级结构的意义

研究蛋白质的一级结构具有四个方面的重要意义：①氨基酸序列是蛋白质生物学活性的分子基础；②一级结构是空间结构的基础，包含了形成特定空间结构所需的全部信息；③众多遗传疾病的物质基础是相关蛋白质的氨基酸序列产生变异；④研究氨基酸序列可以阐明生物进化史，氨基酸序列的相似性越大，物种之间的进化关系越近。

（三）蛋白质的空间结构

在一级结构的基础上蛋白质多肽链折叠盘曲构成特有的空间结构。蛋白质的理化性质和生物学活性主要由其特定的空间结构决定。蛋白质的空间结构又可分为二级结构、三级结构和四级结构。

1. 二级结构　蛋白质的二级结构是指多肽链主链局部空间排布，不涉及氨基酸残基侧链及其他肽段的空间构象。多肽链主链旋转盘曲的角度不同形成了不同形式的二级结构，主要包括 α- 螺旋、β- 折叠、β- 转角和无规卷曲等。在蛋白质二级结构的研究过程中，α- 螺旋与 β- 折叠（图 2-2）是目前研究最详细的两种二级结构。

（1）α- 螺旋：α- 螺旋是右手螺旋，螺旋直径 0.5nm，R 侧链向外伸出，以每一螺旋为重复结构单位，含 3.6 个氨基酸残基，螺距为 0.54nm。氢键与螺旋轴基本平行。氢键是维持螺旋的稳定因素。

（2）β- 折叠：多肽链中的局部肽段，主链呈锯齿形伸展状态，数股平行排列可形成裙褶样结构，称为 β- 折叠。β- 折叠中的肽段可以同向平行或反向平行。肽链之间形成氢键，与肽链走向垂直或接近垂直，是维持 β- 折叠的主要作用力。

不同蛋白质由于一级结构不同，形成的二级结构也不同。如血红蛋白和肌红蛋白中许多肽段呈 α- 螺旋结构，而蚕丝丝心蛋白几乎都是 β- 折叠结构。维系这些二级结构空间构象稳定的作用力主要是肽链中的氢键。

从蛋白质分子结构的角度，分析肌红蛋白为什么能够携带氧气？

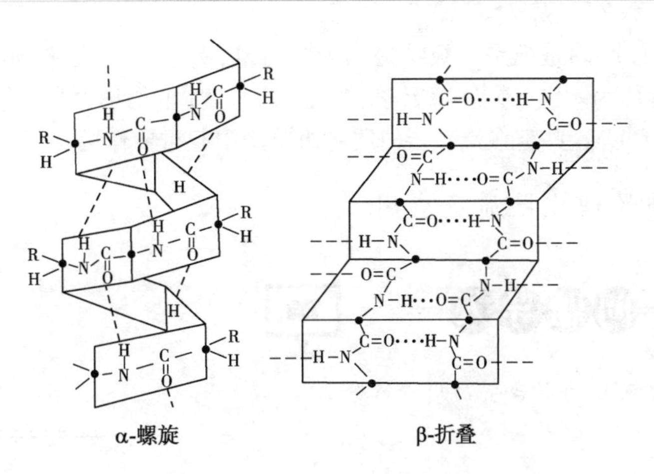

图 2-2　蛋白质二级结构示意图

2. 三级结构　蛋白质的三级结构是指整条肽链中所有原子的空间排布。维系三级结构的稳定主要依靠疏水键、氢键、范德华力和盐键等非共价键及少量的二硫键。由一条多肽链组成的蛋白质形成的最高级结构即三级结构，且具有了相应的生物学功能，如肌红蛋白是由 153 个氨基酸残基构成的单链球状蛋白质，其三级结构如图所示（图 2-3）。由于侧链 R 基团的相互作用，多肽链相互缠绕形成球状分子。疏水侧链 R 基团位于分子内部，亲水侧链 R 基团位于分子外部，会形成一个疏水“口袋”，血红素位于“口袋”中，可与氧气结合。

血红蛋白的结构与功能之间有什么样的关系？

3. 四级结构　蛋白质的四级结构是指由两条或两条以上的具有独立三级结构的多肽链通过非共价键聚合而成的结构。在四级结构中，每条具有三级结构的多肽链称为一个亚基，亚基之间通过非共价键连在一起。四级结构实际是多个亚基的聚集体。具有四级结构的蛋白质，亚基单独存在时不具有生物学活性，只有具有完整的四级结构才有生物学活性。如血红蛋白的四级结构就是由 2 个 α 亚基和 2 个 β 亚基构成的四聚体，每个亚基都结合一个血红素辅基（图 2-4）。

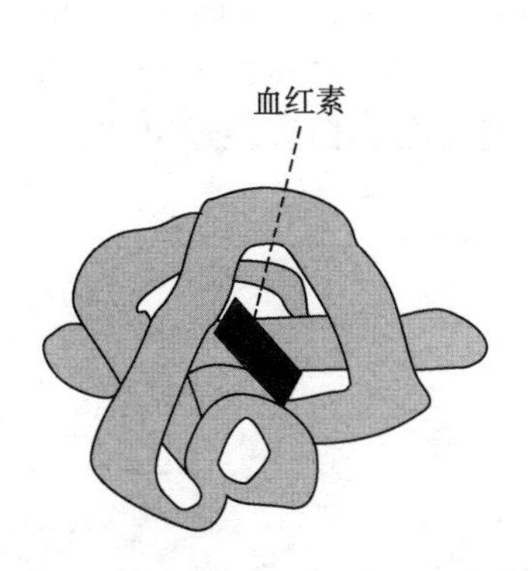

图 2-3　肌红蛋白三级结构示意图

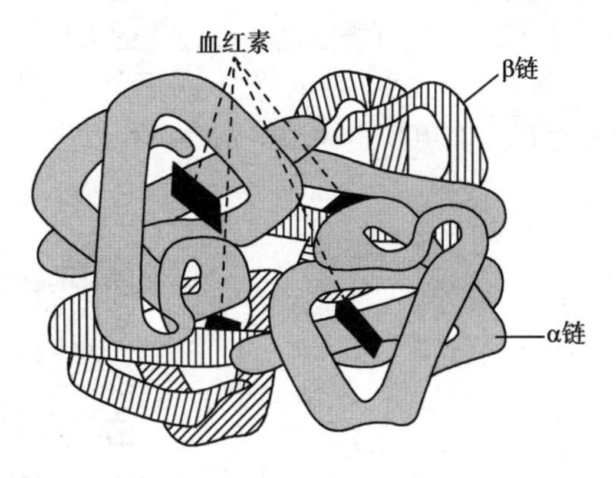

图 2-4　血红蛋白四级结构示意图

蛋白质分子中，肽键是维系一级结构的主要力量，是主键。氢键、疏水键、范德华力、二硫键和离子键等均为副键（或称次级键），氢键、疏水键、范德华力和离子键统称非共价键（二硫键属于共价键）。这些键在维系蛋白质各级结构中起重要作用。

三、蛋白质的理化性质及应用

利用哪些方法可以将混合蛋白质进行分离？

（一）两性解离与等电点

蛋白质由氨基酸组成，其大分子的两个末端有游离的氨基和游离的羧基，氨基酸残基的侧链上还有可以解离的酸性及碱性基团。在溶液中，所有的酸性基团（羧基）可解离出 H^+，所有的碱性基团（氨基、胍基、咪唑基等）能接受 H^+，因此蛋白质具有两性解离性质。蛋白质的解离状态受溶液 pH 的影响。当蛋白质溶液处于某一 pH 时，蛋白质解离成正、负离子的趋势相等，呈兼性离子状态，净电荷为零，此时溶液的 pH 称为该蛋白质的等电点（pI）。溶液的 pH 大于等电点时，有利于蛋白质解离出 H^+，蛋白质带负电荷；溶液的 pH 小于等电点时，有利于蛋白质结合 H^+，蛋白质带正电荷。

$$\mathrm{Pr}\langle^{COOH}_{NH_3^+} \underset{H^+}{\overset{OH^-}{\rightleftharpoons}} \mathrm{Pr}\langle^{COO^-}_{NH_3^+} \underset{H^+}{\overset{OH^-}{\rightleftharpoons}} \mathrm{Pr}\langle^{COO^-}_{NH_2}$$

阳离子　　两性离子　　阴离子

$pH < pI$　　$pH = pI$　　$pH > pI$

体内各种蛋白质的组成不同，其等电点也不同，但大多接近 pH 5.0。因此在人体体液 pH 7.4 的环境下，大多数蛋白质解离成阴离子，其分子带负电荷。利用此特性，可通过电泳技术分离混合蛋白质。电泳是指带电颗粒在电场中向其电性相反电极移动的现象。由于混合蛋白质中每种蛋白质 pI 不同，在同一 pH 条件下，所带净电荷的性质（正或负）及电荷量也不同。蛋白质在电场中迁移的方向和速度取决于所带净电荷的性质、电荷量以及蛋白质的分子大小，带电荷多、分子量小的蛋白质在电场中泳动得就快；带电少、分子量大的蛋白质在电场中泳动得就慢。利用这一特性，可将混合蛋白质通过电泳方法分离、纯化。

血清蛋白醋酸纤维薄膜电泳

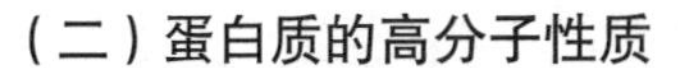

（二）蛋白质的高分子性质

蛋白质属于生物大分子，相对分子量在 1 万至 100 万之间，其分子直径大多在 1~100nm，与胶体溶液颗粒大小相当，故蛋白质具有胶体性质。

溶液中的蛋白质大多呈球状，分子中的疏水基团在蛋白质折叠卷曲过程中被掩盖在分子内部，使大多数亲水基团暴露在外。亲水基团与水分子有很强的亲和力，能够牢固的吸引水分子，因此在蛋白质颗粒周围形成稳定的水化膜，将蛋白质颗粒相互隔开，阻止其聚集，避免蛋白质从溶液中析出沉淀。亲水基团大都能够解离，蛋白质分子在 $pH \neq pI$ 的溶液中，其颗粒表面带有一定量的相同电荷，同性电荷互相排斥，也起到防止蛋白质颗粒聚沉的作用。维持蛋白质溶液稳定的两个因素是蛋白质分子表面形成的水化膜和分子带有相同电荷。

当破坏蛋白质表面的水化膜并中和电荷时，蛋白质由溶液中析出而产生沉淀。例如，向蛋白质溶液中加入高浓度的中性盐（如硫酸铵、硫酸钠等），可破坏蛋白质分子表面的水化膜，中和其表面部分电荷，使蛋白质从溶液中沉淀析出，这种方法称为盐析。通过盐析法沉淀的蛋白质不变性，常用盐析法初步分离蛋白质。

透　析

蛋白质分子不能透过生物膜的特点，在生物学上有重要意义，它能使各种蛋白质分别存在于细胞内外不同的部位，对维持细胞内外水和电解质分布的平衡、物质代谢的调节都起着非常重要的作用。另外，利用蛋白质不能透过半透膜的特性，将含有小分子杂质的蛋白质溶液放入半透膜袋内，然后将袋浸于蒸馏水中，小分子物质由袋内移至袋外水中，蛋白质仍留在袋内，这种方法叫做透析。透析也是纯化蛋白质的方法之一。

血液透析（俗称人工肾），就是利用半透膜原理，将代谢废物、各种有害物质和过多的电解质移出体外，达到净化血液、纠正水电解质及酸碱平衡的目的，常用于急慢性肾衰竭患者的治疗。

1. 高温灭菌、乙醇消毒的原理是什么？
2. 为什么蛋白质生物制剂要在低温保存？
3. 富含蛋白质的牛肉，煮熟后为什么更易被消化？

（三）蛋白质的变性

在某些物理因素或化学因素的作用下，蛋白质空间结构被破坏，导致蛋白质理化性质改变和生物学活性丧失，这种现象称为蛋白质的变性。一般认为蛋白质的变性主要发生非共价键和二硫键等次级键的破坏，不涉及一级结构的改变。

1. 引起蛋白质变性的理化因素

（1）物理因素：高温、高压、射线等。

（2）化学因素：强酸、强碱、重金属、生物碱试剂、盐等。

2. 变性的本质　蛋白质分子中非共价键和二硫键等次级键断裂，使其空间构象从紧密有序的状态变成松散无序的状态，不涉及一级结构的改变。

3. 蛋白质变性后的表现

（1）生物学活性丧失。

（2）理化性质改变：溶解度下降，黏度增加，紫外吸收增加，侧链反应增强，对酶的作用敏感，易被酶水解。

蛋白质变性在医学上的应用

在临床护理工作中常用高温、高压、紫外线、乙醇等方法进行消毒，使细菌或病毒的蛋白质变性而失去致病能力。在保存酶、疫苗、免疫血清等蛋白制剂时，一般要低温、避光，以避免变性因素对其生物活性的影响。

四、蛋白质的营养作用

（一）氮平衡

蛋白质是组成机体组织细胞的主要成分，是生命活动的物质基础，也是一种重要的能源物质。

氮平衡是指每日摄入氮量和排出氮量之间的对比关系。由于动、植物组织蛋白质的含氮物主要是蛋白质，并且含量较恒定，因此利用含氮量可以估算蛋白质的含量。食物中的含氮物主要是蛋白质，体内蛋白质分解代谢产生的含氮物主要由粪、尿排出，因此氮平衡可以动态反映体内蛋白质代谢的概况。氮平衡有以下三种情况：

1. 氮总平衡　摄入氮 = 排出氮，反映摄入蛋白质的量能满足机体组织蛋白质更新的需要，即蛋白质的合成与分解处于动态平衡。常见于正常成人。

2. 正氮平衡　摄入氮＞排出氮，反映体内蛋白质的合成代谢占优势，摄入的部分蛋白质合成组织蛋白储存在体内。儿童、孕妇及恢复期的病人属于此种情况。

3. 负氮平衡　摄入氮＜排出氮，反映体内蛋白质的分解代谢占优势，摄入的蛋白质不能满足机体的需要，见于饥饿、营养不良、消耗性疾病的病人。

根据氮平衡可以反映体内蛋白质代谢状况，也可依此估算机体对蛋白质的需要量。人体每天需要摄入 35~40g 蛋白质才能满足机体的需要，因为食物中蛋白质不能全部被吸收利用，我国营养学会推荐成人每日蛋白质需要量为 80g。

（二）必需氨基酸

用于机体蛋白质合成的氨基酸有 20 种，其中有 9 种氨基酸机体不能合成，必须由食物供给，这些氨基酸称为营养必需氨基酸。包括缬氨酸、亮氨酸、异亮氨酸、苏氨酸、赖氨酸、

甲硫氨酸(蛋氨酸)、苯丙氨酸、色氨酸和组氨酸。但对于处于成长发育期的个体,精氨酸需要量较大,如长期缺乏,也会导致负氮平衡。

蛋白质的营养价值取决于蛋白质中必需氨基酸的种类、数量和比例,食物蛋白质所含的必需氨基酸种类、数量和比例和人体需要越接近,其营养价值越高。一般鸡蛋、牛奶、牛肉等所含的动物性蛋白质的营养价值高于植物蛋白质。

五、蛋白质的分类

(一)根据分子组成分类

根据蛋白质分子的组成不同,可分为单纯蛋白质和结合蛋白质。单纯蛋白质是指在蛋白质分子中只含有氨基酸组分的蛋白质,如清蛋白、球蛋白、组蛋白等。结合蛋白质是由蛋白质和非蛋白质组成,非蛋白质部分称为辅基。根据辅基的不同,可将结合蛋白质分为核蛋白、糖蛋白、脂蛋白、金属蛋白及色蛋白等。

(二)根据分子形状分类

根据蛋白质分子形状的不同,可分为球状蛋白质和纤维状蛋白质。球状蛋白质分子外形近似球状,多数可溶于水。多数蛋白质为球状蛋白,如血红蛋白、胰岛素、免疫球蛋白等。纤维状蛋白质分子构象呈长纤维状,大多难溶于水,如毛发、指甲中的角蛋白,皮肤、骨、牙中的胶原蛋白和弹性蛋白等。

(三)根据蛋白质功能分类

根据蛋白质的主要功能,可分为活性蛋白质和非活性蛋白质。活性蛋白质如酶、激素蛋白质、运动蛋白质、受体蛋白质、运输和贮存的蛋白质等。非活性蛋白质如角蛋白、胶原蛋白等。

(赵　婷)

第二节　核酸的结构与功能

核酸是由核苷酸聚合而成的一类生物大分子,包括脱氧核糖核酸(DNA)和核糖核酸(RNA)两大类。DNA 主要存在于细胞核,部分在线粒体内,是遗传信息的载体,决定着细胞核个体的基因型。RNA 在细胞质和细胞核内都存在,又分为信使 RNA、转运 RNA 和核糖体 RNA,参与基因信息的表达。某些病毒的遗传物质是 RNA。核酸和蛋白质一样,具有复杂的分子结构和重要的生物学功能。

你知道 DNA 和 RNA 的分子组成有什么异同点吗?

一、核酸的分子组成

核酸的分子组成

核酸由碳（C）、氢（H）、氧（O）、氮（N）和磷（P）五种元素构成，核酸中磷元素含量比较恒定，约占 9%~10%。核酸水解的产物为核苷酸，核苷酸可进一步水解为磷酸、戊糖和碱基，可见核苷酸是构成核酸的基本组成单位，由磷酸、戊糖和碱基三种成分组成。

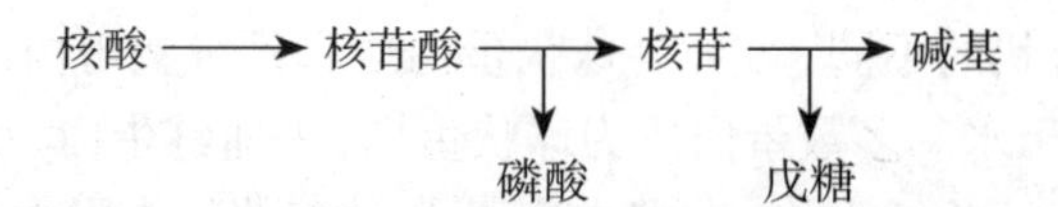

（一）核苷酸的基本组成成分

核苷酸的基本组成成分包括碱基、戊糖和磷酸。

1. 碱基　核酸中的碱基包括嘌呤碱基和嘧啶碱基两类，嘌呤碱基主要包括腺嘌呤（A）和鸟嘌呤（G），嘧啶碱基主要包括胞嘧啶（C）、胸腺嘧啶（T）和尿嘧啶（U）（图 2-5）。其中构成 DNA 的碱基有 A、T、G 和 C，构成 RNA 的碱基为 A、U、G 和 C。

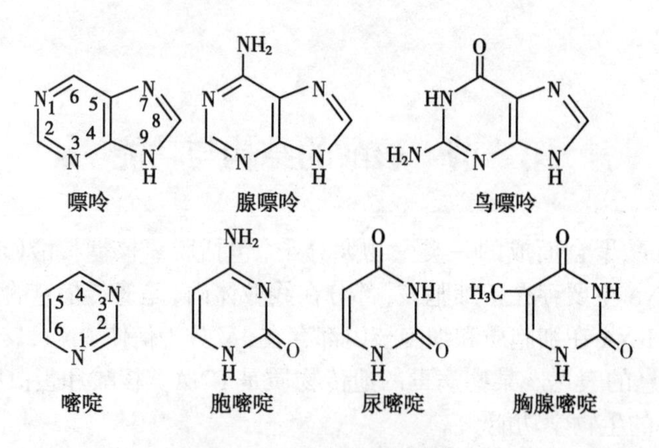

图 2-5　嘌呤与嘧啶碱基

2. 戊糖　核酸中的戊糖有两类，DNA 分子中戊糖为 *D*-2- 脱氧核糖，而 RNA 分子含有 *D*- 核糖。

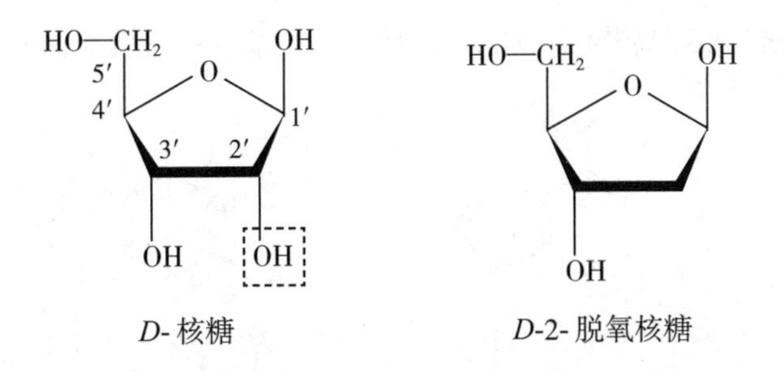

D-核糖　　*D*-2-脱氧核糖

（二）核苷酸

碱基和戊糖结合形成核苷，再与磷酸结合生成核苷酸。核苷酸包括核糖核苷酸和脱氧核糖核苷酸。与核糖结合的称为核糖核苷酸，核糖核苷酸是RNA的基本组成单位，根据碱基的不同又分为腺苷一磷酸（AMP）、鸟苷一磷酸（GMP）、胞苷一磷酸（CMP）和尿苷一磷酸（UMP）；含有脱氧核糖的称为脱氧核糖核苷酸，是DNA的基本组成单位，包括脱氧腺苷一磷酸（dAMP）、脱氧鸟苷一磷酸（dGMP）、脱氧胞苷一磷酸（dCMP）和脱氧胸苷一磷酸（dTMP）。

核酸的分子组成见表2-2。

表2-2　核酸的分子组成

核酸	基本组成成分			基本单位
	磷酸	戊糖	碱基	
DNA	H_3PO_4	脱氧核糖	A G C T	dAMP　dGMP　dCMP　dTMP
RNA	H_3PO_4	核糖	A G C U	AMP　GMP　CMP　UMP

（三）重要的核苷酸及其衍生物

核苷酸除了构成核酸外，一些核苷酸还具有许多重要功能。例如腺苷三磷酸（图2-6）是体内主要的供能物质，为肌肉收缩、神经传导、物质转运、生物合成等生命过程提供能量。另外，UTP、GTP等其他核苷三磷酸也可作为供能物质。

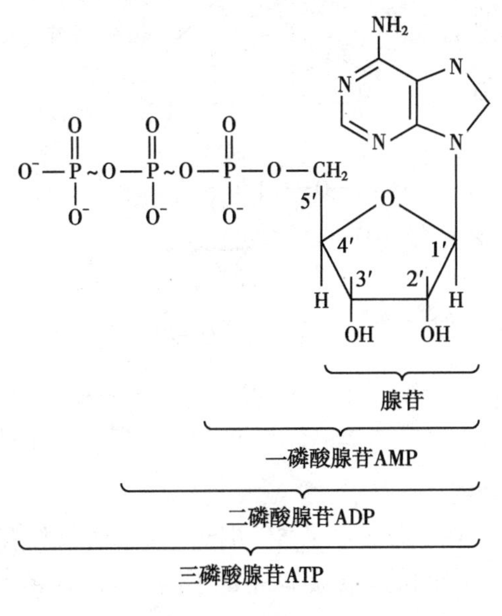

图2-6　ATP的结构

环腺苷酸(cAMP)和环鸟苷酸(cGMP)(图 2-7)在细胞信号转导过程中发挥重要作用。

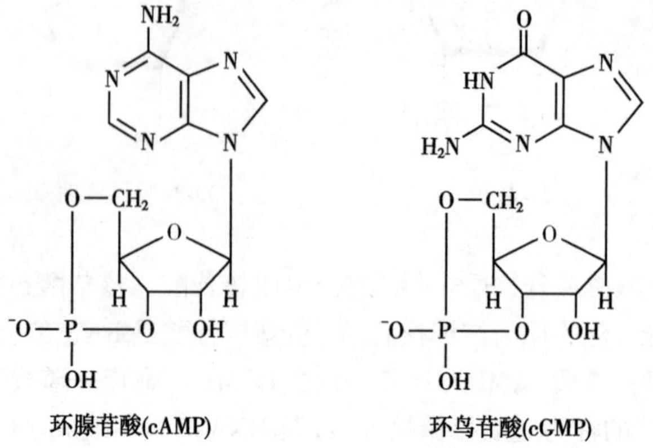

环腺苷酸(cAMP)　　环鸟苷酸(cGMP)

图 2-7　环核苷酸的结构

某些核苷酸还参与辅酶的组成，属于核苷酸的衍生物，如烟酰胺腺嘌呤二核苷酸(NAD^+)、烟酰胺腺嘌呤二核苷酸磷酸($NADP^+$)、黄素单核苷酸(FMN)、黄素腺嘌呤二核酸(FAD)、辅酶 A(HSCoA)等辅酶中都含有腺苷酸(AMP)。这些辅酶类核苷酸均参与物质代谢中氢原子和某些化学基团的传递。

二、核酸的结构与功能

核苷酸和核苷酸之间可以通过 3′, 5′-磷酸二酯键相连，多个核苷酸通过磷酸二酯键连接在一起形成的多聚核苷酸，即核酸。多聚核苷酸链具有方向性，含有游离磷酸基($—PO_3H_2$)的一端为 5′-端，是多聚核苷酸链的“头”，含有游离羟基的一端为 3′-端，是多聚核苷酸链的“尾”。

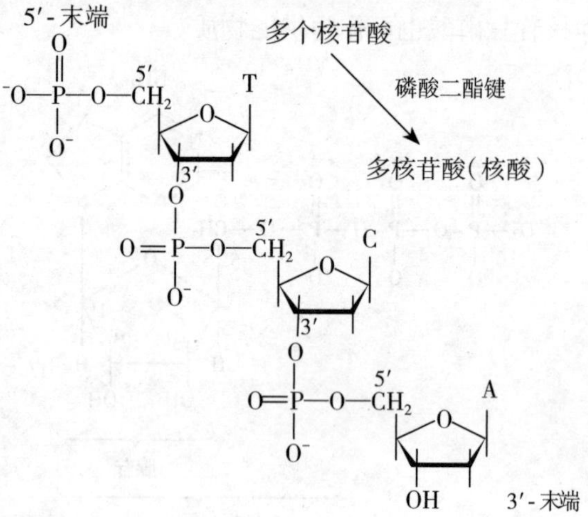

(一) DNA 的结构与功能

1. DNA 的一级结构　DNA 分子中从 5′-端到 3′-端脱氧核苷酸的排列顺序称为 DNA 的一级结构。由于脱氧核苷酸间的差异是碱基的不同，因此 DNA 的一级结构也可用碱基的排列顺序来表示。

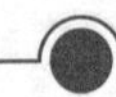

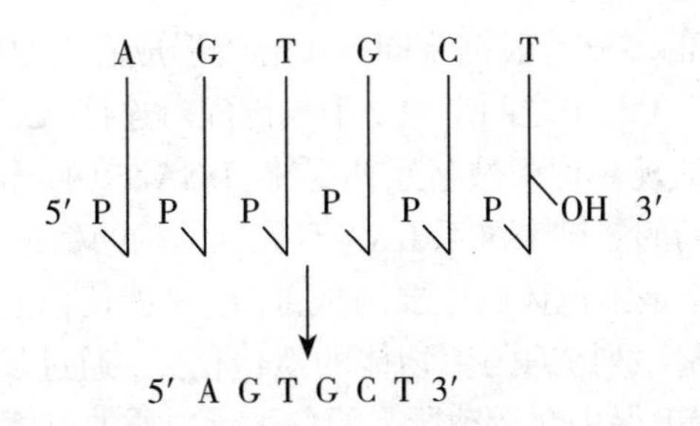

2. DNA 的二级结构——双螺旋结构　1953 年 Watson 和 Crick 提出了 DNA 双螺旋结构模型(图 2-8),揭示了遗传信息储存在 DNA 分子中,并将遗传性状得以世代相传的分子基础。1962 年,Watson 和 Crick 因此获得诺贝尔生理学或医学奖。

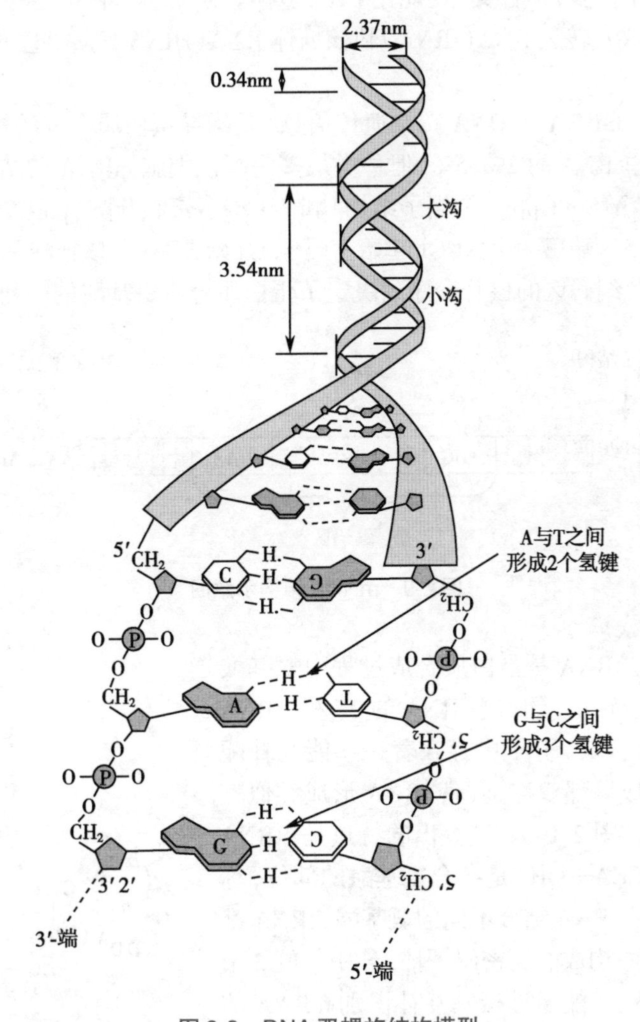

图 2-8　DNA 双螺旋结构模型

DNA由两条反向平行的多核苷酸链绕同一中心轴形成右手双螺旋结构，两条链通过碱基之间的氢键连接在一起。A和T之间形成2个氢键配对连接，G和C之间形成3个氢键配对连接，A—T、G—C配对的规律称为碱基互补规律，DNA的两条链互为互补链。主要靠疏水性碱基堆积力和两条链间的氢键来维系DNA双螺旋结构的稳定。

3. DNA的功能　DNA是染色体的主要组成部分，是遗传信息的物质基础。DNA分子中特定的核苷酸序列（碱基序列）编码生物体的遗传信息，通过复制将遗传信息传递给子代，并通过转录和翻译过程确保生命活动所需的各种蛋白质的有序合成。

（二）RNA的结构与功能

RNA分子中核苷酸的排列顺序称为RNA的一级结构。RNA通常以单链的形式存在，但也可自身回折形成局部的双链结构，在形成双链时同样遵守碱基互补规律，即A—U、G—C。RNA分子较DNA小得多，但种类、功能比DNA多样。根据结构和功能的不同，RNA可以分为信使RNA（mRNA）、转运RNA（tRNA）和核糖体RNA（rRNA）等，在基因表达过程中发挥重要作用。

1. 信使RNA　mRNA从DNA转录遗传信息，是指导蛋白质合成的模板。mRNA在细胞内含量较少，占总RNA的2%~5%，但种类最多。真核细胞mRNA的结构特点是含有5′-端7-甲基鸟苷三磷酸（m^7GpppN）“帽子结构”和3′-端多聚腺苷酸（polyA）“多聚A尾”结构（图2-9），从mRNA 5′-端第一个AUG（起始密码子）开始，每3个核苷酸称为一个密码子，编码一个氨基酸，因此编码区的核苷酸序列决定了蛋白质合成氨基酸的序列。

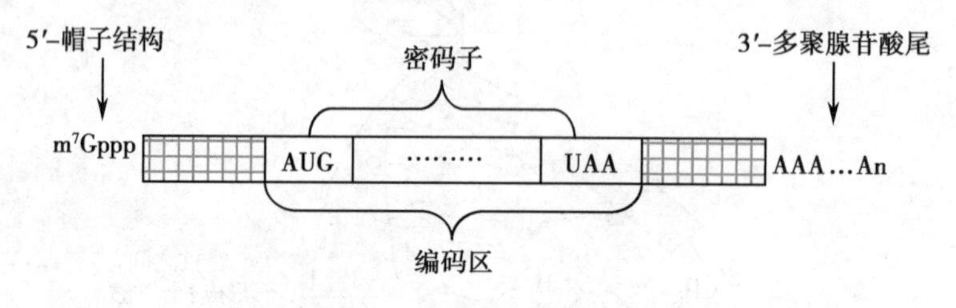

图2-9　mRNA结构示意图

2. 转运RNA　tRNA是蛋白质合成过程中氨基酸的载体。tRNA分子较小，约占总RNA的15%。tRNA由一条多核苷酸链构成，分子中存在着一些能互补配对的区域，可以形成局部双螺旋，使tRNA形成类似三叶草形的二级结构（图2-10）。其突出的特点是：tRNA的3′-端都含有—CCA—OH，是结合氨基酸的部位，称为氨基酸臂，不同的tRNA结合不同的氨基酸；tRNA都有一个由7个核苷酸构成的反密码子环，环中部的3个核苷酸构成反密码子，能通过碱基互补识别mRNA的密码子，从而将所携带的氨基酸运送到适当的位置。

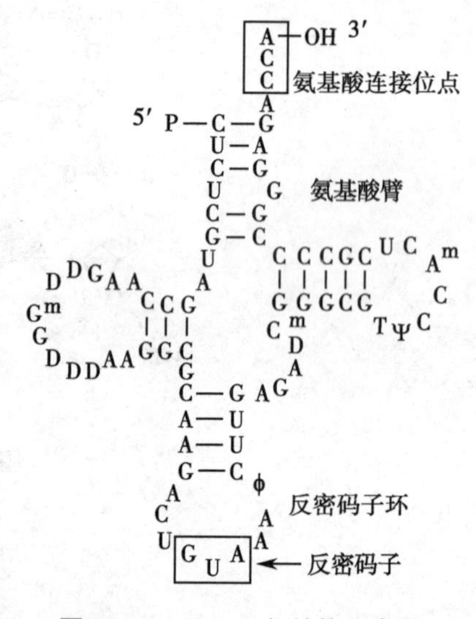

图2-10　tRNA二级结构示意图

3. 核糖体RNA　rRNA是细胞内含量最多的RNA，约占总RNA的80%以上。rRNA与多种蛋白质构成核糖体，成为蛋白质合成的场所。核糖体由大、小

两个亚基构成，原核细胞 23S rRNA、5S rRNA 与蛋白质组成大亚基，16S rRNA 与蛋白质组成小亚基；而真核细胞的 28S rRNA、5.8S rRNA、5S rRNA 存在于大亚基，小亚基只含有 18S rRNA。

本章小结

蛋白质是生物体含量最丰富的生物大分子，是生命的物质基础。蛋白质主要由碳、氢、氧、氮和硫五种元素组成。各种蛋白质的含氮量很接近，平均约为16%。蛋白质基本组成单位是氨基酸。构成人体蛋白质的氨基酸有 20 种，除甘氨酸外均为 *L*-α- 氨基酸。蛋白质分子是由许多氨基酸聚合而成的多肽链，肽键是蛋白质中的主要化学键。蛋白质多肽链中氨基酸的排列顺序称为一级结构。在一级结构的基础上蛋白质多肽链折叠盘曲构成特有的二级结构、三级结构和四级空间结构。蛋白质的一级结构与空间结构都与蛋白质的功能密切相关。蛋白质具有重要的理化性质，如两性电离、等电点、变性、紫外吸收和某些呈色反应。

核酸是生命遗传的物质基础，分为脱氧核糖核酸（DNA）和核糖核酸（RNA）两大类。核苷酸由碱基、戊糖和磷酸组成。嘌呤碱基有腺嘌呤（A）和鸟嘌呤（G），嘧啶碱基有胞嘧啶（C）、尿嘧啶（U）和胸腺嘧啶（T）。碱基与戊糖通过糖苷键形成核苷，核苷与磷酸通过酯键形成核苷酸。DNA 是由许多脱氧核苷酸分子通过 3′，5′- 磷酸二酯键连接而成的。DNA 的一级结构是指分子中脱氧核苷酸或碱基的排列顺序。每条 DNA 链具有两个不同的末端，分别称为 5′- 端和 3′- 端。DNA 分子是由两条平行反向的多核苷酸链绕同一中心轴构成的右手螺旋结构。在两条链中，磷酸与脱氧核糖位于螺旋的外侧，碱基平面与脱氧核糖平面垂直，位于螺旋的内侧；两条链碱基之间有严格的互补关系：A-T、G-C，并以氢键相连；两条链横向靠碱基间的氢键维系，纵向靠碱基平面间的碱基堆积力维持。细胞内的 DNA 在双螺旋结构基础上进一步折叠成为超级结构。DNA 的基本功能是作为生物遗传信息的携带者，是遗传信息复制的模板和基因转录的模板。RNA 通常以单链形式存在，许多核苷酸分子也是通过 3′，5′- 磷酸二酯键相连。mRNA 的功能是将核内 DNA 的碱基顺序（遗传信息）按照碱基互补原则，转录并转移到细胞质，决定蛋白质合成过程中的氨基酸排列顺序。tRNA 二级结构呈三叶草结构，三级结构呈倒 L 型，主要功能是在蛋白质合成过程中作为各种氨基酸的载体，并按 mRNA 上的遗传密码顺序“对号入座”的将其转呈给 mRNA。rRNA 与蛋白质形成的复合物是作为蛋白质合成场所的核糖体。

目标检测

一、名词解释

1. 肽键　2. 蛋白质的一级结构　3. 蛋白质的等电点　4. 核苷酸　5. DNA一级结构

二、填空题

1. 蛋白质主要由________等元素组成，各种蛋白质的含氮量很接近，平均为________。
2. 蛋白质分子的主键是________；维持蛋白质二级结构的稳定因素是________。
3. 构成人体蛋白质的氨基酸共________种，除甘氨酸外都属于________。
4. 维持蛋白质胶体稳定性的条件是________和________。
5. 组成DNA的两条多核苷酸链的碱基顺序是________的，其中________与________配对，形成________个氢键，________与________配对，形成________个氢键。

三、单项选择题

1. 哪个不是构成蛋白质的基本元素
   A. S　B. N　C. C　D. H　E. I
2. 测得某一蛋白质样品含氮量为0.40g，此样品约含蛋白质
   A. 2.00g　B. 2.50g　C. 6.40g　D. 3.00g　E. 6.25g
3. 哪种氨基酸既无*L*-型又无*D*-型结构
   A. 丙氨酸　B. 甘氨酸　C. 亮氨酸　D. 丝氨酸　E. 缬氨酸
4. 维持蛋白质一级结构的主要化学键是
   A. 盐键　B. 氢键　C. 疏水键
   D. 二硫键　E. 肽键
5. 当溶液pH > pI时蛋白质所带电荷是
   A. 正电荷　B. 负电荷　C. 正负电荷相等
   D. 不显电性　E. 不带电荷
6. 处于等电点时的蛋白质
   A. 分子不带电荷　B. 分子带电荷最多　C. 分子净电荷为零
   D. 易被蛋白酶水解　E. 溶解度增加
7. 蛋白质变性是由于
   A. 蛋白质一级结构破坏　B. 蛋白质亚基的解聚
   C. 蛋白质空间结构破坏　D. 辅基的脱落
   E. 蛋白质被水解
8. 下列哪种碱基只存在于RNA而不存在于DNA
   A. 腺嘌呤　B. 胞嘧啶　C. 胸腺嘧啶
   D. 尿嘧啶　E. 鸟嘌呤

9. 核酸中核苷酸之间的连接方式是

A. 2′, 3′- 磷酸二酯键　B. 2′, 5′- 磷酸二酯键

C. 3′, 5′- 磷酸二酯键　D. 肽键

E. 糖苷键

10. 核酸中含量相对恒定的元素是

A. 氧　B. 氮　C. 氢　D. 碳　E. 磷

四、思考题

1. 组成蛋白质的基本单位是什么？有什么结构特点？
2. 请你阐述蛋白质分子各级结构的含义及维持各级结构稳定的化学键。
3. 核酸分子中单核苷酸间是通过什么键连接起来的？什么是碱基配对？

（张　娜　赵　婷）

参考答案

第三章　酶

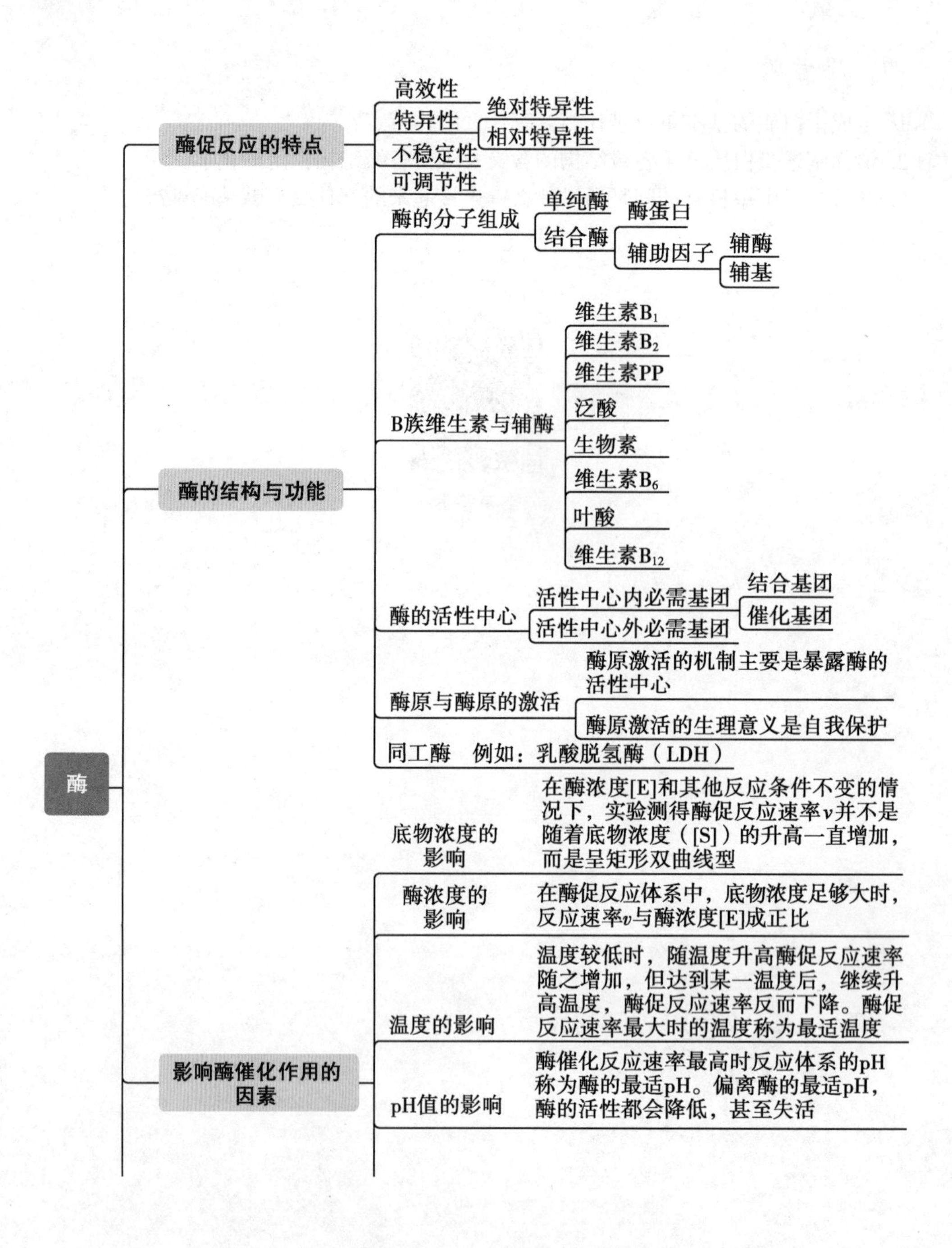

酶
酶促反应的特点
高效性
特异性
绝对特异性
相对特异性
不稳定性
可调节性
酶的结构与功能
酶的分子组成
单纯酶
结合酶
酶蛋白
辅助因子
辅酶
辅基
B族维生素与辅酶
维生素B_1
维生素B_2
维生素PP
泛酸
生物素
维生素B_6
叶酸
维生素B_{12}
酶的活性中心
活性中心内必需基团
活性中心外必需基团
结合基团
催化基团
酶原与酶原的激活
酶原激活的机制主要是暴露酶的活性中心
酶原激活的生理意义是自我保护
同工酶　例如：乳酸脱氢酶（LDH）
影响酶催化作用的因素
底物浓度的影响
在酶浓度[E]和其他反应条件不变的情况下，实验测得酶促反应速率v并不是随着底物浓度（[S]）的升高一直增加，而是呈矩形双曲线型
酶浓度的影响
在酶促反应体系中，底物浓度足够大时，反应速率v与酶浓度[E]成正比
温度的影响
温度较低时，随温度升高酶促反应速率随之增加，但达到某一温度后，继续升高温度，酶促反应速率反而下降。酶促反应速率最大时的温度称为最适温度
pH值的影响
酶催化反应速率最高时反应体系的pH称为酶的最适pH。偏离酶的最适pH，酶的活性都会降低，甚至失活

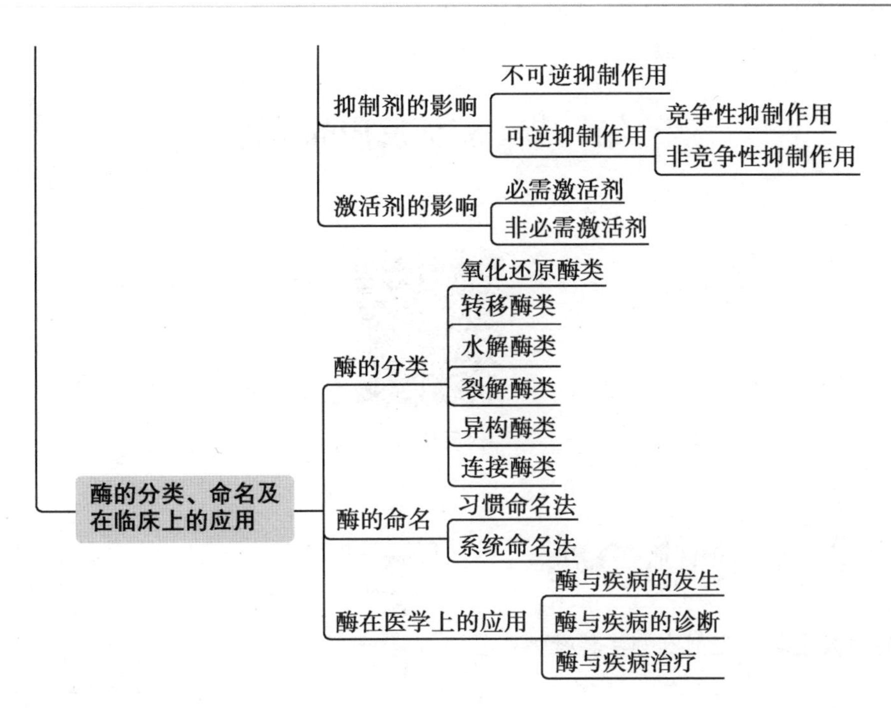

1. 掌握酶的概念、作用特点；酶的结构和功能；影响酶促反应的因素。
2. 熟悉辅酶（辅基）与维生素的关系。
3. 了解酶的命名和分类；酶与临床的关系。
4. 具有应用酶学知识解释临床护理相关问题的能力。

酶（enzyme，E）是由活细胞产生的对其特异底物具有催化作用的蛋白质。生物体在新陈代谢过程中，几乎所有的化学反应都是在酶的催化下进行的。

酶所催化的化学反应称为酶促反应。在酶促反应中，酶作用的物质称为底物（substrate，S），反应生成的物质称为产物（product，P）；酶所具有的催化能力称为酶的活性，酶丧失了催化能力称为酶的失活。

第一节　酶促反应的特点

酶促反应的特点

酶作为生物催化剂有哪些特性呢？

酶是生物催化剂，既有与一般催化剂相同的性质，又具有一般催化剂没有的大分子生物催化剂的特征。酶和普通催化剂一样，能够加快化学反应的速度而不改变反应的平衡点；在反应前后没有质和量的改变。由于酶是生物大分子，所以在酶促反应中又具有以下特点。

一、高效性

酶具有高效率的催化活性。从表3-1可以看出，酶的催化效率通常比非催化反应高10^8~10^{20}倍，比一般催化剂高10^7~10^{13}倍。例如，用脲酶水解尿素的反应速度是H^+催化的7×10^{12}倍左右，用过氧化氢酶催化H_2O_2分解比Fe^{2+}做催化剂反应速度加快6×10^5倍左右。

表3-1　酶与一般催化剂催化效率的比较

底物	反应性质	催化剂	反应温度/℃	速度常数
尿素	水解反应	H^+	62	7.4×10^{-7}
		脲酶	21	5.0×10^6
过氧化氢	氧化还原反应	Fe^{2+}	22	5.6×10
		过氧化氢酶	22	3.5×10^7

二、特异性

酶只能催化某一种化合物或某一类化合物，发生一定的化学变化，生成一定的产物，这种现象称为酶的催化特异性或专一性。根据酶对底物的分子结构要求的严格程度不同，酶的特异性分为绝对特异性和相对特异性。

（一）绝对特异性

一种酶只能作用于一种底物进行一定的化学反应，称为绝对特异性。如脲酶只能催化尿素水解为 CO_2 和 NH_3，而对分子结构稍有改变的甲基尿素则无催化作用。当底物分子具有立体异构现象时，有些酶仅对底物的一种立体异构体具有催化作用，而对其立体异构对映体不起催化作用。例如：乳酸脱氢酶作用的底物只能是 *L*-乳酸，不作用于 *D*-乳酸。

（二）相对特异性

有些酶可以作用于一类化合物，进行同一类型的化学反应，称为相对特异性。如脂肪酶不仅能催化甘油三酯水解，也能催化其他羧酸酯类的水解；磷酸酶能催化许多磷酸酯的水解。

三、不稳定性

酶的化学本质是蛋白质，酶促反应往往在一定的酸碱度、温度和压力等条件下进行。强酸、强碱、重金属盐、有机溶剂、高温、紫外线及剧烈震荡等使蛋白质变性因素都可以使酶蛋白变性而失去催化活性。所以，酶促反应一般在常温、常压和近中性条件下进行。此外，在保存、使用酶制剂和测定酶活性时都应避免上述因素的影响。

四、可调节性

正常情况下，物质代谢处于错综复杂、有条不紊的动态平衡中，对代谢过程中酶活性和酶含量的调节是维持这种平衡的重要环节。酶的调节的方式主要有酶原的激活，将生物体内初分泌的无活性的酶转变为有活性的酶，使其发挥作用；对酶生成量与降解量的调节，底物浓度的变化可使酶的生成或降解发生变化；对酶催化效力的调节，一些物质可提高或降低酶的活性等。通过多种调节方式，酶的活性发生很大改变，可使体内的物质代谢受到精准调控，使机体适应内外环境的不断变化。

第二节 酶的结构与功能

一、酶的分子组成

酶的分子组成

酶是蛋白质，根据其分子组成，可将酶分为单纯酶和结合酶。

（一）单纯酶

单纯酶只含多肽链，化学本质是单纯蛋白质。如脲酶、蛋白酶、淀粉酶、酯酶、核糖核酸酶等都属于单纯酶。

（二）结合酶

结合酶由蛋白质和非蛋白质两部分组成。蛋白质部分称为酶蛋白，非蛋白质部分称为辅因子。二者结合在一起形成的复合物称为全酶，即：

全酶 = 酶蛋白 + 辅因子

根据酶蛋白与辅因子结合的紧密程度，辅因子又分为辅酶和辅基。辅酶与酶蛋白结合较疏松（非共价键结合），可以用透析或超滤的方法除去；辅基与酶蛋白结合较紧密（共价键结合），不易用透析或超滤的方法除去。酶蛋白和辅因子单独存在时都没有催化作用，只有结合在一起，以全酶形式存在时才具有催化活性。在酶促反应过程中，酶蛋白决定催化反应的特异性，辅因子决定反应的类型，发挥递氢、递电子和转移某些化学基团的作用。

在生物体内酶蛋白的种类很多，辅因子的种类较少，一种酶蛋白能与一种辅因子结合构成一种全酶，而一种辅因子可与多种酶蛋白结合构成不同的全酶。酶的辅因子可以是金属离子，也可以是小分子有机化合物。表 3-2 列举了需要金属离子作为辅因子的一些酶。有的金属离子与酶蛋白结合牢固，称为金属酶，如黄嘌呤氧化酶是含 Mo^{2+} 的蛋白质，羧肽酶是含 Zn^{2+} 的蛋白质；有些酶本身不含金属离子，但必须加入金属离子才有活性，称为金属活化酶，如已糖激酶必须有 Mg^{2+} 才有活性，此种金属离子也常称为激活剂。这些金属离子的作用各有不同，有的是稳定酶蛋白的分子构象所必须；有的是参与酶的活性中心的组成，通过本身的氧化还原反应来传递电子，如含 Fe^{3+} 或 Fe^{2+} 及 Cu^{2+}/Cu^{+}；有的金属离子在酶与底物之间起桥梁作用，通过它将酶与底物连接起来，如各种激酶通过 Mg^{2+} 与底物 ATP 结合；有的是中和阴离子，降低反应的静电斥力。小分子有机化合物构成的辅基或辅酶，结构中多为 B 族维生素的衍生物。

表 3-2　需要金属离子作为辅因子的一些酶类

金属离子	酶类
Mo^{2+}	黄嘌呤氧化酶
Fe^{3+} 或 Fe^{2+}	细胞色素氧化酶，过氧化氢酶，过氧化物酶
Cu^{2+}/Cu^{+}	细胞色素氧化酶
Zn^{2+}	碳酸酐酶，羧肽酶
Mg^{2+}	已糖激酶，6- 磷酸葡萄糖酶
K^{+}	丙酮酸激酶（亦需 Mg^{2+}）
Ni^{2+}	脲酶

二、B 族维生素与辅酶

维生素是细胞正常生理功能所必需的一类营养素，但需要量很小，日需量仅以 μg 或 mg

计算，动物体内不能合成或合成量很少，必须由食物供给。维生素按其溶解性分为两大类，脂溶性维生素有 A、D、E、K，水溶性维生素有 B 族维生素（B_1、B_2、PP、B_6、泛酸、生物素、叶酸、B_{12}）和维生素 C。几乎所有的 B 族维生素都参与辅酶的组成。当 B 族维生素缺乏时，会影响与之相关的酶所催化的代谢反应，从而引起相应缺乏症。

（一）维生素 B_1

维生素 B_1 又称硫胺素，在体内的活性形式为焦磷酸硫胺素（TPP）。TPP 是 α- 酮酸脱氢酶复合体的辅酶，参与体内糖代谢。B_1 缺乏时，糖分解代谢障碍，造成丙酮酸堆积和能量供应不足，影响神经系统功能，引起脚气病。严重者会发生全身水肿、心力衰竭等。

（二）维生素 B_2

维生素 B_2 又称核黄素，在体内的活性形式为黄素单核苷酸（FMN）和黄素腺嘌呤二核苷酸（FAD）。它们都是体内氧化还原酶的辅酶，主要起传递氢的作用，参与生物氧化过程。B_2 缺乏时，影响糖、脂肪、氨基酸的氧化分解，可引起口角炎、唇炎、舌炎、阴囊炎、眼睑炎等。

（三）维生素 PP

维生素 PP 又称抗癞皮病维生素，包括烟酸和烟酰胺。其在体内的活性形式为烟酰胺腺嘌呤二核苷酸（NAD^+）和烟酰胺腺嘌呤二核苷酸磷酸（$NADP^+$）。NAD^+ 和 $NADP^+$ 是体内多种氧化脱氢酶的辅酶，主要起传递氢的作用。维生素 PP 缺乏可引起癞皮病，表现为神经营养障碍，出现皮炎、腹泻甚至痴呆。

（四）泛酸

泛酸又称遍多酸，在体内转化为辅酶 A（CoA）和酰基载体蛋白（ACP），它们都是泛酸的活性形式，是酰基转移酶的辅酶，广泛参与营养物质代谢及肝的生物转化作用。

（五）生物素

生物素是体内多种羧化酶的辅酶，参与 CO_2 的固定反应。生物素来源广泛，很少出现缺乏症。

（六）维生素 B_6

维生素 B_6 包括吡哆醇、吡哆醛和吡哆胺，其在体内的活性形式为磷酸吡哆醛和磷酸吡哆胺，二者可以相互转化，是氨基酸代谢过程中重要的辅酶。维生素 B_6 缺乏并不常见，口服抗结核药异烟肼能与磷酸吡哆醛结合使其失去辅酶作用，因此在服用异烟肼时应补充维生素 B_6。与其他水溶性维生素不同，服用过量维生素 B_6 可引起中毒。

（七）叶酸

叶酸因富含于绿叶中而得名，其在体内的活性形式为四氢叶酸（FH_4），是一碳单位转移酶的辅酶。一碳单位参与核苷酸、胆碱、甲硫氨酸等多种重要物质的合成。叶酸缺乏时，DNA 合成受到抑制，影响骨髓幼红细胞的细胞分裂，造成巨幼细胞贫血。妊娠期及哺乳期妇女应适量补充叶酸，以降低胎儿脊柱裂和神经管缺乏的危险。

（八）维生素 B_{12}

维生素 B_{12} 又称钴胺素，是唯一含有金属元素钴的维生素。其在体内的主要活性形式为甲基钴胺素和 5′- 脱氧腺苷钴胺素。

甲基钴胺素是 $N^5—CH_3—FH_4$ 转甲基酶（甲硫氨酸合成酶）的辅酶，催化同型半胱氨酸生成甲硫氨酸。维生素 B_{12} 缺乏时，甲硫氨酸合成减少，同时影响 FH_4 的再利用，影响一碳单位代谢，造成核酸合成障碍，导致巨幼细胞贫血。维生素 B_{12} 缺乏还会引起同型半胱氨酸堆积，增加动脉粥样硬化、血栓形成和高血压的危险性。

5′-脱氧腺苷钴胺素是 *L*-甲基丙二酰辅酶 A 变位酶的辅酶，参与脂肪酸的合成。

维生素 B_{12} 广泛存在于动物性食物，有严重吸收障碍疾患的病人或长期素食者偶见维生素 B_{12} 缺乏症。

现将 B 族维生素的活化形式总结于表 3-3。

表 3-3　B 族维生素的活化形式

维生素名称	活化形式（辅酶或辅基）	举例
维生素 B_1（硫胺素）	TPP（焦磷酸硫胺素）	α-酮酸脱氢酶复合体
维生素 B_2（核黄素）	FAD（黄素腺嘌呤二核苷酸）	琥珀酸脱氢酶
维生素 B_2（核黄素）	FMN（黄素单核苷酸）	NADH+H^+ 脱氢酶
维生素 PP（烟酰胺）	NAD^+（烟酰胺腺嘌呤二核苷酸）	乳酸脱氢酶
维生素 PP（烟酰胺）	$NADP^+$（烟酰胺腺嘌呤二核苷酸磷酸）	6-磷酸葡萄糖脱氢酶
泛酸	HS-CoA（辅酶 A）	酰基转移酶
维生素 B_6	磷酸吡哆醛	丙氨酸转氨酶
生物素	生物素	丙酮酸羧化酶
叶酸（F）	四氢叶酸	一碳单位转移酶
维生素 B_{12}	甲基钴胺素	N^5-甲基四氢叶酸转甲基酶

三、酶的活性中心

以下两句话哪个正确？
1. 活性中心的基团都是必需基团
2. 必需基团只存在于活性中心

酶是一个大分子，而酶的底物多数是小分子。酶与底物只结合在酶分子的一个很小的部位。酶分子中能与底物结合并催化底物转化为产物的空间区域，称为酶的活性中心（图 3-1）。

酶分子中与酶活性密切相关的化学基团称为酶的必需基团。位于活性中心的必需基团称为活性中心内必需基团，主要包括结合基团和催化基团。结合基团能识别并结合底物，催化基团则催化底物转化为产物。

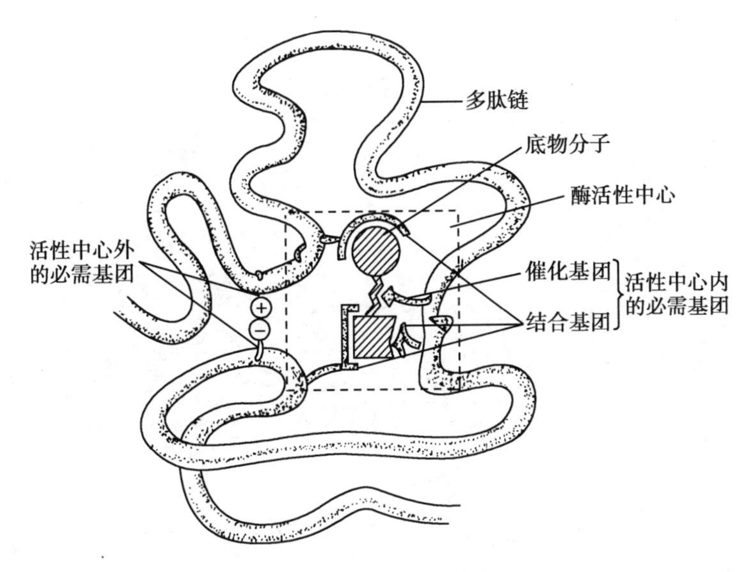

图 3-1　酶活性中心示意图

活性中心外也有必需基团，它们虽不直接参与催化作用，但为维持活性中心构象所必需，称为酶活性中心外的必需基团。如果酶的这些必需基团被破坏，可影响酶活性中心的形成，使酶失活。

酶的活性中心是酶催化作用的关键部位，多是酶分子中的凹陷或裂缝所形成的疏水口袋，如果被破坏或被其他物质占据，酶将丧失催化活性。不同的酶有不同的活性中心，对底物具有高度的特异性，只有与活性中心能相互诱导契合的底物，才能与酶结合并发生催化反应。

四、酶原与酶原的激活

大多数酶在细胞内合成时，肽链自动折叠成具有特征的空间结构，形成活性中心，即获得了全部酶活性。但有些酶，主要是与消化作用、凝血作用、补体作用有关的蛋白酶，是以没有催化活性的前体（称酶原）在细胞内合成并分泌到细胞外的。在特定的条件下，无活性的酶原可以转化为有催化活性酶，这一转化的过程称为酶原的激活。酶原激活机制主要是在专一的蛋白酶催化下，从靠近 N- 端的一个或几个特定的肽键断裂，从而形成或暴露酶的活性中心过程。

例如，胰蛋白酶从胰腺中初分泌时是无活性的胰蛋白酶原，胰蛋白酶原进入小肠，在肠激酶的作用下，水解掉一个六肽后，胰蛋白酶原分子构象发生改变，形成活性中心，使无活性的胰蛋白酶原转变成为有活性的胰蛋白酶（图 3-2）。一旦胰蛋白酶形成，在胰蛋白酶的催化下水解食物蛋白，也能催化自身的激活和小肠其他蛋白酶原的激活（表 3-4），形成一个逐级加快的连锁反应过程。

某些酶以酶原的形式分泌，在特定的部位、环境和条件下才被激活，表现出酶的活性，这具有重要的生理意义。消化系统中的几种蛋白酶以酶原形式分泌出来，避免了细胞的自身消化；血液中的凝血因子在血液循环中以酶原形式存在，能防止血液在血管内凝固。

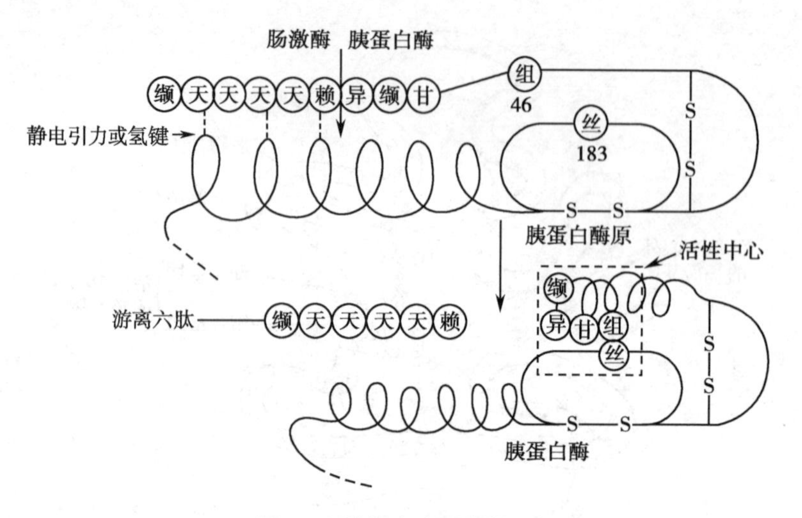

图 3-2　胰蛋白酶原的激活

表 3-4　肠激酶启动的酶原激活过程

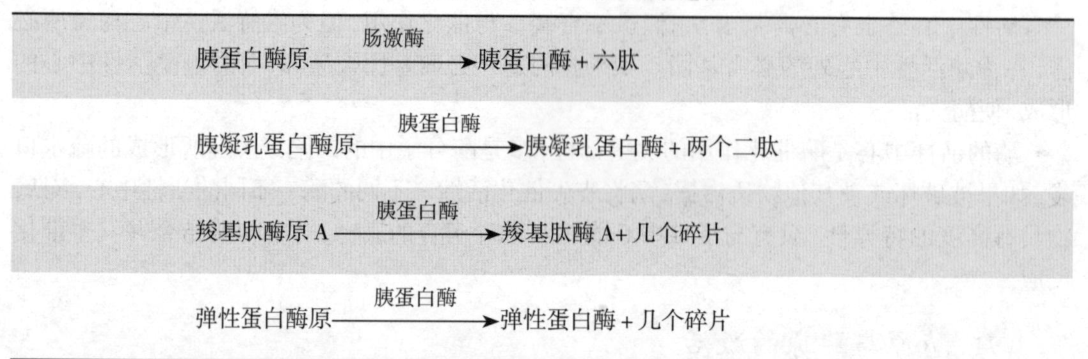

肠激酶启动的酶原激活过程
胰蛋白酶原 —肠激酶→ 胰蛋白酶 + 六肽
胰凝乳蛋白酶原 —胰蛋白酶→ 胰凝乳蛋白酶 + 两个二肽
羧基肽酶原 A —胰蛋白酶→ 羧基肽酶 A+ 几个碎片
弹性蛋白酶原 —胰蛋白酶→ 弹性蛋白酶 + 几个碎片

五、同工酶

同工酶是指催化同一个化学反应，但酶分子本身的结构、组成有所不同的一组酶。同工酶存在于同一种属或同一个体的不同组织或同一细胞的不同亚细胞结构中。

同工酶常有两个或两个以上的亚基聚合而成，具有四级结构，单个亚基没有酶的活性。由于电泳技术的发展，现已发现有 100 余种酶具有同工酶，其中发现最早的是乳酸脱氢酶（LDH）。LDH 是由心肌型亚基（H 亚基）和骨骼肌型亚基（M 亚基）组成的四聚体，2 种亚基随机组合成 5 种四聚体（图 3-3）：LDH_1（H_4）、LDH_2（H_3M）、LDH_3（H_2M_2）、LDH_4（HM_3）、LDH_5（M_4）。

5 种 LDH 的同工酶在不同组织器官中的分布和含量有很大差异，肝脏和骨骼肌 LDH_5 活性较高，心肌中 LDH_1 活性最高。正常情况下，各组织、器官都有自己的同工酶谱，当某组织细胞病变时，该组织特异的同工酶可释放入血。血清同工酶活性和同工酶谱分析有助于对疾病的诊断和对预后的判断。心肌梗死和肝病病人血清 LDH 同工酶谱变化见图 3-4。

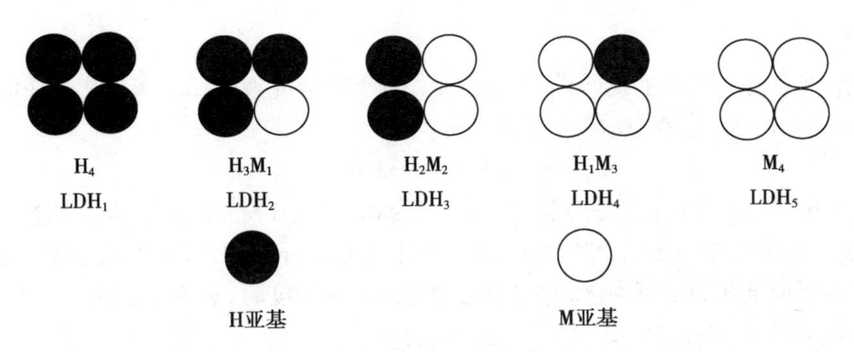

图 3-3　LDH 同工酶结构模式图

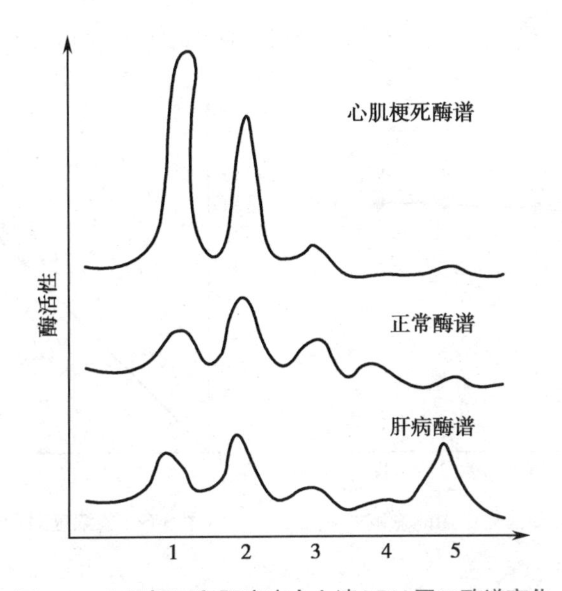

图 3-4　心肌梗死和肝病病人血清 LDH 同工酶谱变化

第三节　影响酶催化作用的因素

酶的催化作用受多种因素的影响，主要包括底物浓度、酶浓度、温度、pH、激活剂和抑制剂等。认识这些因素对酶促反应影响的变化规律，对了解物质代谢及酶在临床中的应用有重要意义。

一、底物浓度的影响

酶催化作用与底物浓度密切相关。在酶浓度（[E]）和其他反应条件不变的情况下，实验测得酶促反应速率（v）并不是随着底物浓度（[S]）的升高一直增加，而是呈矩形双曲线（图 3-5）。

当 [S] 很低时，v 随 [S] 的增加而急骤加快，呈正比关系；随着 [S] 的不断增加，v 上升的幅度不断下降；当 [S] 增加到一定程度时，再增加 [S]，v 也不再加快，此时的反应速度称最大反应速度(V_{max})。

底物浓度对反应速率的影响曲线可以用中间产物学说来解释。酶催化反应时，首先E与S结合成ES中间复合物，然后转变成产物P。

$$S+E \rightarrow ES \rightarrow E+P$$

由此可知，酶促反应速度主要取决于ES复合物浓度([ES])，[ES]越高，v越快。当[S]很低时，增加[S]，E立即与S结合生成ES，v与[S]呈正比；随着[S]的增加，多数E已与S结合，新的ES形成渐缓，v的增幅减小；当[S]增加到一定程度时，所有酶的活性中心均被底物所饱和，再增加[S]，[ES]将保持不变，v接近最大值。

二、酶浓度的影响

在酶促反应体系中，底物浓度足够大时，反应速率v与酶浓度[E]成正比(图3-6)。

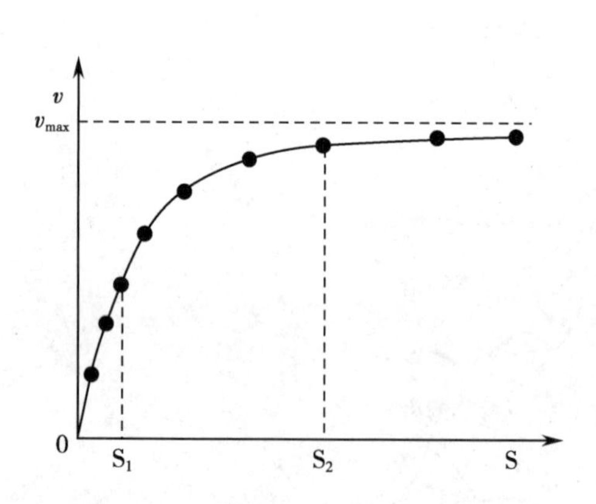

图3-5　底物浓度对酶催化作用的影响

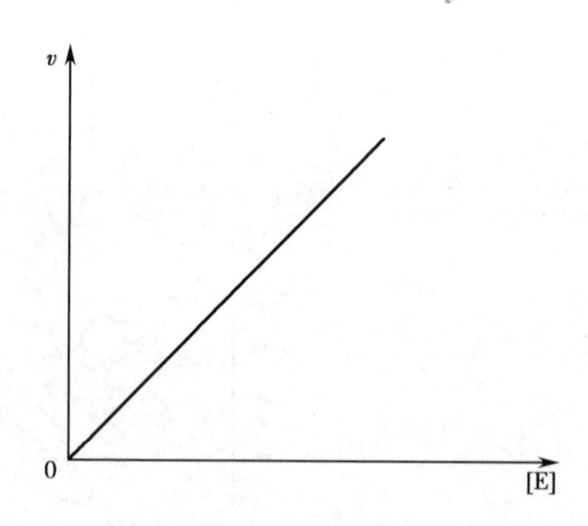

图3-6　酶浓度对酶促反应速率的影响

三、温度的影响

酶在低温和高温时活性都较低，你知道两者有何不同吗？

酶对温度的变化很敏感。温度较低时，随温度升高酶促反应速率随之增加，但达到某一温度后，继续升高温度，酶促反应速率反而下降。酶促反应速率最大时的温度称为最适温度。人体内酶的最适温度为37℃左右(图3-7)。

温度对酶催化作用的影响具有两重性。一方面升高温度加快化学反应的进行，另一方面，酶的化学组成主要是蛋白质，随着温度升高，因酶蛋白的变性使酶促反应速率反而下降。大多数酶在60℃时开始变性，80℃时多数酶的变性已不可逆。

酶的最适温度与反应时间有关。酶可以在短时间内耐受较高的温度，延长反应时间，酶的最适温度降低。因此，在生化检验中，可以采取适当提高温度，缩短时间的方法，进行

酶的快速检测。一般的酶在低温下活性降低，但酶分子本身不被破坏，其活性可随温度的回升而恢复。外科手术时采用低温麻醉，可降低机体的基础代谢率，减少氧气和营养物质的消耗，提高机体的耐受性，对机体具有保护作用。酶制剂也应低温保存，取出后应立即使用，以免高温使酶变性失活。

四、pH 的影响

酶催化作用与反应体系的 pH 密切相关。酶催化反应速率最高时反应体系的 pH 称为酶的最适 pH。偏离酶的最适 pH，酶的活性都会降低，甚至失活（图 3-8）。

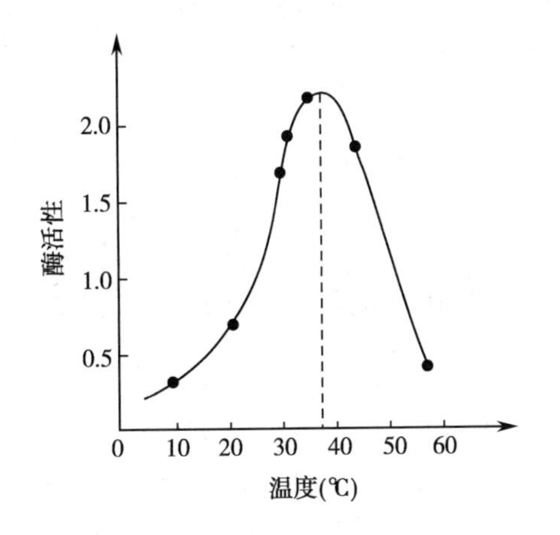

图 3-7　温度对淀粉酶活性的影响

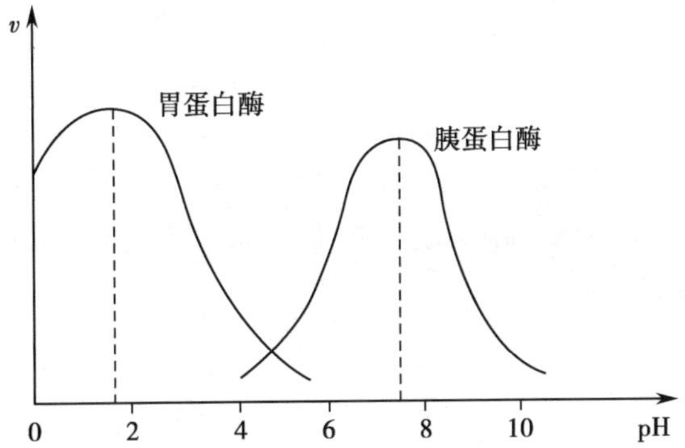

图 3-8　pH 对酶催化作用的影响

酶是蛋白质，具有两性解离性质。在不同 pH 条件下，酶分子中必需基团呈现不同的解离状态，催化活性不同。另外底物、辅酶的解离也受 pH 改变的影响，从而影响底物与酶的亲和力。在最适 pH 条件下，酶的必需基团、辅酶及底物处于最佳解离状态，有利于酶对底物的结合与催化，酶的活性最大。

体内酶最适 pH 各不相同，但多在 6.5~8.0 之间，近于中性。少数酶也有例外，如胃蛋白酶的最适 pH 为 1.8，碱性磷酸酶的最适 pH 为 10。在配制酶合剂时，需选用适宜的缓冲溶液，以保持酶活性的相对稳定。当某些致病因素导致体液 pH 改变时，可因酶活性的改变而导致代谢紊乱，甚至危及生命。

五、抑制剂的影响

凡能使酶的催化活性下降而不引起酶变性的物质称为抑制剂（I）。抑制剂主要与酶活性中心内、外的必需基团结合，从而抑制酶的活性。根据抑制剂与酶结合的紧密程度不同，可将对酶的抑制作用分为不可逆抑制作用和可逆抑制作用。

（一）不可逆抑制作用

抑制剂通常以共价键与酶活性中心的必需基团结合，使酶失去活性，不能用透析或超滤等方法除去抑制作用，这种抑制称为不可逆抑制。

敌百虫、敌敌畏等有机磷化合物，能特异地与胆碱酯酶活性中心的丝氨酸残基上的羟基结合，使胆碱酯酶受抑制，导致乙酰胆碱堆积，胆碱能神经过度兴奋，从而出现一系列中毒症状。解磷定、氯解磷定等可解除有机磷化合物对胆碱酯酶的抑制作用。

$$O{=}P(OR)(OR')\text{—}X + HO\text{-}Ser\text{-}E \longrightarrow O{=}P(OR)(OR')\text{—}O\text{—}Ser\text{-}E + HX$$

有机磷杀虫剂　胆碱酯酶（活）　磷酰化胆碱酯酶（失活）

$$\text{(1-methylpyridinium-2-yl)}\text{—}CH{=}NOH \cdot CH_3 \cdot I^- + O{=}P(OR)(OR')\text{—}O\text{—}E \longrightarrow \text{(1-methylpyridinium-2-yl)}\text{—}CH{=}NO\text{—}P(OR)(OR'){=}O \cdot CH_3 \cdot I^- + HO\text{—}E$$

解磷定　被有机磷抑制的酶　解磷定-有机磷复合物　复活酶

某些重金属离子（如 Hg^{2+}、Ag^{+} 等）、路易士气（含砷的化合物）等，可与酶的必需基团巯基结合，抑制酶的活性，使人畜中毒或死亡。此类中毒可以用二巯基丙醇解毒，恢复酶的活性。

$$E(SH)_2 + Hg^{2+} \longrightarrow E(S)_2Hg$$

巯基酶　汞离子　失活酶

$$CH_2SH\text{—}CHSH\text{—}CH_2OH + E(S)_2Hg \longrightarrow E(SH)_2 + CH_2S\text{—}CHS(Hg)\text{—}CH_2OH$$

二巯基丙醇　失活酶　复活酶　汞-二巯基丙醇络合物

（二）可逆抑制作用

抑制剂通过非共价键与酶或酶-底物复合物可逆性结合，抑制酶的活性，用透析或超滤等方法可将抑制剂除去，恢复酶的催化活性，这种抑制作用称为可逆性抑制。

这种抑制作用主要有竞争性抑制作用和非竞争性抑制作用两类。

根据竞争性抑制剂的作用原理，当病人应用磺胺药物治疗时，应如何进行临床护理用药指导？

1. 竞争性抑制作用　抑制剂与底物结构相似，可与底物竞争酶的活性中心，阻碍底物与酶结合，这种抑制作用称为竞争性抑制作用（图 3-9）。

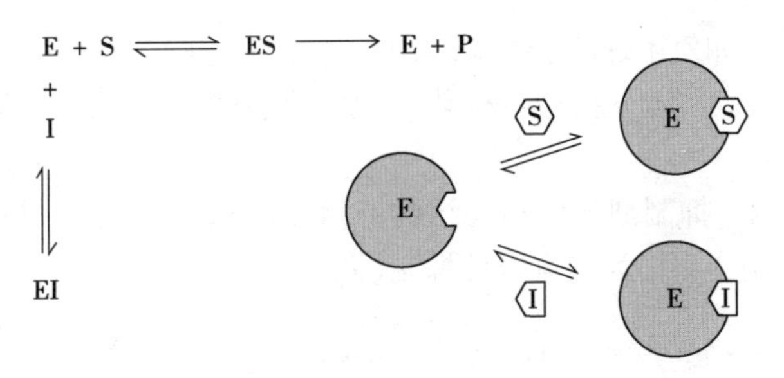

图 3-9　竞争性抑制作用示意图

由于 I 与 S 结构类似，两者互相竞争酶的活性中心，若 I 与 E 形成 EI 复合物，就不能再结合 S，而当 S 与 E 形成 ES 复合物，也不能再结合 I。但 EI 不能催化 I 发生变化。

丙二酸对琥珀酸脱氢酶的抑制作用是竞争性抑制作用的典型实例。丙二酸结构与琥珀酸结构相似，在反应中加入丙二酸，可抑制琥珀酸脱氢酶活性。当丙二酸浓度增加时，抑制作用增强；若增加琥珀酸浓度，抑制作用减弱。可见，竞争性抑制强弱取决于抑制剂和底物的相对浓度，抑制剂浓度不变时，增加底物浓度可减弱或解除抑制作用。

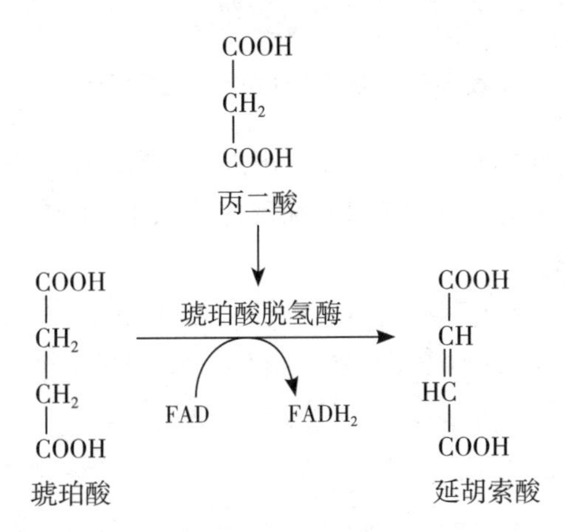

竞争性抑制原理可用于阐明某些药物的作用机制和新药的开发。如磺胺类药物就是利用竞争性抑制作用抑制细菌生长的。对磺胺类药物敏感的细菌在生长繁殖时不能直接利用环境中的叶酸，而只能利用对氨基苯甲酸在二氢蝶酸合酶的催化下先生成 7，8- 二氢蝶酸，再由二氢叶酸合酶催化生成二氢叶酸（FH_2），继而在二氢叶酸还原酶作用下转变为四氢叶酸（FH_4），四氢叶酸是合成核酸过程中不可缺少的辅酶。磺胺类药物与对氨基苯甲酸结构相似，是二氢蝶酸合酶的竞争性抑制剂，可以抑制 FH_2 的合成进而抑制 FH_4 合成，干扰细菌核酸的合成，使细菌生长繁殖受到抑制。根据竞争性抑制的特点，服用磺胺类药物时，必须保持血液中较高的药物浓度，以发挥其有效的抑菌效果。人类能直接利用食物中的叶酸合成所需 FH_4，体内核酸的合成不受磺胺类药物的干扰。

$H_2N-C_6H_4-COOH$　　$H_2N-C_6H_4-SO_2NHR$

PABA（对氨基苯甲酸）　　SN（磺胺类药物）

许多抗代谢药物，如氨甲蝶呤、5-氟尿嘧啶、6-巯基嘌呤等都是核酸合成有关的酶的竞争性抑制剂，通过影响四氢叶酸、嘌呤核苷酸、嘧啶核苷酸等的合成，发挥抑制肿瘤生长的作用。

2. 非竞争性抑制　抑制剂与底物的结构不相似，与酶活性中心外的必需基团结合，使酶活性降低，这种抑制作用称为非竞争性抑制（图3-10）。

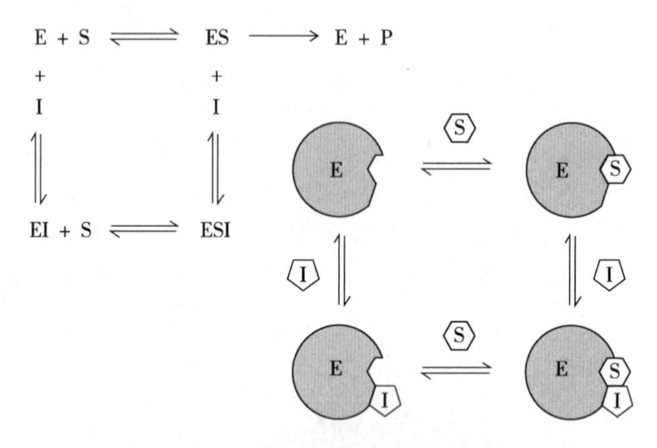

图3-10　非竞争性抑制作用示意图

由于I结合在E的活性中心外的部位，它可以与游离的酶结合形成EI，也可与ES结合形成ESI，EI也可以再与S结合形成ESI。在反应体系中，形成不能分解为产物的IES“死端”复合物，抑制酶的活性。

非竞争性抑制作用中，抑制剂对酶活性的抑制程度，取决于抑制剂的绝对浓度，与底物浓度无关，抑制剂浓度愈大，抑制作用愈强。可见，非竞争性抑制不能通过增加底物浓度加以解除。

六、激活剂的影响

使酶由无活性变为有活性或使酶活性增强的物质称为酶的激活剂。酶激活剂大多为金属离子或简单的有机化合物。如Mg^{2+}、K^+、Mn^{2+}、Cl^-和胆汁酸盐等。

根据酶对激活剂的依赖程度，可将其分为必需激活剂和非必需激活剂。必需激活剂对酶促反应是不可缺少的，如Mg^{2+}是磷酸激酶的必需激活剂。非必需激活剂可使酶的活性进一步增强，但没有此类激活剂时，酶仍然具有一定活性。如Cl^-是唾液淀粉酶的非必需激活剂。

第四节　酶的分类、命名及在临床上的应用

一、酶的分类

国际酶学委员会（IEC）的规定，根据酶催化的反应类型，酶可以分为6大类。

1. 氧化还原酶类　催化底物进行氧化还原反应的酶类。如：乳酸脱氢酶、琥珀酸脱氢

酶等。

2. 转移酶类　催化底物之间进行基团转移或交换的酶类。如氨基转移酶、己糖激酶等。

3. 水解酶类　催化底物发生水解反应的酶类。如：淀粉酶、蛋白酶等。

4. 裂解酶类　催化从底物分子移去一个基团并形成双键的反应或其逆反应的酶类。如：柠檬酸合酶、碳酸酐酶等。

5. 异构酶类　催化各种同分异构体之间互变的酶类。如：磷酸丙糖异构酶、磷酸己糖异构酶等。

6. 连接酶类　催化两种底物形成一种产物，同时偶联有 ATP 的磷酸键断裂释放能量的酶类。如：谷氨酰胺合成酶、羧化酶、氨酰 -tRNA 合成酶等。

二、酶的命名

（一）习惯命名法

①根据底物的名称命名，如蛋白酶、淀粉酶等；②根据酶催化的反应性质命名，如脱氢酶、脱羧酶等；③综合上述两个原则，有时还加上酶的来源与特点命名，例如胃蛋白酶、唾液淀粉酶、乳酸脱氢酶等。

（二）系统命名法

系统命名法规定每一个酶都有一个系统名称，它强调明确标明所有底物及反应性质。底物名称之间以"："分隔。系统命名法严谨、直观，但名称过长且过于复杂。为了应用方便，国际酶学委员会又从每种酶的数个习惯名中选定一个作为推荐名，使每个酶都有一个系统名和一个推荐名。现将一些酶的系统名称和推荐名称举例列于表 3-5。

表 3-5　一些酶的系统名称和推荐名称举例

编号	系统名称	推荐名称
EC1.4.1.3	*L*- 谷氨酸：NAD^+ 氧化还原酶	谷氨酸脱氢酶
EC2.6.1.1	*L*- 天冬氨酸：α- 酮戊二酸氨基转移酶	天冬氨酸氨基转移酶
EC3.5.3.1	*L*- 精氨酸脒基水解酶	精氨酸酶
EC4.1.2.13	*D*- 果糖 1，6 二磷酸：D- 甘油醛 3- 磷酸裂合酶	果糖二磷酸醛缩酶
EC5.3.1.9	*D*- 葡萄糖 -6- 磷酸酮醇异构酶	磷酸葡萄糖异构酶
EC6.3.1.2	*L*- 谷氨酸：氨连接酶	谷氨酰胺合成酶

三、酶在医学上的应用

体内的物质代谢都是在酶的催化作用下进行的，酶的结构与功能正常是机体健康的重要保证。许多疾病的发生、发展都与酶的异常有关，并且酶活性的测定和酶制剂已广泛应用于临床疾病诊断与治疗。

（一）酶与疾病的发生

体内的物质代谢在酶催化下，通过各种因素的调节有条不紊地进行。酶的质和量异常或酶的活性受抑制，可引发某些疾病。先天性或遗传性酶缺陷可引起某些疾病，如酪氨酸酶缺乏导致白化病、6-磷酸葡萄糖脱氢酶缺乏导致溶血性贫血等。激素代谢障碍或维生素缺乏也可影响某些酶的活性，如胰岛素分泌不足，导致多种酶活性的异常而发生糖尿病。维生素K缺乏时，γ-谷氨酰羧化酶活性降低，影响凝血因子Ⅱ、Ⅶ、Ⅸ、Ⅹ的激活，造成凝血功能障碍。中毒性疾病多是由于毒物抑制了酶活性所致，如一氧化碳、氰化物、有机磷农药、重金属离子等分别抑制不同的酶，造成代谢反应中断或代谢物的堆积，导致一系列中毒症状，甚至致人死亡。

（二）酶与疾病的诊断

正常情况下，在细胞内发挥催化作用的酶在血清中含量甚微，某些病理情况下，可导致血清酶活性的改变。测定血清酶活性对临床诊断有重要的参考价值。组织细胞损伤或细胞膜通透性增大，进入血液中酶的量增加，如急胰腺炎时血清中淀粉酶活性升高，肝脏的损伤时血清中丙氨酸氨基转移酶活性增加；某些细胞增殖加快，其特异的标志酶可释放入血，如前列腺癌血清中酸性磷酸酶活性升高；细胞内酶合成障碍或酶受到抑制时，血清酶活性降低，如肝病时血中某些凝血酶原或凝血因子含量降低，有机磷中毒时胆碱酯酶活性降低。另外，血清同工酶谱的测定对疾病的器官定位诊断有一定参考意义，如LDH和CK同工酶的测定，对肝脏、心脏等组织病变都具有一定诊断价值。

（三）酶与疾病治疗

酶作为药物已广泛应用于消化、消炎、抗凝、促凝、降压、改善脏器功能等方面。例如胃蛋白酶、多酶片等用于助消化；胰蛋白酶、纤溶酶、溶菌酶、木瓜蛋白酶等用于外科清创和化脓伤口净化；尿激酶、链激酶、纤溶酶用于防治血栓形成；细胞色素c、HS-CoA、CoQ、ATP与葡萄糖组成能量合剂，可以改善心、肝、脑、肾等重要脏器的功能等。也有许多药物通过抑制体内某些酶的活性达到治疗目的，如磺胺类药物通过抑制二氢叶酸合成酶抑制细菌的生长，抗代谢物通过抑制核酸代谢相关酶抑制肿瘤的生长。

酶是一类由活细胞产生的对其特异底物具有高效催化作用的蛋白质。是体内最主要的催化剂。它除了具有一般化学催化剂的性质以外，还具有催化效率高、特异性强、不稳定和可自身调节的特性。

酶依照分子组成可分为单纯酶和结合酶，在结合酶中只有全酶才有活性。结合酶中蛋白质部分称为酶蛋白，非蛋白质部分称为辅因子。辅因子又分为辅酶和辅基。B族维生素的主要作用是构成酶的辅因子。例如维生素B_1的活化形式是焦磷酸硫胺素（TPP），TPP是α-酮酸氧化脱羧酶系及磷酸戊糖途径中转酮酶的辅酶；维生素B_2以FMN和FAD的形式作为黄素酶的辅基，维生素PP以NAD^+和$NADP^+$的形式作为许多脱氢酶的辅酶。

酶分子中与活性有关的基团，称为必需基团，由必需基团构成的具有催化功能的空间区域称为活性中心。活性中心包括结合基团和催化基团两部分，还有一些基团虽不参与活性中心的构成，但与活性中心的形成和稳定有关，它们被称为活性中心外必需基团。

有些酶在体内初分泌时以无活性的酶前身——酶原形式存在，只有在一定条件下或运送到一定部位才被激活，形成有活性的酶，这一过程就是酶原激活。其意义在于保护自身分泌此酶的组织不被破坏和贮存酶。还有些酶在体内催化相同的化学反应，但分子组成、结构、理化性质、存在部位及免疫学特性均不相同，它们被称为同工酶。由于酶是蛋白质，有许多因素可以影响酶促反应速度：如温度、酸碱度、酶浓度、底物浓度、激活剂和抑制剂。其中应特别重视的是：①高温破坏酶活性，低温抑制酶活性；②抑制剂中与临床联系较多的是可逆抑制剂中的竞争性抑制作用，例如磺胺药物的抑菌作用就是属于竞争性抑制作用。

酶与医学的关系十分密切。许多疾病的发生、发展与酶的异常或酶受到抑制有关。血清酶学的测定可作为某些疾病的诊断指标。许多药物可通过作用于细菌或人体内的某些酶以达到治疗的目的。酶可作为试剂用于临床检验，还可以作为工具酶用于科学研究。

目标检测

一、名词解释

1. 酶 2. 必需基团 3. 酶原 4. 酶原激活 5. 同工酶

二、填空题

1. 酶是由________细胞产生的，以________为主要成分的生物催化剂。
2. 酶催化作用的机制是________。
3. 酶催化作用的特点是________、________、________、________。
4. 酶的特异性分三种情况________、________、________。
5. 全酶是由①________和②________构成的，其中①决定________②决定________。
6. 酶活性中心的必需基团包括________和________。
7. 酶原是________分泌出来的，暂时不具有________的酶的前身。
8. 维生素 B_1 的活化形式是________，是________酶系的辅酶。
9. 维生素PP可形成________和________，是多种脱氢酶的辅酶。
10. 叶酸的活性形式是________，参与体内________代谢。

三、单项选择题

1. 酶的化学本质主要是
   A. 氨基酸　　B. 脂肪酸　　C. 维生素
   D. 蛋白质　　E. 糖类
2. 决定酶专一性的是
   A. 辅酶　　B. 辅基　　C. 酶蛋白
   D. 金属离子　　E. 维生素

3. 结合酶在哪种情况下才具有催化活性
   A. 酶蛋白形式存在　　B. 辅酶形式存在　　C. 辅基形式存在
   D. 全酶形式存在　　E. 酶原形式存在
4. 加热后，酶活性丧失的主要原因是
   A. 酶水解　　B. 酶蛋白变性　　C. 亚基解聚
   D. 辅酶脱落　　E. 辅基脱落
5. 酶分子中使底物转变为产物的基团称为
   A. 结合基团　　B. 催化基团　　C. 碱性基团
   D. 酸性基团　　E. 疏水基团
6. 底物浓度达饱和后，再增加底物浓度
   A. 反应速度随底物浓度增加而加快
   B. 随着底物浓度的增加酶活性降低
   C. 增加抑制剂，反应速度反而加快
   D. 酶的结合部位全部被底物占据，反应速度不再增加
   E. 形成酶-底物复合物增加
7. 下列引起竞争性抑制的物质是
   A. 磺胺药　　B. 有机磷　　C. 重金属
   D. 维生素　　E. CO
8. 保存酶制剂的最佳温度是
   A. 酶的最适温度　　B. 室温　　C. 低温
   D. 体温　　E. 恒温
9. 酶原激活的主要意义是
   A. 提高酶的活性　　B. 自我保护　　C. 减弱抑制作用
   D. 增加酶的浓度　　E. 形成活性中心
10. 维生素 B_2 以哪种形式参与氧化还原反应
   A. 辅酶 A　　B. NAD^+、$NADP^+$　　C. 辅酶Ⅰ
   D. 辅酶Ⅱ　　E. FMN、FAD
11. NAD^+ 分子结构中含有的维生素是
   A. 维生素 B_1　　B. 维生素 B_2　　C. 维生素 PP
   D. 生物素　　E. 泛酸
12. 生物素的生化作用是
   A. 脱氢酶的辅酶　　B. 脱羧酶的辅酶　　C. 羧化酶的辅酶
   D. 转酮基酶的辅酶　　E. 酰基转移酶的辅酶
13. HS-CoA 分子结构中含有下列哪种维生素
   A. 维生素 B_1　　B. 维生素 B_2　　C. 维生素 PP
   D. 生物素　　E. 泛酸
14. 有机磷农药（敌百虫）中毒属于
   A. 不可逆抑制　　B. 竞争性抑制　　C. 非竞争性抑制
   D. 反竞争性抑制　　E. 可逆性抑制

15. 磺胺药物抑菌作用机制是
    A. 抑制叶酸合成酶　B. 抑制二氢叶酸还原酶　C. 抑制二氢蝶酸合酶
    D. 抑制四氢叶酸还原酶　E. 抑制四氢叶酸合成酶
16. 胃蛋白酶的最适 pH 为
    A. 1.8　B. 2.8　C. 5.0　D. 7.0　E. 7.35~7.45
17. 在心肌中含量最高的 LDH 是
    A. LDH_1　B. LDH_2　C. LDH_3　D. LDH_4　E. LDH_5
18. 脚气病是缺乏下列哪种维生素所致
    A. 钴胺素　B. 硫胺素　C. 生物素　D. 泛酸　E. 叶酸
19. 缺乏时引起口角炎、舌炎、结膜炎、视觉模糊和皮肤脂溢性皮炎的维生素是
    A. 维生素 B_1　B. 维生素 B_2　C. 维生素 PP
    D. 维生素 A　E. 泛酸
20. 维生素 B_6 辅助治疗小儿惊厥和妊娠呕吐的生化机制是
    A. 作为天冬氨酸氨基转移酶的辅酶成分
    B. 作为丙氨酸氨基转移酶的辅酶成分
    C. 作为甲硫氨酸脱羧酶的辅酶成分
    D. 作为谷氨酸脱羧酶的辅酶成分
    E. 作为羧化酶的辅酶成分

四、思考题

1. 简述酶的催化作用特点。
2. 举例说明竞争性抑制作用在医学上的应用。
3. 举例说明酶原激活的生理意义。
4. 引起维生素缺乏症的常见原因有哪些？
5. 脂溶性维生素和水溶性维生素各有何特点？
6. 试写出各种维生素缺乏症的名称。

（苏蓓莉　刘春荣）

参考答案

模块三　动态生物化学

第四章　三羧酸循环与氧化磷酸化

三羧酸循环与氧化磷酸化

- **三羧酸循环**
  - 三羧酸循环的基本过程：共8步代谢反应，均在线粒体内进行
  - 三羧酸循环的特点
    - 1. 三羧酸循环运转一周有2次脱羧、4次脱氢反应
    - 2. 三羧酸循环是不可逆的反应体系
    - 3.三羧酸循环有一步底物水平磷酸化反应
    - 4.三羧酸循环的中间产物需要不断补充
  - 主要作用及生理意义
    - 1.可将食物中的糖、脂肪和蛋白质彻底氧化分解
    - 2.是机体产能的主要阶段
    - 3.是体内代谢水和CO_2的主要来源
    - 4.是实现三大营养物质相互转变的关键环节
    - 5.提供了生物合成的前体
- **氧化磷酸化**
  - 氧化呼吸链
    - 概念：线粒体内膜中多个可传递电子含辅因子的蛋白质复合体按一定顺序排列形成的电子/氢反应链
    - 呼吸链的组成：复合体Ⅰ、复合体Ⅱ、复合体Ⅲ、复合体Ⅳ、泛醌和细胞色素c
    - 呼吸链的电子供体：NADH和$FADH_2$
    - 两条呼吸链
      - NADH→复合体Ⅰ→Q→复合体Ⅲ→细胞色素c→复合体Ⅳ→O_2　（生成2.5分子ATP）
      - $FADH_2$→复合体Ⅱ→Q→复合体Ⅲ→细胞色素c→复合体Ⅳ→O_2　（生成1.5分子ATP）
    - 呼吸链的功能及意义
      - 传递氢和电子
      - O_2作为电子的受体会生成水，复合体Ⅰ、Ⅲ、Ⅳ具有质子泵功能可将质子泵出到膜间隙

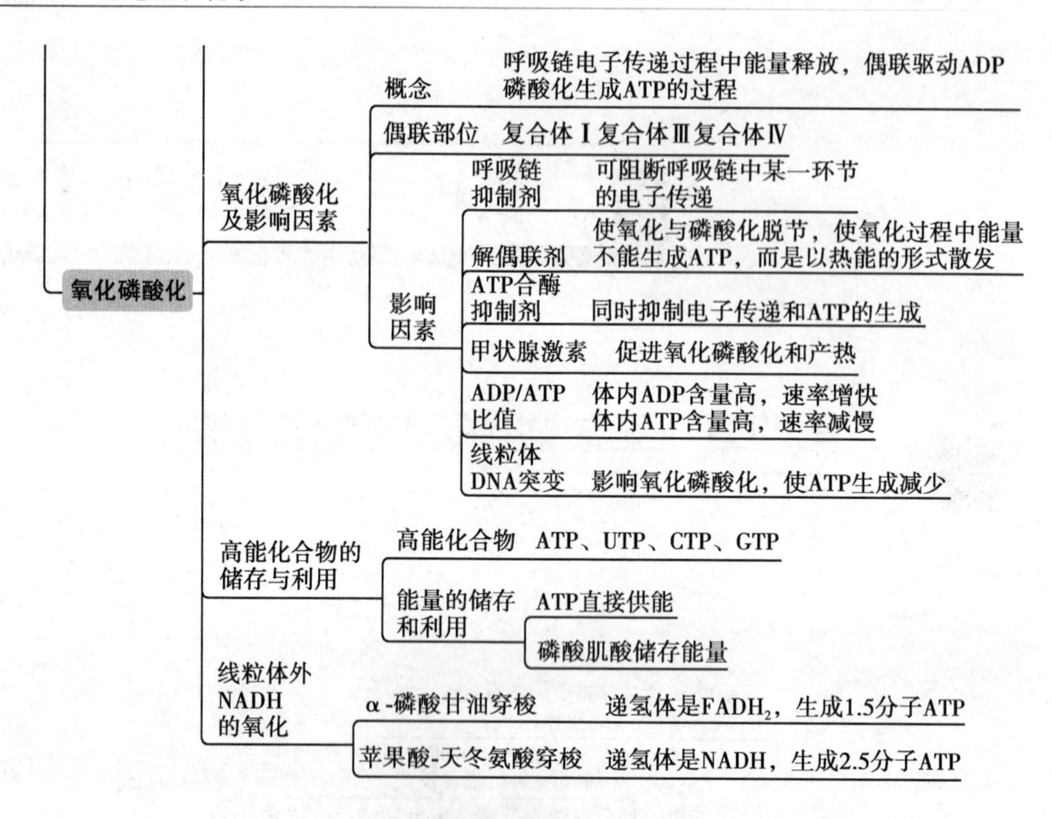

1. 掌握三羧酸循环生理意义。
2. 熟悉三羧酸循环代谢途径的主要特点；氧化磷酸化概念；呼吸链的组成及能量生成方式。
3. 了解线粒体外NADH的氧化。
4. 能运用所学生物化学知识解释相关生活现象和临床护理问题。

生物分子是机体不可缺少的构件分子，也是生命活动过程必需的营养物质，其中糖、脂肪和蛋白质在生物体内氧化分解的过程中可释放生命活动所需要的一切能量，因此糖、脂肪和蛋白质被称为三大能源物质。

糖、脂肪和蛋白质在体内氧化分解释放能量具有相同规律，一般分为三个阶段：①首先分解为各自的基本组成单位：如糖原分解为葡萄糖，脂肪分解为甘油和脂肪酸，蛋白质分解为氨基酸等，在此阶段中释放的能量非常小，约占总能量的1%；②各基本组成单位经过不

同的分解代谢途径生成含有两个碳原子的有机化合物——乙酰 CoA，释放的能量约占总能量的 1/3；③乙酰 CoA 进入三羧酸循环氧化分解（脱氢、脱羧），脱下的氢原子经呼吸链氧化磷酸化生成水并释放能量，释放的能量约占总能量的 2/3（图 4-1）。

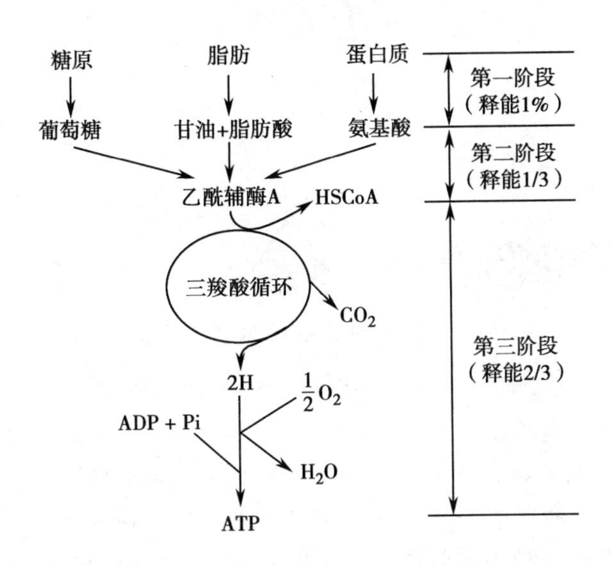

图 4-1　糖、脂肪、蛋白质氧化分解的三个阶段

糖、脂肪、蛋白质分解代谢都能产生乙酰 CoA，乙酰 CoA 是物质代谢过程中的重要中间产物。乙酰 CoA 进入三羧酸循环氧化脱羧生成 CO_2 和 2H 原子，2H 原子使 NAD^+ 或 FAD 还原成 $NADH+H^+$ 或 $FADH_2$，$NADH+H^+$ 和 $FADH_2$ 需经氧化磷酸化作用才能生成水，并释放能量。释放的能量约 40% 用于 ATP 的合成，其余以热能形式释放用来维持体温，这是体内生成 ATP 的主要代谢途径。乙酰 CoA 还可以作为合成脂肪酸、胆固醇、酮体等物质的原料，参与机体物质的合成代谢（详见第五章）。本章重点介绍与 CO_2、H_2O 和能量产生直接相关的两个阶段，即三羧酸循环和氧化磷酸化。

第一节　三羧酸循环

1. 人体呼出的 CO_2 主要来源是何处？
2. 有人说喝柠檬汁补充柠檬酸能加快三羧酸循环，进而增加能量消耗而减肥，这种说法有道理吗？

三羧酸循环又称柠檬酸循环，此名来源于第一个中间产物是含有三个羧基的柠檬酸。三羧酸循环反应在线粒体内，由草酰乙酸与乙酰 CoA 缩合生成柠檬酸开始，经过一系列酶催化脱氢、脱羧反应后，又以草酰乙酸再生而结束。每循环一次相当于一个乙酰 CoA 被氧化。

三羧酸循环

三羧酸循环的发现

20世纪30年代，H.A. 克雷布斯（Hans Adolf Krebs）对食物在体内究竟是如何变成水和二氧化碳的现象充满了兴趣，他毫不犹豫以此为研究课题，着手调查前人研究的各种相关材料。并将前人的研究数据仔细整理了一番，结果发现食物在体内是按一定的顺序变化的，而这种变化是以某种物质为起始的，H.A.Krebs利用4年时间查明这种物质就是如今放在饮料中作为酸味添加剂的柠檬酸。由此，他完成了食物的循环链，并将它命名为柠檬酸循环，即三羧酸循环。由于这一业绩，H.A.Krebs在1953年获诺贝尔生理学或医学奖，后人们又将该循环以其名命名为Krebs循环。

一、三羧酸循环的基本过程

三羧酸循环共8步代谢反应，均在线粒体内进行。

1. 在柠檬酸合酶的催化下，乙酰CoA和草酰乙酸缩合生成柠檬酸。该反应不可逆，柠檬酸合酶是三羧酸循环的第一个关键酶。

$$\underset{\text{乙酰辅酶A}}{\begin{array}{l} CH_3 \\ | \\ CO\sim SCoA \end{array}} + H_2O + \underset{\text{草酰乙酸}}{\begin{array}{l} COOH \\ | \\ C{=}O \\ | \\ CH_2 \\ | \\ COOH \end{array}} \xrightarrow[\searrow HSCoA]{\text{柠檬酸合酶}} \underset{\text{柠檬酸}}{\begin{array}{l} CH_2—COOH \\ | \\ COH—COOH \\ | \\ CH_2—COOH \end{array}}$$

2. 在顺乌头酸酶的催化下，柠檬酸脱水生成顺乌头酸，后者再水化成异柠檬酸。

$$\underset{\text{柠檬酸}}{\begin{array}{l} CH_2—COOH \\ | \\ COH—COOH \\ | \\ CH_2—COOH \end{array}} \xleftrightarrow{-H_2O} \underset{\text{顺乌头酸}}{\begin{array}{l} CH_2—COOH \\ | \\ C—COOH \\ \| \\ CH—COOH \end{array}} \xleftrightarrow{+H_2O} \underset{\text{异柠檬酸}}{\begin{array}{l} CH_2—COOH \\ | \\ CH—COOH \\ | \\ CHOH—COOH \end{array}}$$

3. 在异柠檬酸脱氢酶的催化下，异柠檬酸脱氢、脱羧生成α-酮戊二酸和1分子CO_2，其受氢体是NAD^+。该反应不可逆，异柠檬酸脱氢酶是三羧酸循环的第二个关键酶，是三羧酸循环过程中最主要的调节点。异柠檬酸脱氢酶既是三羧酸循环的关键酶，又是限速酶，其活性大小可调节三羧酸循环的反应速度。

$$\begin{array}{l} CH_2{-}COOH \\ | \\ CH{-}COOH \\ | \\ CHOH{-}COOH \end{array} \xrightarrow[NAD^+ \;\to\; NADH+H^+ \quad CO_2]{\text{异柠檬酸脱氢酶}} \begin{array}{l} COOH \\ | \\ CH_2 \\ | \\ CH_2 \\ | \\ C{=}O \\ | \\ COOH \end{array}$$

异柠檬酸　　　　α-酮戊二酸

4. 在α-酮戊二酸脱氢酶系的催化下，α-酮戊二酸脱氢、脱羧生成琥珀酰CoA和1分子CO_2，其受氢体是NAD^+。该反应不可逆，α-酮戊二酸脱氢酶系是三羧酸循环的第三个关键酶，此酶由3种酶和5种辅酶构成的多酶复合体，与第五章丙酮酸脱脱氢酶系辅酶的组成相同。

$$\begin{array}{l} COOH \\ | \\ CH_2 \\ | \\ CH_2 \\ | \\ C{=}O \\ | \\ COOH \end{array} + \text{HS-CoA} \xrightarrow[NAD^+ \;\to\; NADH+H^+ \quad CO_2]{\text{α-酮戊二酸脱氢酶系}} \begin{array}{l} COOH \\ | \\ CH_2 \\ | \\ CH_2 \\ | \\ CO{\sim}SCoA \end{array}$$

α-酮戊二酸　　　　琥珀酰辅酶A

5. 在琥珀酰CoA合成酶（又称琥珀酸硫激酶）的催化下，琥珀酰CoA转变为琥珀酸。琥珀酰CoA上的高能硫酯键中的能量转移给GDP生成GTP，生成的GTP可直接利用，也可将其高能磷酸基团转移给ADP生成ATP。该反应是三羧酸循环唯一的底物水平磷酸化反应，相当于生成了1分子ATP。

$$\begin{array}{l} COOH \\ | \\ CH_2 \\ | \\ CH_2 \\ | \\ CO{\sim}SCoA \end{array} \xrightleftharpoons[GDP \;\to\; GTP]{Pi \quad \text{琥珀酰 CoA 合成酶}} \begin{array}{l} COOH \\ | \\ CH_2 \\ | \\ CH_2 \\ | \\ COOH \end{array} + \text{HS-CoA}$$

琥珀酰辅酶A　　　　琥珀酸

底物水平磷酸化

高能化合物将其高能键中的能量(~P)转移给ADP(GDP)生成ATP(GTP)的过程称为底物水平磷酸化。底物水平磷酸化是体内ATP生成的方式之一。

6. 在琥珀酸脱氢酶的催化下，琥珀酸脱氢生成延胡索酸，其受氢体是FAD。

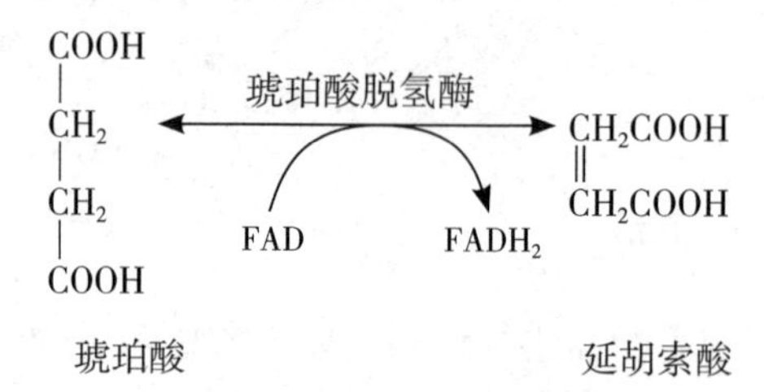

7. 在延胡索酸酶的催化下，延胡索酸加水生成苹果酸。

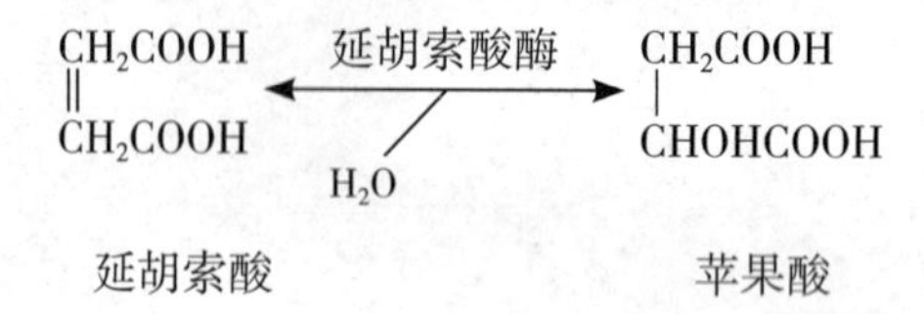

8. 在苹果酸脱氢酶的催化下，苹果酸脱氢生成草酰乙酸，其受氢体是NAD^+。再生的草酰乙酸可再次进入三羧酸循环。

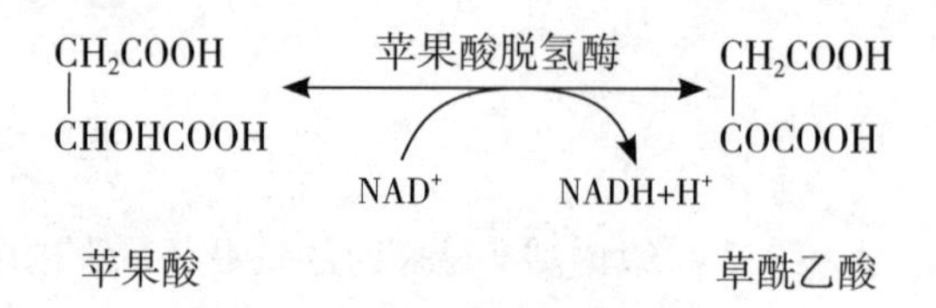

三羧酸循环的总反应过程归纳总结为图4-2。

二、三羧酸循环的特点

在此循环中，最初草酰乙酸因参加反应而消耗，但经过循环又重新生成。所以每循环一次，净结果为1个乙酰基通过两次脱羧而被消耗。在三羧酸循环中，共有4次脱氢反应，脱下的氢原子以$NADH+H^+$和$FADH_2$的形式进入呼吸链，最后传递给氧生成水，在此过程中释放的能量可以合成ATP(详见下节)。

由此可见，三羧酸循环的特点可归纳为：①三羧酸循环运转一周有2次脱羧、4次脱氢反应。2次脱羧生成2分子CO_2，这是体内CO_2的主要来源。脱氢反应中3次生成$NADH+H^+$，1次生成$FADH_2$，在有氧条件下，三羧酸循环产生的氢或电子进入氧化磷酸化，在生成水的过程中释放能量，使ADP磷酸化生成ATP。②三羧酸循环是不可逆的反应体系：其中柠檬酸合酶、异柠檬酸脱氢酶、α-酮戊二酸脱氢酶系，这三个关键酶催化的反应是

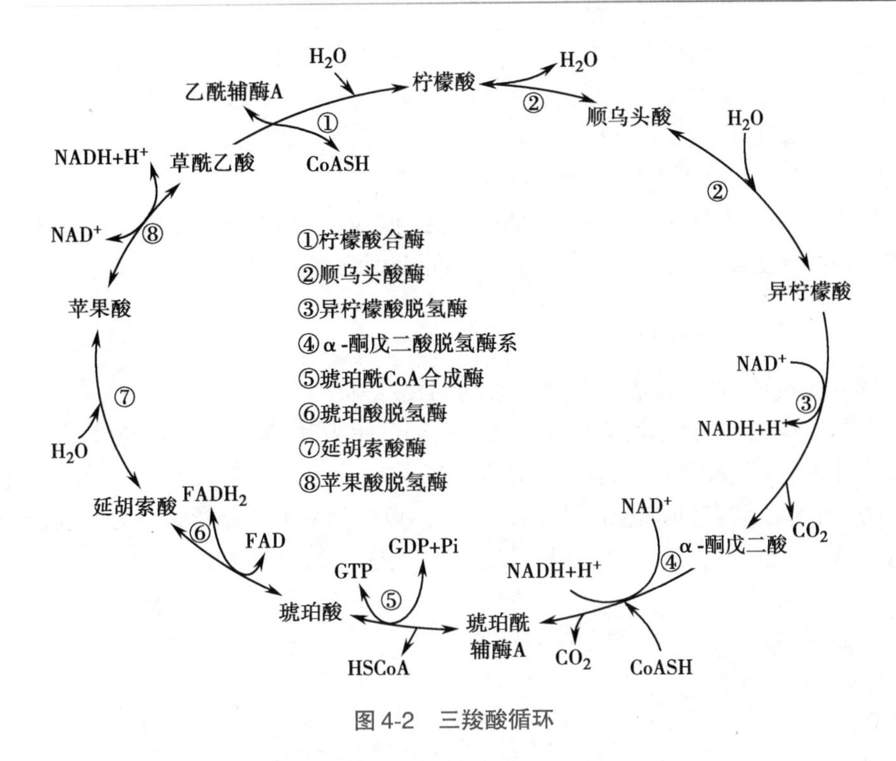

图 4-2　三羧酸循环

单向的不可逆反应，所以整个循环是不可逆的。③三羧酸循环有一步底物水平磷酸化反应。

循环中由其他物质转变为三羧酸循环中间产物的反应称为回补反应（anaplerotic reaction）。例如丙酮酸在丙酮酸羧化酶的催化下生成草酰乙酸的过程就是最重要的回补反应。草酰乙酸是乙酰基进入三羧酸循环的重要载体，草酰乙酸含量的多少直接影响循环的速度，因此不断补充草酰乙酸是使三羧酸循环得以顺利进行的关键。

三、三羧酸循环的生理意义

（一）三羧酸循环可将食物中的糖、脂肪和蛋白质彻底氧化分解

糖、脂肪和蛋白质在体内代谢最终都生成乙酰 CoA，然后进入三羧酸循环分解。所以三羧酸循环实际是糖、脂肪、蛋白质等有机物在生物体内末端氧化的共同途径。估计人体内约 2/3 的有机物都是通过三羧酸循环而被氧化分解的。

（二）三羧酸循环是机体产能的主要阶段

体内的能源物质要为机体供能，最后都要转变成乙酰 CoA，后者再经三羧酸循环被彻底氧化分解，释放能量。1 分子乙酰 CoA 经一次三羧酸循环共生成 10 分子 ATP。

（三）三羧酸循环是体内代谢水和 CO_2 的主要来源

代谢水是体内水的主要而稳定的来源，水是体液的重要组成成分，在体内发挥重要作用；CO_2 除参与呼吸外，还可参与酸碱平衡的调节，以及作为体内羧化反应的重要底物。

（四）三羧酸循环是实现三大营养物质相互转变的关键环节

例如，糖分解代谢产生的乙酰 CoA 和 3- 磷酸甘油是体内脂肪合成的主要原料，故体内的糖约 60% 要转变为脂肪组织，这是机体重要的储能过程；而脂肪分解产生的磷酸甘油又可异生成糖；再者，糖和甘油在体内可生成 α- 酮戊二酸及草酰乙酸等三羧酸循环的中间产

物，这些中间产物可以转变成为某些氨基酸，而有些氨基酸又可通过不同途径变成 α- 酮戊二酸和草酰乙酸，再经糖异生的途径生成糖或转变成甘油。因此，三羧酸循环是这三种物质代谢联系和互变的枢纽。

（五）三羧酸循环提供了生物合成的前体

三羧酸循环中的某些成分可用于合成其他物质，如琥珀酰 CoA 是合成血红素的主要原料，草酰乙酸可异生成糖，乙酰 CoA 是体内脂肪酸和胆固醇合成的主要原料。

四、三羧酸循环的调节

三羧酸循环的速率和流量受多种因素的调控。其中，三个关键酶柠檬酸合酶、异柠檬酸脱氢酶和 α- 酮戊二酸脱氢酶系是三羧酸循环的重要调节点。它们受代谢物浓度的调节，反应产物如柠檬酸、NADH、ATP、琥珀酰 CoA 或长链脂酰 CoA 是其别构抑制剂，反应底物如 ADP 和 Ca^{2+} 是其别构激活剂。另外，它们更受到细胞内能量状态的影响，当 NADH/NAD^+，ATP/ADP 比值增高时，酶活性被抑制，使三羧酸循环速度减慢。

（赵 婷 文 程）

第二节 氧化磷酸化

氧化磷酸化作用是指有机物包括糖、脂肪和蛋白质等在分解代谢过程中的氧化步骤所释放的能量，驱动 ATP 合成的过程。在真核细胞中，氧化磷酸化作用在线粒体中发生，参与氧化及磷酸化的体系以复合体的形式分布在线粒体的内膜上，构成生物氧化呼吸链，也称电子传递链。

你知道体内的 H_2O 和能量是如何生成的吗？

氧化呼吸链

一、呼吸链概念

在线粒体内膜上存在一系列具有传递氢或传递电子作用的酶和辅酶，代谢物脱下的成对氢原子（2H）通过这些酶和辅酶逐步传递，最终与氧结合生成水，并释放能量。在这

个过程中，传递氢的酶或辅酶称为递氢体，传递电子的酶或辅酶称为递电子体。这种按一定顺序排列在线粒体内膜上的递氢体和递电子体构成的连锁反应体系，称为电子传递链（electron transport chain）。由于此过程与细胞摄取氧的呼吸密切有关，故又称呼吸链（respiratory chain）。

二、呼吸链的组成和作用

目前已发现，线粒体内膜上构成呼吸链的递氢体和递电子体的成分有 20 余种，但大体上可归纳为五类。

1. 烟酰胺核苷酸　包括 NAD^+（辅酶Ⅰ，CoⅠ）和 $NADP^+$（辅酶Ⅱ，CoⅡ），两者是不需氧脱氢酶的辅酶。NAD^+ 和 $NADP^+$ 分子中的烟酰胺部分（维生素 PP）因其分子中的氮（吡啶氮）为五价氮，能可逆地接受电子而成为三价氮；与氮对位的碳也较活泼，能可逆地加氢还原，故 NAD^+ 和 $NADP^+$ 能可逆地加氢和脱氢而发挥递氢或供氢的作用（图 4-3）。在呼吸链中，主要是 NAD^+ 接受代谢物脱下的 2H（$2H^++2e^-$）传递给黄素蛋白。$NADP^+$ 接受氢后主要作为供氢体参与机体某些物质（如脂肪酸、胆固醇等）的生物合成反应。需要指出的是，烟酰胺在加氢反应时只能接受 1 个氢原子和 1 个电子，将另 1 个 H^+ 游离出来，因此将还原型的 NAD^+ 和 $NADP^+$ 分别写成 $NADH+H^+$（NADH）和 $NADPH+H^+$（NADPH）。

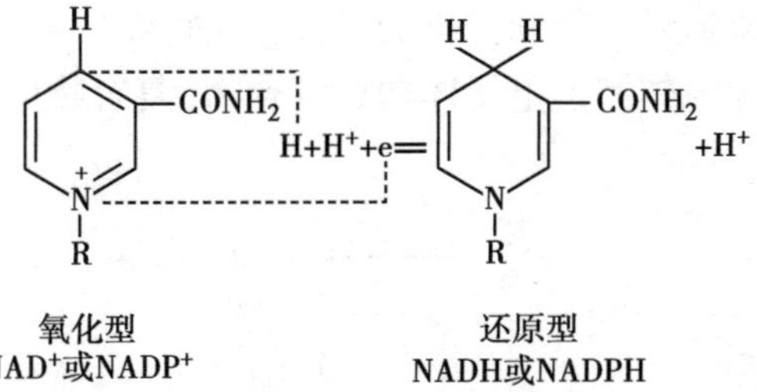

氧化型 NAD^+或$NADP^+$　　$H+H^++e$ ⇌　　还原型 NADH或NADPH　$+H^+$

图 4-3　NAD^+ 及 $NADP^+$ 的递氢机制

2. 黄素蛋白　又称黄素酶，是一类以黄素单核苷酸（FMN）和黄素腺嘌呤二核苷酸（FAD）为辅基的脱氢酶。FMN 和 FAD 分子中都含有核黄素（维生素 B_2），其异咯嗪环的 N_{10} 和 N_1 能可逆地进行加氢和脱氢，故 FMN 和 FAD 在呼吸链中作为递氢体将氢传递给泛醌。FMN 和 FAD 接受氢后分别转变成还原型的 $FMNH_2$ 和 $FADH_2$（图 4-4）。

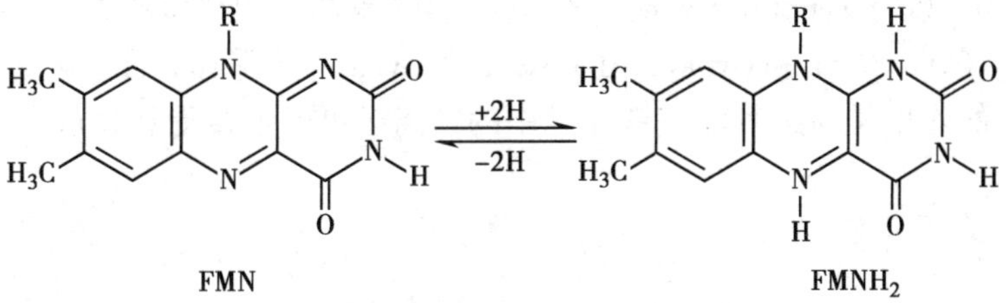

FMN　$\underset{-2H}{\overset{+2H}{\rightleftharpoons}}$　$FMNH_2$

图 4-4　FMN 及 FAD 的递氢机制

3. 泛醌（ubiquinone）　亦称辅酶 Q（coenzyme Q，CoQ，Q），是一类脂溶性醌类化合物，广泛存在于生物界中。泛醌的侧链由多个异戊二烯单位相接而成。不同来源的泛醌其侧链的异戊二烯单位的数目不同，人体（包括哺乳类动物）内的泛醌因其侧链由 10 个异戊二烯单位组成，故用 CoQ_{10}（Q_{10}）表示。泛醌分子中的苯醌结构能可逆地加氢和脱氢，而起着传递氢的作用。

泛醌接受 1 个电子和 1 个质子还原成半醌，再接受 1 个电子和 1 个质子则还原成二氢泛醌，后者又可脱去电子和质子而被氧化恢复为泛醌（图 4-5）。

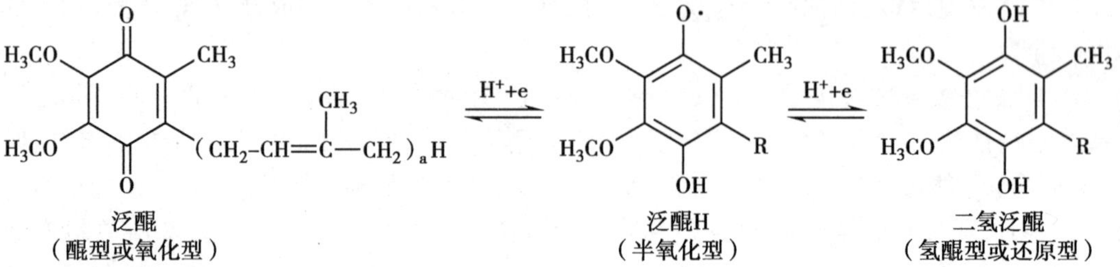

图 4-5　泛醌的结构及递氢机制

4. 铁硫蛋白　又称铁硫中心，是一类分子中含有等量铁原子和硫原子（Fe_2S_2，Fe_4S_4）的蛋白质，通常简写为 FeS 或 Fe-S。Fe-S 通过其中的铁原子和铁硫蛋白中半胱氨酸残基的硫相接，其中的铁原子可以通过二价和三价的形式相互转变来传递电子（图 4-6）。在呼吸链中，铁硫蛋白常与其他递氢体和递电子体构成复合物，复合物中的铁硫蛋白是传递电子的反应中心。

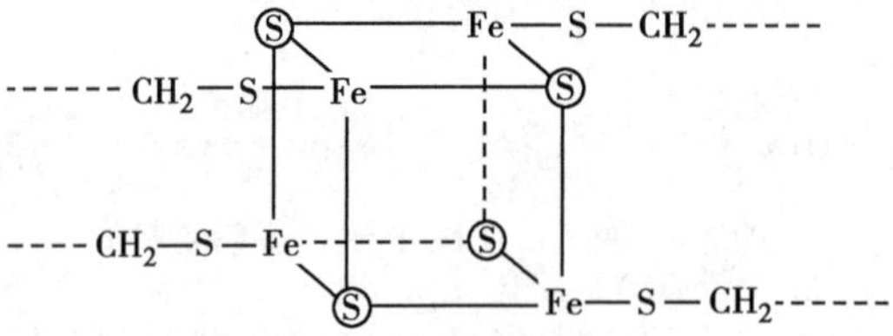

图 4-6　铁硫蛋白的结构示意图

5. 细胞色素（cytochrome，Cyt）　是细胞内一类以铁卟啉为辅基的催化电子传递的酶类，因其均具有特殊的吸收光谱而能呈现颜色，故而得名。根据细胞色素的吸收光谱不同，将它们分为 a、b、c（Cyt a、Cyt b、Cyt c）三类，每一类中又可分出诸多亚类。呼吸链内主要含有 Cyt b、Cyt c_1、Cyt c、Cyt a 和 Cyt a_3。由于 Cyt a 和 Cyt a_3 结合紧密，不易分开，常统称为 Cyt aa_3。细胞色素的作用是通过其辅基铁卟啉中的铁离子可逆地接受和释放电子来发挥递电子作用。

$$\text{Cyt-Fe}^{3+} \underset{-e}{\overset{+e}{\rightleftharpoons}} \text{Cyt-Fe}^{2+}$$

呼吸链中细胞色素传递电子的顺序是 Cyt b → Cyt c_1 → Cyt c → Cyt aa_3，最后由 Cyt aa_3 将电子传递给氧，使氧激活成氧离子（O^{2-}），故将 Cyt aa_3 称为细胞色素氧化酶。细胞色素氧

化酶以铜离子为辅基，故也可通过 Cu^{+} 和 Cu^{2+} 的相互转变来传递电子。

经实验证明，上述递氢体和递电子体在线粒体内膜上大多以酶复合体的形式存在，用去污剂处理线粒体内膜可分离出 4 种复合体（表 4-1）。

表 4-1　线粒体呼吸链复合体及其作用

复合体	酶名称	辅基	主要作用
复合体Ⅰ	NADH- 泛醌还原酶	FMN，Fe-S	将 NADH 的氢原子传递给泛醌
复合体Ⅱ	琥珀酸 - 泛醌还原酶	FAD，Fe-S	将琥珀酸中的氢原子传递给泛醌
复合体Ⅲ	泛醌 - 细胞色素 c 还原酶	铁卟啉，Fe-S	将电子从还原性泛醌传递给细胞色素 c
复合体Ⅳ	细胞色素 c 氧化酶	铁卟啉，Cu	将电子从细胞色素 c 传递给氧

泛醌因侧链的疏水作用，使其能在线粒体内膜中迅速扩散，极易从线粒体内膜分离出来，因此不包含在上述复合体中。Cyt c 呈水溶性，与线粒体内膜外表面结合不紧密，极易与线粒体内膜分离，故也不包含在复合体中。

泛醌和 Cyt c 作为可移动的电子传递体与镶嵌在线粒体内膜上的复合体共同组成了两条呼吸链。

呼吸链各复合体的位置见图 4-7。

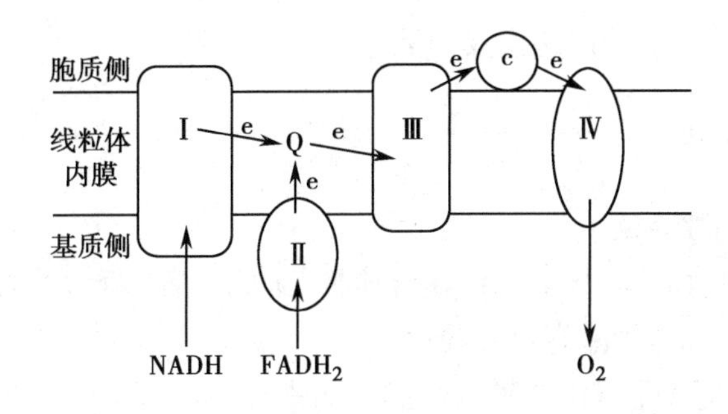

图 4-7　呼吸链各复合体的位置示意图

三、体内两条重要的呼吸链

体内两条呼吸链传递生成水时是否相同？

呼吸链组分的排列顺序是按其组分的标准氧化还原电位高低、抑制剂阻断氧化还原过程、各组分特有吸收光谱和体外呼吸链组分拆开与重组实验来确定的。目前认为体内氧化呼吸链有两条途径，即 NADH 氧化呼吸链和 $FADH_2$ 氧化呼吸链（图 4-8）。

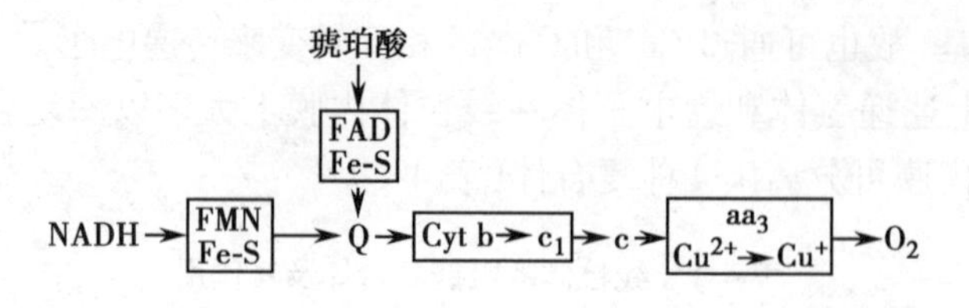

图 4-8　体内两条氧化呼吸链

(一) NADH 氧化呼吸链

NADH 氧化呼吸链是体内最重要的一条呼吸链，由 NAD^+、复合体Ⅰ、泛醌(Q)、复合体Ⅲ、细胞色素 c 及复合体Ⅳ组成。因为体内大多数脱氢酶都以 NAD^+ 为辅酶，故 NADH 氧化呼吸链可接受大多数代谢物(如丙酮酸脱氢酶、异柠檬酸脱氢酶、苹果酸脱氢酶等)脱下的氢。

在以 NAD^+ 作辅酶的脱氢酶的催化下，底物 SH_2 脱下 2H 交给 NAD^+ 生成 $NADH+H^+$，进入 NADH 氧化呼吸链。在以 FMN 为辅基的 NADH 脱氢酶的催化下，$NADH+H^+$ 将 2H 经复合体Ⅰ(FMN，Fe-S)传给 Q 生成 QH_2，此时两个氢原子解离成 $2H^+ +2e^-$，$2e^-$ 经呼吸链继续传递，$2H^+$ 则游离于介质中。QH_2 将 $2e^-$ 经复合体Ⅲ(Cyt b，Fe-S，Cyt c_1)传给 Cyt c，然后传至复合体Ⅳ(Cyt aa_3)，最后将 $2e^-$ 传递给 O_2。氧接受电子后变为 O^{2-} 与介质中的 $2H^+$ 结合成生成 H_2O。

NADH 氧化呼吸链的电子传递模式如下：

NADH ⟶ 复合体Ⅰ ⟶ Q ⟶ 复合体Ⅲ ⟶ Cyt c ⟶ 复合体Ⅳ ⟶ O_2

(二) $FADH_2$ 氧化呼吸链

$FADH_2$ 氧化呼吸链由复合体Ⅱ、Q、复合体Ⅲ、细胞色素 c 及复合体Ⅳ组成，主要接受琥珀酸脱下的氢，因此又称琥珀酸氧化呼吸链。

琥珀酸在琥珀酸脱氢酶催化下脱氢生成延胡索酸，脱下的 2H 经复合体Ⅱ(FAD，Fe-S)传给 Q 生成 QH_2，此后的传递和 NADH 氧化呼吸链相同。此外，α- 磷酸甘油脱氢酶和脂酰 CoA 脱氢酶催化的脱氢反应脱下的氢也由 FAD 接受，经此呼吸链传递。

$FADH_2$ 氧化呼吸链电子传递模式如下：

琥珀酸 ⟶ 复合体Ⅱ ⟶ Q ⟶ 复合体Ⅲ ⟶ Cyt c ⟶ 复合体Ⅳ ⟶ O_2

四、氧化磷酸化及影响因素

(一) 氧化磷酸化的概念

代谢物脱下的氢(2H)经呼吸链传递给氧生成水的过程伴有能量的释放，所释放的能量可使 ADP 磷酸化生成 ATP，这种氢的氧化与 ADP 磷酸化相偶联的过程称氧化磷酸化，是体内生成 ATP 的最主要方式。

(二) 氧化磷酸化的偶联部位

氧化磷酸化的偶联部位就是氧化呼吸链中偶联生成 ATP 的部位，通常由计算 P/O 比值

和自由能变化这两种方法大致确定。

1. P/O 比值　P/O 比值是指在氧化磷酸化过程中，每消耗 1mol 氧原子所生成的 ATP 的摩尔数，即一对电子通过氧化呼吸链传递给氧所生成的 ATP 分子数。

实验证实，代谢物脱下的氢（2H）经 NADH 氧化呼吸链传递，P/O 比值接近 3，说明 NADH 氧化呼吸链存在 3 个 ATP 生成部位，分别在 NADH → Q 之间（复合体Ⅰ），Q → Cyt c 之间（复合体Ⅲ），Cyt aa_3 → O_2 之间（复合体Ⅳ）。而琥珀酸脱氢测得 P/O 比值接近 2，说明琥珀酸氧化呼吸链存在 2 个 ATP 生成部位，分别在 Q → Cyt c 之间（复合体Ⅲ），Cyt aa_3 → O_2 之间（复合体Ⅳ）。

体内两条氧化呼吸链的氧化磷酸化的偶联部位见图 4-9。

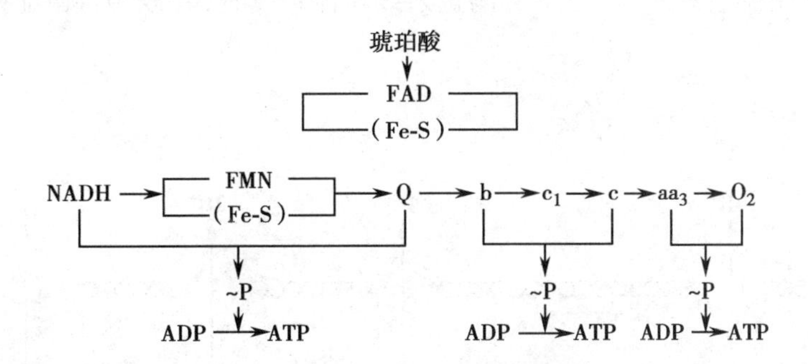

图 4-9　氧化磷酸化的偶联部位示意图

近年实验证实，一对电子经 NADH 氧化呼吸链传递，P/O 比值约为 2.5，即产生 2.5 分子 ATP。经琥珀酸氧化呼吸链传递，P/O 比值约为 1.5，即产生 1.5 分子 ATP（表 4-2）。

表 4-2　离体线粒体的 P/O 比值

底物	呼吸的组成	P/O 比值	生成 ATP 数
β- 羟丁酸	NAD^+ → FMN → CoQ → Cyt → O_2	2.4~2.8	2.5
琥珀酸	FAD → CoQ → Cyt → O_2	1.7	1.5
抗坏血酸	Cyt c → Cyt aa_3 → O_2	0.88	1
细胞色素 c	Cyt aa_3 → O_2	0.61~0.68	1

2. 自由能变化　实验证明，pH 7.0 时的标准自由能（$\Delta G^{0\prime}$）与反应底物和产物标准氧化还原电位差值（$\Delta E^{0\prime}$）之间存在下述关系：

$$\Delta G^{0\prime}=-nF\Delta E^{0\prime}$$

n 为电子转移数目，F 为法拉第常数（96.5kJ/mol·V）。

从 NAD^+ 到 CoQ 测得的电位差 0.36V，从 CoQ 到 Cyt c 电位差为 0.19V，从 Cyt aa_3 到分子氧为 0.58V。计算它们相应的 $\Delta G^{0\prime}$ 分别为 −69.5kJ/mol、−36.7kJ/mol、−112kJ/mol，足以提供生成 ATP 所需的能量（生成 1mol ATP 需 30.5kJ/mol）。说明在复合体Ⅰ、Ⅲ、Ⅳ内各存在着一个 ATP 生成部位。

（三）氧化磷酸化的偶联机制

有关氧化磷酸化的机制有很多学说，目前被普遍接受的是化学渗透学说。该学说是1961 年英国学者 P.Mitchell 提出的，其基本要点是电子经呼吸链传递时，驱动质子从线粒体内膜的基质侧转移到内膜胞质侧，形成跨线粒体内膜的质子电化学梯度，以此储存能量。当质子顺浓度梯度回流基质时，驱动 ADP 与 Pi 生成 ATP。

递氢体和递电子体在线粒体内膜上交替排列，使呼吸链在线粒体内膜中共构成 3 个回路，每个回路均具有质子泵作用。实验证实，复合体Ⅰ、Ⅲ、Ⅳ每传递 2 个电子，它们分别向线粒体内膜胞质侧泵出 $4H^+$、$4H^+$ 和 $2H^+$，泵到外侧的 H^+ 不能自由返回，结果形成膜内外的电化学势梯度（由质子浓度产生的电位梯度）。当存在足够高的跨膜质子电化学梯度时，强大的质子流通过 F_1-F_0-ATP 合酶进入线粒体基质时，释放的自由能推动 ATP 合成（图 4-10）。

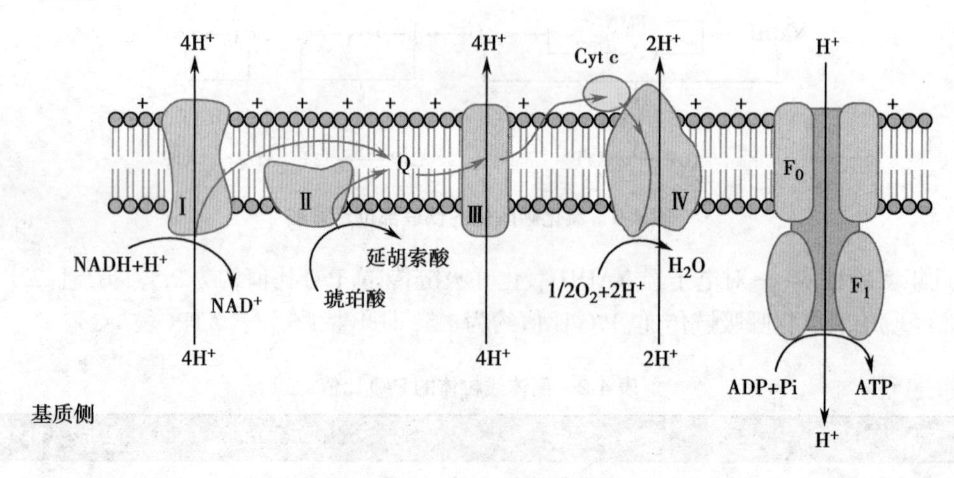

图 4-10 化学渗透假说示意图

（四）影响氧化磷酸化的因素

影响氧化磷酸化的主要因素包括 ADP/ATP 比值、某些抑制剂以及甲状腺激素。

1. ADP/ATP 比值　正常机体氧化磷酸化的速度主要受细胞对能量需求的影响。细胞内能量供应不足时，ADP 浓度升高，ADP/ATP 比值增大，使氧化磷酸化速度加快以补充 ATP，同时 NADH 迅速减少，NAD^+ 升高，间接促进三羧酸循环；反之，细胞内能量供应充足时，ADP 浓度降低，ATP 浓度升高，ADP/ATP 比值减少，则氧化磷酸化速度减慢，造成 NADH 堆积，使三羧酸循环速度减慢。这种调节有利于机体合理地利用体内能源物质，避免浪费。

2. 抑制剂　一些化合物对氧化磷酸化有抑制作用，根据其抑制作用的机制不同可分为三类。

（1）呼吸链抑制剂：这类物质作用于呼吸链的某一环节，阻断呼吸链上氢和电子的传递，使细胞呼吸严重受阻，甚至停止，引起机体迅速死亡。如鱼藤酮、粉蝶霉素 A 及异戊巴

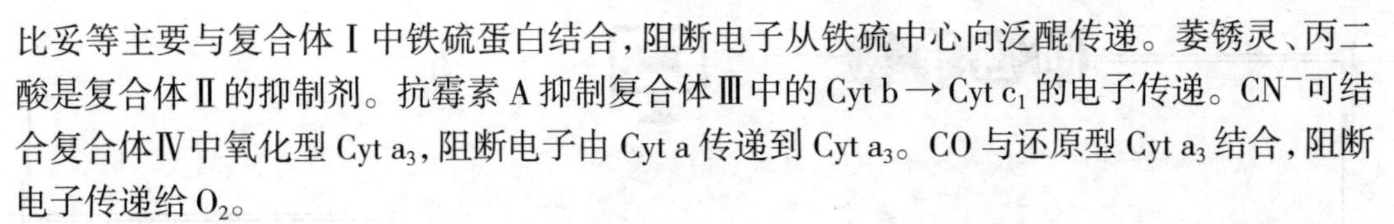

比妥等主要与复合体Ⅰ中铁硫蛋白结合，阻断电子从铁硫中心向泛醌传递。萎锈灵、丙二酸是复合体Ⅱ的抑制剂。抗霉素A抑制复合体Ⅲ中的Cyt b→Cyt c_1 的电子传递。CN^-可结合复合体Ⅳ中氧化型Cyt a_3，阻断电子由Cyt a传递到Cyt a_3。CO与还原型Cyt a_3结合，阻断电子传递给O_2。

（2）解偶联剂：这类物质不阻断呼吸链中氢和电子的传递，而是抑制ADP磷酸化生成ATP的过程，即解除氧化与磷酸化之间的偶联作用。在解偶联剂的作用下，氢的氧化正常进行，但所释放的能量不能储存到ATP分子中，大部分以热能的形式散失，机体得不到可利用的能量。如2，4-二硝基苯酚是最早发现的解偶联剂。解偶联蛋白是机体内源性解偶联剂，能通过氧化磷酸化解偶联释放能量，使组织产热。

新生儿硬肿症

人、哺乳类动物的棕色脂肪组织的线粒体内膜中含有丰富的解偶联蛋白，因此棕色脂肪组织是机体的产热御寒组织。尤其在新生儿，棕色脂肪组织的代谢是新生儿在寒冷环境中急需产热时的主要能量来源，如小儿周围环境温度过低，散热过多，棕色脂肪容易耗尽，体温即会下降，皮下脂肪容易凝固而变硬，同时低温时周围毛细血管扩张，渗透性增加，易发生水肿，结果产生硬肿。因此，对新生儿保暖照护十分重要。

（3）氧化磷酸化抑制剂：此类抑制剂对电子传递及ADP磷酸化均有抑制作用。如寡霉素可阻断质子通道回流，抑制ATP生成。H^+在线粒体内膜外积累，影响呼吸链质子泵功能，因此也会抑制电子的传递过程。

各抑制剂作用于氧化磷酸化的部位见图4-11。

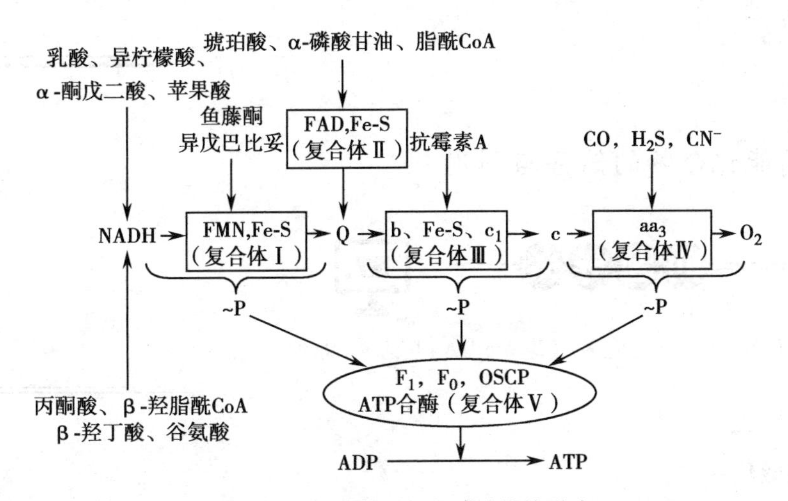

图4-11　抑制剂对氧化磷酸化的影响

甲状腺功能亢进症病人为什么易出汗，怕热喜凉？

3. 甲状腺激素　甲状腺激素能诱导细胞膜上 Na^+，K^+-ATP 酶的生成，此酶催化 ATP 分解，使 ADP 生成增多，线粒体中 ADP/ATP 比值增大，导致了氧化磷酸化加速，使 ATP 生成增多。甲状腺功能亢进症病人，其体内甲状腺激素水平升高，诱导细胞膜上 Na^+，K^+-ATP 酶的生成，催化 ATP 分解，使 ADP 生成增多，ADP/ATP 比值增大，导致了氧化磷酸化加速，使 ATP 生成增多，这样导致 ATP 的生成与分解都增强，机体耗氧量和产热量均增加。因此，甲状腺功能亢进症病人基础代谢率升高，并出现食欲亢进、心悸、怕热、多汗等症状。

甲状腺功能亢进症病人的临床表现和护理要点

甲状腺功能亢进症病人的临床表现主要包括多食、易饥、疲乏无力，怕热多汗、皮肤温暖湿润，尤以手足掌、脸、颈、胸前、腋下等处为多皮肤红润，平时可有低热，甲状腺危象时有高热。有神经过敏、易于激动、多语多动，烦躁多虑、紧张失眠、思想不集中，有时出现幻觉，偶有抑郁寡言、神情淡漠，舌、手有细震颤，腱反射时间缩短。心动过速，心律失常、心音亢进、收缩期杂音等。

甲状腺功能亢进症病人的饮食护理要满足机体代谢亢进的需要，给予高热量、高蛋白、高维生素及矿物质、低纤维素饮食，两餐之间可以增加点心，禁止摄入刺激性的食物及饮料，如浓茶、咖啡等；对大量出汗的病人护理时，要注意随时更换浸湿的衣服和床单，防止受凉；对于突眼症病人患者要采取保护措施，预防眼睛受到刺激和伤害；护理时还要理解和同情病人，解释病情时要注意态度平静，有耐心。

五、高能化合物的储存与利用

如何理解生物体内的能量代谢是以 ATP 为中心的？

（一）高能化合物

高能化合物是指含有高能键的化合物。高能键是指水解时释放的能量大于 21kJ/mol 的

化学键，常用"~"符号表示，主要包括高能磷酸键（~P）和高能硫酯键（~SCoA）。机体在生物氧化过程中释放的能量，除用于生命活动及维持体温外，大约有 40% 是以化学能的形式储存于高能化合物（主要是 ATP）中，形成高能磷酸化合物或高能硫酯化合物。

（二）ATP 的储存和利用

ATP 是含有 2 个高能磷酸键的高能磷酸化合物，是生物体内能量的储存和利用的中心，是细胞能够直接利用的唯一能源。除 ATP 外，体内还存在其他高能化合物如 UTP、CTP、GTP 等，参与机体某些物质的合成，如 UTP 用于糖原合成，CTP 用于磷脂合成，GTP 用于蛋白质合成等。这些高能化合物通常在二磷酸核苷激酶的催化下，可与 ATP 相互转变。反应如下：

$$\mathrm{ATP + UDP \rightleftharpoons ADP + UTP}$$

$$\mathrm{ATP + CDP \rightleftharpoons ADP + CTP}$$

$$\mathrm{ATP + GDP \rightleftharpoons ADP + GTP}$$

除此以外，ATP 还将"~P"转移给肌酸生成磷酸肌酸（creatine phosphate，CP），当 ATP 浓度高时，可在肌酸激酶的催化下，将其"~P"转移给肌酸，生成磷酸肌酸。当机体 ATP 消耗过多而使 ADP 增多时，磷酸肌酸可将 ~P 转移给 ADP 形成 ATP，供机体利用。

磷酸肌酸在需要能量较多的骨骼肌、心肌和脑中含量较多，是这些组织储能的一种形式。磷酸肌酸所含的高能键不能直接被机体利用，当上述组织耗能增加时，ATP 减少，ADP 增多，磷酸肌酸可将高能磷酸键转移给 ADP，生成 ATP 再被利用。

$$\underset{\text{肌酸}}{\mathrm{NH_2{-}C({=}NH){-}N(CH_3){-}CH_2{-}COOH}} + \mathrm{ATP} \xrightleftharpoons{\text{肌酸激酶}} \underset{\text{磷酸肌酸}}{\mathrm{H{-}N{\sim}P{-}C({=}NH){-}N(CH_3){-}CH_2{-}COOH}} + \mathrm{ADP}$$

由此可见，生物体内能量的释放、储存、转移和利用都是以 ATP 为中心（图 4-12）。其水解时释放的能量可直接供给各种生命活动，如肌肉收缩、腺体分泌、离子平衡、神经传导、合成代谢、维持体温等。此外，磷酸肌酸可作为肌肉和脑组织中能量的主要储存形式。

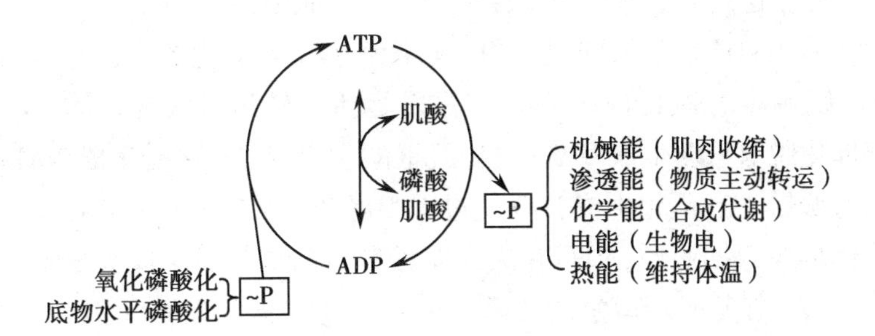

图 4-12　ATP 的生成和利用

六、线粒体外NADH的氧化

呼吸链存在于线粒体内膜上，线粒体内产生的NADH和$FADH_2$可直接进入呼吸链被氧化，但有不少脱氢反应是在线粒体外胞质中进行的，如3-磷酸甘油醛脱氢反应，乳酸脱氢反应等。因线粒体外产生的NADH不能自由透过线粒体内膜，必须经过某种穿梭机制进入线粒体才能进入呼吸链被氧化；同时线粒体内经生物氧化生成的产物（如ATP）需要转运出线粒体供细胞使用，以保证生物氧化和基质内旺盛的物质代谢的顺利进行。

线粒体内膜上存在的穿梭机制主要有α-磷酸甘油穿梭和苹果酸-天冬氨酸穿梭两种。

（一）α-磷酸甘油穿梭

α-磷酸甘油穿梭是指通过α-磷酸甘油将胞质中NADH上的H带入线粒体的过程。这种穿梭机制主要存在于脑和骨骼肌中。

胞质中的$NADH+H^+$在α-磷酸甘油脱氢酶（辅酶为NAD^+）催化下，使磷酸二羟丙酮还原生成α-磷酸甘油，后者通过线粒体外膜，再由位于线粒体内膜的α-磷酸甘油脱氢酶（辅基为FAD）催化，脱氢氧化生成磷酸二羟丙酮和$FADH_2$。磷酸二羟丙酮可进入胞质继续利用，而$FADH_2$则进入琥珀酸氧化呼吸链，2H氧化生成H_2O的过程中可产生1.5分子ATP（图4-13）。

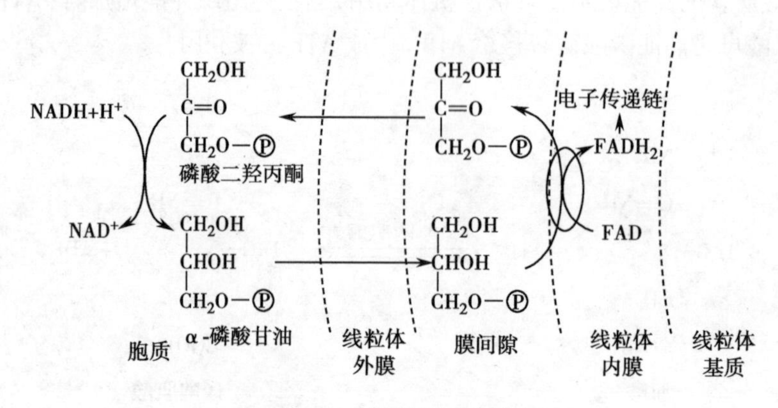

图4-13　α-磷酸甘油穿梭机制

（二）苹果酸-天冬氨酸穿梭

苹果酸-天冬氨酸穿梭是指通过苹果酸-天冬氨酸进出线粒体，将胞质中NADH上的H带入线粒体的过程。这种穿梭作用主要存在于肝和心肌中。

胞质中的$NADH+H^+$在苹果酸脱氢酶（辅酶为NAD^+）催化下，使草酰乙酸还原生成苹果酸，后者通过线粒体内膜上的α-酮戊二酸转运蛋白转运进入线粒体，又由线粒体内的苹果酸脱氢酶催化脱氢重新生成草酰乙酸，脱下的氢由NAD^+接受生成$NADH+H^+$，后者进入NADH氧化呼吸链，2H氧化生成H_2O的过程中可产生2.5分子ATP。所生成的草酰乙酸不能透过线粒体内膜返回胞质，但可在天冬氨酸转氨酶催化下生成天冬氨酸，后者经线粒体内膜上天冬氨酸-谷氨酸转运蛋白转运出线粒体再转变成草酰乙酸，继续参与穿梭过程（图4-14）。

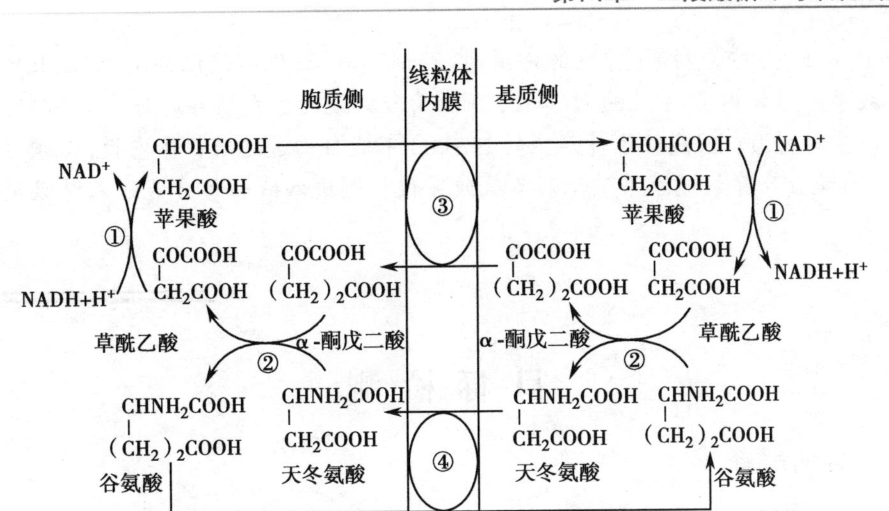

图 4-14　苹果酸 - 天冬氨酸穿梭机制

本章小结

糖、脂肪、蛋白质分解代谢都能产生乙酰 CoA，乙酰 CoA 是物质代谢过程中的重要中间产物。乙酰 CoA 进入三羧酸循环氧化脱羧生成 CO_2 和 2H 原子，2H 原子使 NAD^+ 或 FAD 还原成 $NADH+H^+$ 或 $FADH_2$，$NADH+H^+$ 和 $FADH_2$ 需经氧化磷酸化作用才能生成水，并释放能量。一分子乙酰 CoA 经三羧酸循环一周可产生 10 分子 ATP。三羧酸循环是不可逆的反应体系，由柠檬酸合酶、异柠檬酸脱氢酶、α - 酮戊二酸脱氢酶系 3 个关键酶催化。三羧酸循环可将食物中的糖、脂肪和蛋白质彻底氧化分解，是实现三大营养物质相互转变的关键环节，是体内代谢水和 CO_2 的主要来源，可提供生物合成的前体。

线粒体内膜上存在一系列具有传递氢或传递电子作用的酶和辅酶，代谢物脱下的成对氢原子（2H）通过这些酶和辅酶逐步传递，最终与氧结合生成水，并释放能量。在这个过程中，传递氢的酶或辅酶称为递氢体，传递电子的酶或辅酶称为递电子体。这种按一定顺序排列在线粒体内膜上的递氢体和递电子体构成的连锁反应体系，称为电子传递链。由于此过程与细胞摄取氧呼吸密切有关，故又称呼吸链。线粒体内有两条重要的呼吸链，NADH 氧化呼吸链和 $FADH_2$（琥珀酸）氧化呼吸链。体内大多数物质脱氢都是经过第一条呼吸链，产生 2.5 个 ATP。只有少数物质如琥珀酸、脂肪酰 CoA 等把脱下的氢交给 FAD，产生 1.5 个 ATP。ATP 的生成有底物水平磷酸化和氧化磷酸化两种方式。氧化磷酸化是指代谢物脱下的氢（2H）经呼吸链传递给氧生成水的过程伴有能量的释放，所释放的能量可使 ADP 磷酸化成 ATP，这种氢的氧化与 ADP 磷酸化相偶联的过程称氧化磷酸化，是体内生成 ATP 的最主要方式。氧化磷酸化的偶联部位通常由计算 P/O 比值和自由能变化两种方法确定。影响氧化磷酸化的主要因素包括 ADP/

ATP 比值、某些抑制剂（呼吸链抑制剂、解偶联剂、氧化磷酸化抑制剂）以及甲状腺激素。当体内 ATP 生成过多时，可以磷酸肌酸的形式储存起来，需要时可逆反应重新利用。因线粒体外产生的 NADH 不能自由透过线粒体内膜，必须经过 α- 磷酸甘油穿梭或苹果酸 - 天冬氨酸穿梭机制进入线粒体才能进入呼吸链被氧化。

目标检测

一、名词解释

1. 三羧酸循环　2. 呼吸链　3. 生物氧化　4. 呼吸链　5. 氧化磷酸化　6. P/O 比值

二、填空题

1. 三羧酸循环又称＿＿＿＿＿＿循环，每循环一次相当于一个＿＿＿＿＿＿被氧化。

2. 三羧酸循环运转一周有＿＿＿次脱羧、＿＿＿次脱氢反应、＿＿＿次底物水平磷酸化。

3. 线粒体内两条重要的呼吸链是＿＿＿＿＿＿和＿＿＿＿＿＿。

4. 生物能的转换中心是＿＿，当体内含量增多时，可将末端的高能键转给肌酸，生成＿＿＿＿。

5. 两条呼吸链的交汇点为＿＿＿＿＿＿＿。

6. ADP/ATP 比值增大，氧化磷酸化＿＿＿＿；比值减小，氧化磷酸化＿＿＿＿。

7. 生物氧化中 CO_2 由＿＿＿＿＿＿产生，H_2O 由＿＿＿＿＿＿交给氧化合产生。

8. 胞质中的 NADH 氧化方式有两种，即＿＿＿＿＿＿穿梭和＿＿＿＿＿＿穿梭。

9. 在呼吸链中起传递电子作用的细胞色素有＿＿＿＿、＿＿＿＿、＿＿＿＿和＿＿＿＿。

三、单项选择题

1. 三羧酸循环主要是在亚细胞器的哪个部位进行的

A. 细胞核　　B. 胞质　　C. 微粒体
D. 线粒体　　E. 高尔基复合体

2. 在三羧酸循环中，经底物水平磷酸化生成的高能化合物是

A. ATP　　B. GTP　　C. UTP
D. CTP　　E. TTP

3. 下列物质中，能够在底物水平上生成 GTP 的是

A. 乙酰 CoA　　B. 琥珀酰 CoA　　C. 脂肪酰 CoA
D. 丙二酸单酰 CoA　　E. 琥珀酸

4. 呼吸链位于

A. 细胞质　　B. 线粒体　　C. 微粒体
D. 溶酶体　　E. 高尔基复合体

5. 代谢物脱下的氢(2H)进入琥珀酸呼吸链氧化为水的过程中可产生
   A. 1分子ATP　B. 1.5分子ATP　C. 2.5分子ATP
   D. 3分子ATP　E. 4分子ATP
6. 体内ATP生成较多时以下列何种方式储存
   A. 磷酸肌酸　B. CDP　C. UDP　D. GDP　E. 肌酐
7. NADH氧化呼吸链的主要成分不包括
   A. NAD^+　B. CoQ　C. FAD　D. Fe-S　E. Cyt
8. 下列哪个不是呼吸链中的递氢体
   A. NAD^+　B. Cyt b　C. FAD　D. FMN　E. CoQ
9. 肌酸激酶催化的化学反应是
   A. 肌酸→肌酐
   B. 肌酸+ATP ⇆ 磷酸肌酸+ADP
   C. 肌酸+CTP ⇆ 磷酸肌酸+CDP
   D. 乳酸→丙酮酸
   E. 肌酸+UTP ⇆ 磷酸肌酸+UDP
10. 属于底物水平磷酸化的反应是
   A. 1,3-二磷酸甘油酸 ⇆ 3-磷酸甘油酸
   B. 苹果酸 ⇆ 草酰乙酸
   C. 丙酮酸 → 乙酰辅酶A
   D. 琥珀酸 ⇆ 延胡索酸
   E. 异柠檬酸 → α-酮戊二酸
11. 某底物脱下的2H氧化时P/O比值约为3.0,应从何处进入呼吸链
   A. FAD　B. NAD^+　C. CoQ　D. Cyt b　E. Cyt aa_3
12. 调节氧化磷酸化作用中最主要的因素是
   A. ADP/ATP　B. $FADH_2$　C. NADH
   D. Cyt aa_3　E. 以上都不是
13. 细胞色素含有
   A. 血红素　B. 胆红素　C. 铁卟啉　D. FAD　E. NAD^+
14. 体内ATP的主要生成方式为
   A. 葡萄糖磷酸化　B. 甘油磷酸化　C. 底物磷酸化
   D. 氧化磷酸化　E. 脂肪酸活化
15. 调节氧化磷酸化最重要的激素为
   A. 肾上腺素　B. 甲状腺素　C. 肾上腺皮质的激素
   D. 胰岛素　E. 生长素

四、思考题

1. 三羧酸循环的原料是什么?有何生理意义?
2. 试比较两条呼吸链的异同。

3. 解偶联剂与棕色脂肪的关系是什么？解偶联剂有助于减肥吗？
4. 以感冒或某些传染性疾病时体温升高为例说明解偶联剂对呼吸链作用的影响。

（张承玉　赵　婷）

参考答案

第五章　物质代谢

1. 掌握糖酵解、糖的有氧氧化、磷酸戊糖途径的生理意义；维持人体血糖浓度相对恒定的各种途径（来源与去路）；脂肪动员；酮体的生成与利用的生理意义；胆固醇在体内转化生成的物质；氨基酸的脱氨基作用；氨的代谢；一碳单位概念；嘌呤核苷酸分解的终产物。
2. 熟悉糖原的合成与分解；糖异生的概念、基本反应过程及生理意义；血脂的概念；血浆脂蛋白的分类和功能；脂肪酸的β-氧化过程；甘油代谢过程；α-酮酸的代谢；个别氨基酸的代谢；高氨血症与肝性脑病的生化机制。
3. 了解调节糖代谢的激素；脂肪酸及脂肪的合成代谢；酮症酸中毒机制；胆固醇的生物合成与酮体合成；氨基酸的脱羧基作用；嘧啶核苷酸分解的终产物。
4. 具有应用物质代谢知识解释临床护理相关问题的能力。

物质代谢及与其偶联在一起的能量代谢合称新陈代谢，是生物体内各种化学变化的总称。生物体从环境中摄取的营养素，以糖、脂质、蛋白质、核酸等物质为最多。当这些物质进入机体后，各自有序的进入相应的代谢途径。一个代谢途径是由许多化学反应有组织、有秩序地、一个接一个的发生和完成。一般说来由小分子物质合成大分子物质的反应称为合成代谢，由大分子物质分解成小分子物质的反应称为分解代谢，物质合成代谢与分解代谢反应合称物质代谢。物质代谢常伴有能量转化，分解代谢常释放能量，合成代谢常吸收能量，分解代谢中释放的能量可供合成代谢的需要。物质代谢就是生物体在其生命过程中，从其周围环境中获取物质，在体内通过各种代谢途径，最后将其转变为最终产物，又交回环境的过程。

本章通过糖类、脂质、蛋白质与核酸代谢，介绍机体内发生的物质代谢。

第一节　糖　代　谢

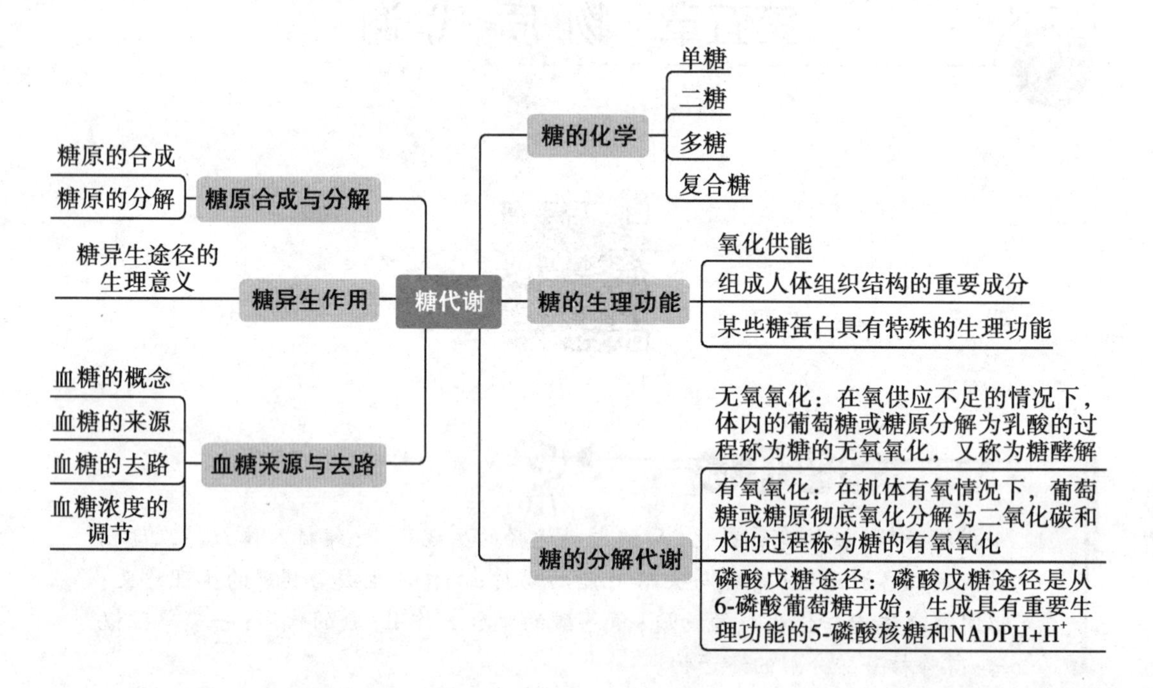

糖在人体最主要的作用是氧化供能，人体所需能量的 50%~70% 来自糖的氧化分解，1mol 葡萄糖完全氧化成 CO_2 和 H_2O 可释放 2 840kJ 的能量。糖也是体内重要的信息和结构物质，如糖类与脂质组成的糖脂、糖类与蛋白质组成的糖蛋白和蛋白多糖等糖复合物，是细胞膜、神经组织、结构组织的主要成分，这些组织细胞携带的糖链结构还参与细胞间的识别、黏着及信息传递等过程；核糖、脱氧核糖是细胞遗传物质的组成成分。此外，一些具有生理功能的物质，如免疫球蛋白、部分激素及大部分凝血因子等，均属于糖蛋白。

食物中糖类主要是淀粉，还有纤维素、少量的双糖及葡萄糖、果糖等单糖。这些糖类必须经消化道水解酶类催化（消化），全部水解为单糖，才能在小肠上部黏膜组织吸收入血。因体内没有消化纤维素的酶类，所以纤维素不能被人体利用，但却具有刺激肠蠕动的功能。吸收入体内的单糖主要是葡萄糖，经门静脉入肝，其中一部分在肝进行代谢，一部分经肝静脉进入体循环运输到全身各组织。因此，本节着重介绍葡萄糖在体内的代谢。

一、糖的化学

糖类是一类广泛存在于自然界具有重要生物功能的有机化合物。它由碳、氢、氧三种元素构成，曾被称为糖水化合物，一般认为糖是多羟基醛或多羟基酮及其聚合物或衍生物的总称。

根据糖类化合物水解情况，可将其分为单糖、寡糖和多糖。不能被水解为更小分子的糖，称为单糖，如葡萄糖、果糖及核糖等。水解后产生 2~10 个单糖的糖，称为寡糖，最常见的是由两分子单糖构成的双糖，如麦芽糖、蔗糖及乳糖等。水解后产生 10 个以上单糖的糖，称为多糖，如淀粉、糖原及纤维素等。

糖类在自然界分布极广，其中植物含量最高，人体所需的大量糖类化合物主要来自绿色植物中的淀粉、蔗糖、麦芽糖等。淀粉在食用后被分解为葡萄糖，葡萄糖可进一步转化为其他单糖或聚合为糖原。葡萄糖、乳糖、糖原等是体内糖的主要存在形式。

1. 单糖　单糖是组成糖类化合物的基本结构单位。根据分子中所含碳原子数目，单糖可分为丙糖（3C）、丁糖（4C）、戊糖（5C）、己糖（6C）和庚糖（7C）等，最常见的是戊糖和己糖。体内的单糖主要来自食物中单糖或多糖的消化吸收，也可来自体内物质代谢。

（1）葡萄糖：体内糖的主要存在和利用形式是葡萄糖，其分子式为 $C_6H_{12}O_6$，是含有 5 个羟基的醛糖，在水溶液中，葡萄糖可发生分子内醇醛缩合反应，生成环状结构。

D- 葡萄糖

葡萄糖是体内最主要的能源物质，在酶的催化下可彻底氧化分解生成 CO_2 和 H_2O，同时释放能量生成 ATP，供给机体能量需求。

（2）核糖；体内重要的戊糖为核糖和脱氧核糖。核糖和脱氧核糖都是醛糖，*D*- 核糖是 RNA 的组成成分，*D*-2- 脱氧核糖是 DNA 的组成成分。在体内核糖可以由葡萄糖转化生成。

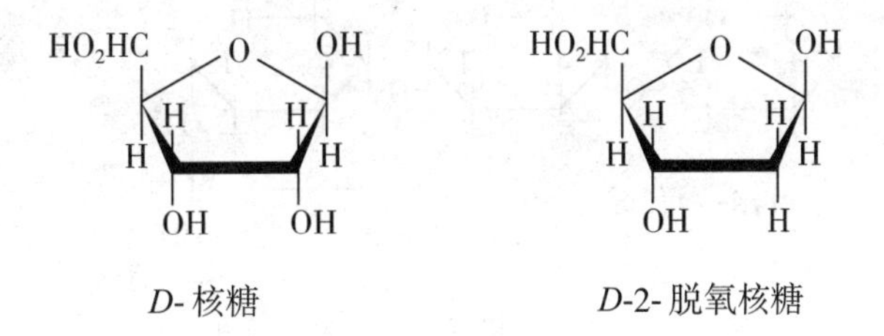

D- 核糖　　　*D*-2- 脱氧核糖

（3）丙糖：糖在体内分解代谢可以产生两种三碳糖，分别称为甘油醛和二羟丙酮，这是体内含碳最少的糖。

甘油醛	二羟丙酮
CHO–CHOH–CH_2OH	CH_2OH–C=O–CH_2OH

2. 二糖　寡糖中最常见的是二糖，如食物中的蔗糖、麦芽糖、乳糖等。乳糖是乳汁中的主要糖类，由一分子葡萄糖和一分子半乳糖缩合而成，是婴儿糖类营养物质的主要来源。

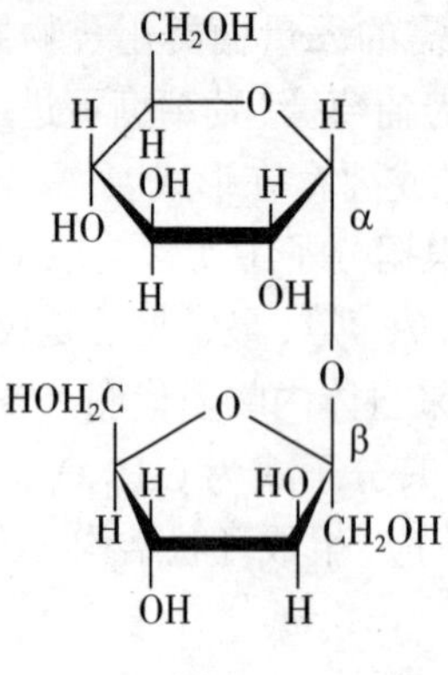

蔗糖

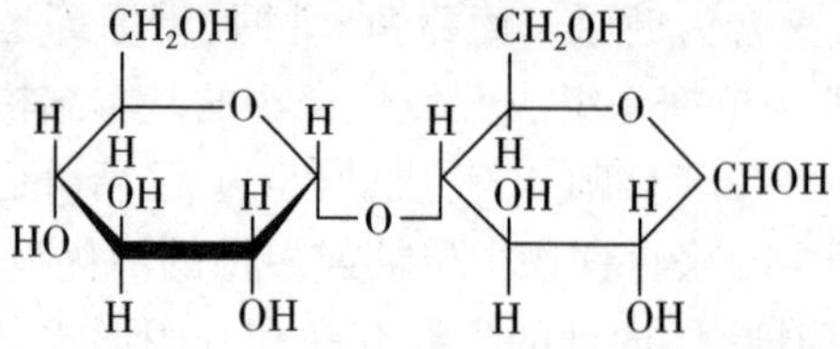

麦芽糖

3. 多糖　多糖是由许多单糖分子聚合而成的高分子化合物。

由同一单糖构成的为同多糖，如糖原。糖原由许多葡萄糖组成，是糖在体内的储存形式，主要存在于肝脏、肌肉等细胞中。饥饿时糖原分解为机体提供能量。

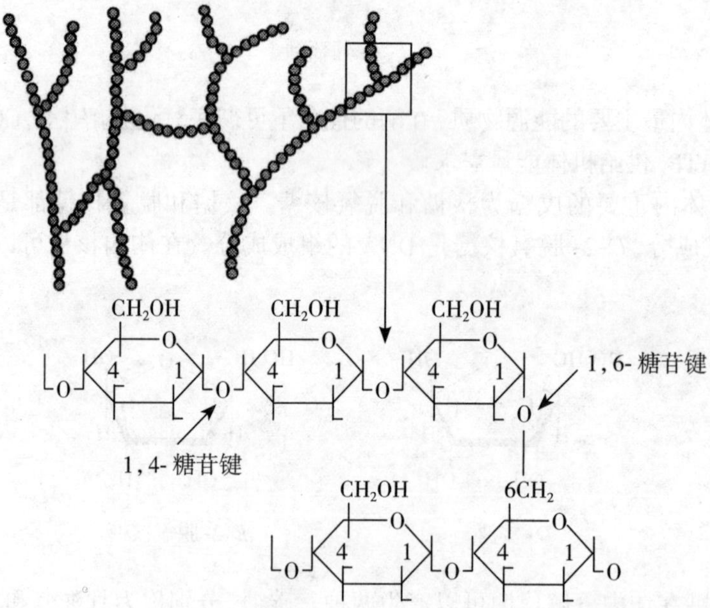

1,6- 糖苷键

1,4- 糖苷键

多糖结构

由两种或两种以上单糖构成的多糖称为杂多糖，如透明质酸、硫酸软骨素、肝素等。透明质酸由 *D*- 葡萄糖醛酸和 N- 乙酰氨基葡糖交替组成，主要存在于结缔组织的细胞外基质、眼球的玻璃体、角膜和关节液中，发挥润滑和保护作用。硫酸软骨素由 N- 乙酰半乳糖胺和葡糖醛酸聚合而成，是软骨的主要成分。肝素是由葡糖醛酸和艾杜糖醛酸组成，主要分布在肝、肺、皮肤等的肥大细胞中，是天然的抗凝剂。

4. 复合糖　由糖类与蛋白质或脂质等分子结合而成的糖的复合物称为复合糖，主要包

括糖蛋白、蛋白聚糖和糖脂等。复合糖是一类重要的生物大分子，在体内发挥着特有的生物学功能。

二、糖的生理功能

糖类是人类食物的主要成分，提供能量是糖类最主要的生理功能，人体所需要的能量50%~70%来自糖，主要通过葡萄糖或糖原的分解代谢产生。

糖也是组成人体组织结构的重要成分。如糖蛋白和糖脂是细胞膜的组成成分，蛋白聚糖和糖蛋白构成结缔组织的基质成分，核糖和脱氧核糖是核酸的基本组成成分。

某些糖蛋白具有特殊的生理功能，如激素、免疫球蛋白、血型物质、某些酶及血浆蛋白等。

三、糖的分解代谢

糖是生物体的主要能源物质，在体内分解代谢有3条途径。在缺氧条件下，进行糖的无氧氧化；在有氧条件下，进行糖的有氧氧化，这是糖分解代谢的主要方式；还有以生成5-磷酸核糖为中间产物的磷酸戊糖途径（图5-1）。这三条途径既各自独立，彼此之间通过中间产物又密切的联系，三条途径是相通的。

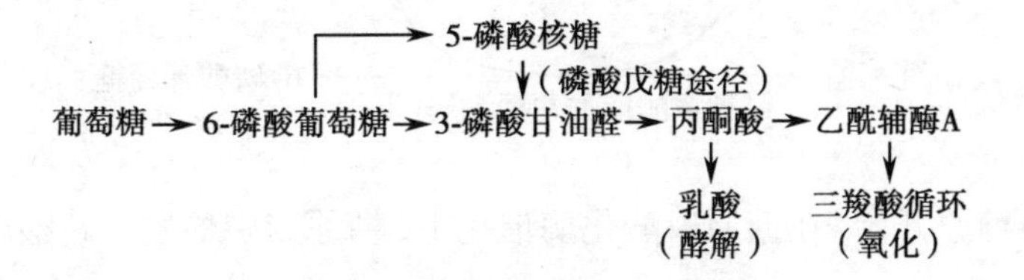

图5-1　糖分解代谢概况

1. 剧烈运动时肌肉酸疼的原因是什么？
2. 无线粒体的红细胞是如何获得能量的？

（一）糖的无氧氧化

糖的无氧氧化

1. 概念　在氧供应不足的情况下，体内的葡萄糖或糖原分解为乳酸的过程称为糖的无氧氧化。此过程与酵母使糖生醇发酵的过程基本相似，又称为糖酵解。

2. 基本过程　糖的无氧氧化过程在细胞质中进行，根据反应特点分为两个阶段：①糖酵解途径，在这个阶段包括十步反应，由葡萄糖生成丙酮酸的过程称为糖酵解途径；②丙酮酸还原为乳酸，这个阶段仅一步反应（图 5-2）。

细胞质

葡萄糖或糖原 --第一阶段 / 糖酵解途径--> 丙酮酸 <--第二阶段 / 还原反应--> 乳酸

图 5-2　糖的无氧氧化阶段示意图

（1）糖酵解途径：葡萄糖或糖原分解生成丙酮酸的过程，称为糖酵解途径。一共包括 10 步反应，前 5 步为准备阶段，消耗 ATP，后 5 步为产生 ATP 阶段。

1）葡萄糖磷酸化或糖原磷酸解：葡萄糖进入细胞后，在己糖激酶（在肝中用葡糖激酶）的催化下，通过 ATP 提供磷酸基（~P）使葡萄糖（G）磷酸化生成 6- 磷酸葡萄糖（G-6-P），这一步是不可逆反应。反应过程需要消耗 1 分子 ATP，因此，这是一个活化耗能的反应。

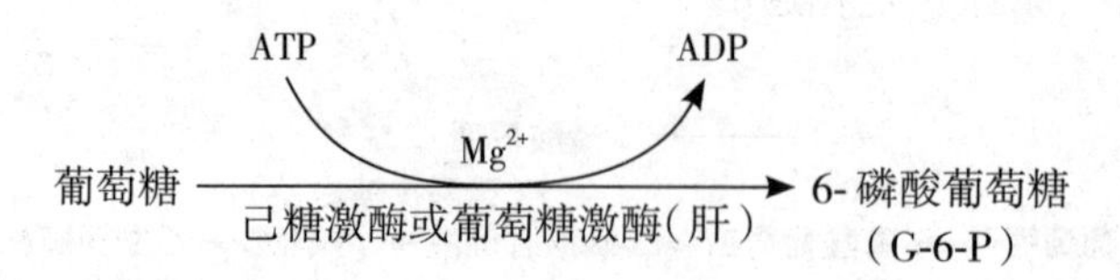

如果代谢由糖原开始，在糖原磷酸化酶催化下，糖原与磷酸发生磷酸解反应生成 1- 磷酸葡萄糖（G-1-P）及少了一个葡萄糖单位的糖原，1- 磷酸葡萄糖经过磷酸己糖异构酶催化生成 6- 磷酸葡萄糖，整个过程不需要消耗能量。因此，由糖原生成 6- 磷酸葡萄糖，可减少 ATP 的消耗。

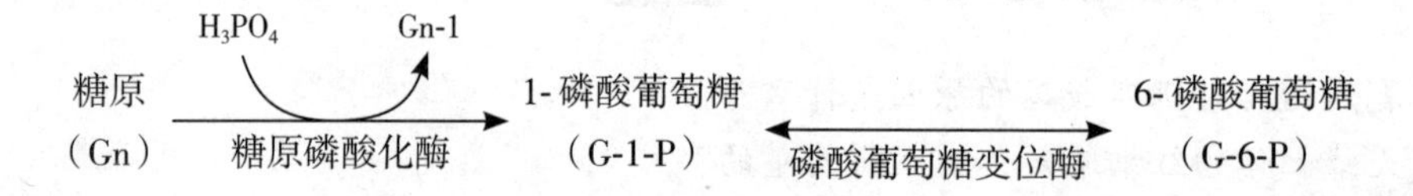

2）葡萄糖转变为 6- 磷酸果糖　在磷酸己糖异构酶催化下 6- 磷酸葡萄糖进行异构反应转变为 6- 磷酸果糖（F-6-P），这一步是可逆反应。葡萄糖与果糖是同分异构体，磷酸己糖异构酶的作用是使葡萄糖转变为果糖。

6- 磷酸葡萄糖（G-6-P） ⇌ 磷酸己糖异构酶 ⇌ 6- 磷酸果糖（F-6-P）

3)果糖磷酸化　在磷酸果糖激酶催化下,通过 ATP 提供磷酸基使 6- 磷酸果糖磷酸化生成 1,6- 二磷酸果糖(F-1,6-BP),这一步仍是不可逆反应。反应过程需要再消耗 1 分子 ATP,因此,这仍然是一个活化耗能的反应。

$$\text{6- 磷酸果糖 (F-6-P)} \xrightarrow[\text{磷酸果糖激酶 -1}]{\text{ATP} \curvearrowright \text{ADP},\ Mg^{2+}} \text{1,6- 二磷酸果糖 (F-1,6-BP)}$$

4)1,6- 二磷酸果糖经醛缩酶催化裂解生成 2 分子丙糖:经活化消耗 2 分子 ATP 生成的 1,6- 二磷酸果糖非常活泼,在醛缩酶(属于裂解酶)催化作用下 1,6- 二磷酸果糖分子发生裂解反应,生成 3- 磷酸甘油醛(G-3-P)和磷酸二羟丙酮(DHAP),这两个分子统称磷酸丙糖,这是可逆反应。

$$\text{1,6- 二磷酸果糖 (F-1,6-P)} \xrightleftharpoons{\text{醛缩酶}} \text{磷酸二羟丙酮 +3- 磷酸甘油醛}$$

5)3- 磷酸甘油醛和磷酸二羟丙酮相互转化:3- 磷酸甘油醛和磷酸二羟丙酮是同分异构体,在磷酸丙糖异构酶的催化下二者之间可以相互转化。

$$\text{3- 磷酸甘油醛} \xrightleftharpoons{\text{磷酸丙糖异构酶}} \text{磷酸二羟丙酮}$$

6)3- 磷酸甘油醛氧化生成 1,3- 二磷酸甘油酸:下面的代谢由 3- 磷酸甘油醛开始,在 3- 磷酸甘油醛脱氢酶催化下,3- 磷酸甘油醛进行加磷酸脱氢反应生成 1,3- 二磷酸甘油酸(G-1,3-BP),脱下的 2 个氢原子(2H)交给 NAD^+ 生成 $NADH+H^+$,此反应可逆。

在细胞质中生成的 $NADH+H^+$ 代谢受机体氧的调节,如果细胞缺氧,代谢产生的氢原子将交给丙酮酸生成乳酸。如果细胞有氧,氢原子经 α- 磷酸甘油穿梭方式进入线粒体经一系列反应与氧化结合生成水,可产生 1.5 分子 ATP;如果经苹果酸穿梭方式进入线粒体经一系列反应与氧化结合生成水,可产生 2.5 分子 ATP。

$$\text{3- 磷酸甘油醛} \xrightleftharpoons[\text{3- 磷酸甘油醛脱氢酶}]{H_3PO_4+NAD^+ \curvearrowright NADH^++H^+} \text{1,3- 二磷酸甘油酸}$$

7)1,3- 二磷酸甘油酸转变为 3- 磷酸甘油酸:1,3- 二磷酸甘油酸分子结构中有高能磷酸键,属于高能化合物,在磷酸甘油酸激酶和 Mg^{2+} 催化下,1,3 二磷酸甘油酸将与羧基相连的高能磷酸键转移给 ADP,生成 ATP 和 3- 磷酸甘油酸(3-P-G),这是可逆反应。1,3- 二磷酸甘油酸是磷酸甘油酸激酶的底物,底物分子中的高能磷酸键(~P)转给 ADP 或 GDP 生成 ATP 或 GTP 的过程称为底物水平磷酸化。这是糖酵解过程中第一次底物水平磷酸化反应,一次底物磷酸化反应可以产生 1 分子 ATP。

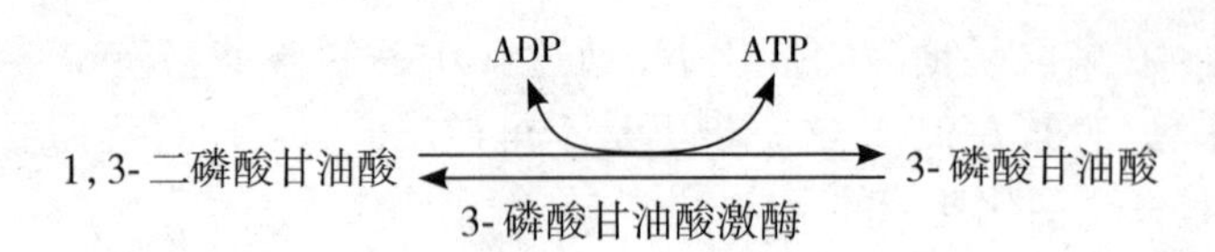

8）3-磷酸甘油酸转变为2-磷酸甘油酸：3-磷酸甘油酸在磷酸甘油酸变位酶催化下改变磷酸的位置生成2-磷酸甘油酸（2-P-G），这是可逆反应。

$$\text{3-磷酸甘油酸} \underset{\text{磷酸甘油酸变位酶}}{\rightleftharpoons} \text{2-磷酸甘油酸} + H_2O$$

9）2-磷酸甘油酸转变为磷酸烯醇式丙酮酸：烯醇化酶（属于脱水酶）催化2-磷酸甘油酸发生分子内脱水，生成磷酸烯醇式丙酮酸（PEP），这是可逆反应。

$$\text{2-磷酸甘油酸} \underset{\text{烯醇化酶}}{\rightleftharpoons} \underset{\text{(PEP)}}{\text{磷酸烯醇式丙酮酸}} + H_2O$$

10）丙酮酸的生成：磷酸烯醇式丙酮酸分子中含有高能磷酸键，也是高能化合物，丙酮酸激酶、K^+和Mg^{2+}催化磷酸烯醇式丙酮酸将高能磷酸键转移给ADP，生成ATP和烯醇式丙酮酸。烯醇式丙酮酸结构不稳定，可以自动转变为丙酮酸。这是不可逆反应，是糖酵解过程中的第二次底物水平磷酸化，产生1分子ATP。

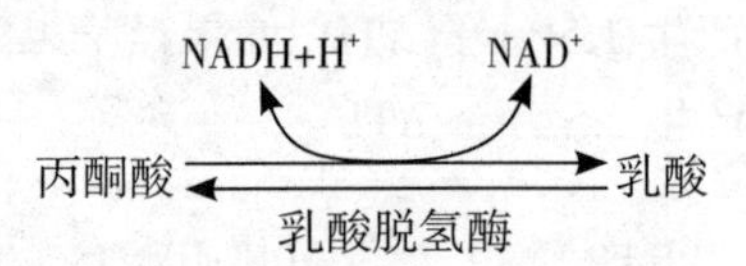

（2）还原为乳酸：丙酮酸在乳酸脱氢酶催化下，接受3-磷酸甘油醛脱下的氢（$NADH+H^+$）还原为乳酸。

$$\text{丙酮酸} \underset{\text{乳酸脱氢酶}}{\overset{NADH+H^+ \quad NAD^+}{\rightleftharpoons}} \text{乳酸}$$

在糖酵解途径中，由葡萄糖生成葡萄糖及6-磷酸果糖磷酸化过程中需要各消耗了1分子ATP，1,6-二磷酸果糖裂解产生2分子磷酸丙糖，2分子磷酸丙糖又经过一系列反应生成2分子丙酮酸，其间产生2分子$NADH+H^+$和4分子ATP。生成ATP数量减去消耗的ATP数量，整个糖酵解途径净生成2分子ATP。由糖原生成丙酮酸减少了开始时的能量消耗，可净生成3分子ATP。

在糖酵解途径中，由己糖激酶、磷酸果糖激酶、丙酮酸激酶催化的反应为不可逆反应，凡催化的反应不能可逆进行的酶称为关键酶。由于糖酵解途径有三个关键酶，因此整个糖酵解途径不能可逆进行。使葡萄糖始终沿着生成丙酮酸的方向进行（图5-3）。

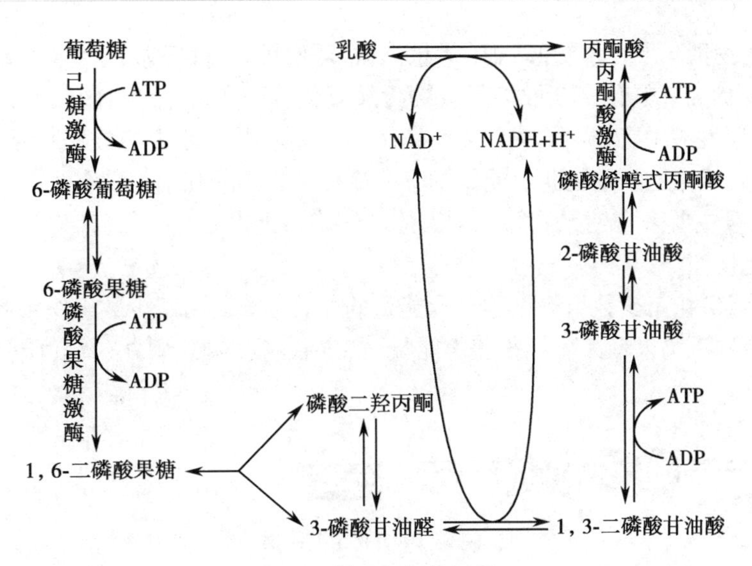

图 5-3 糖无氧氧化过程

在无氧条件下，丙酮酸能够替代氧原子接受 $NADH+H^+$ 分子上的氢原子使细胞质中 NAD^+ 数量恢复，使糖酵解途径得以正常进行；另一方面由于大量丙酮酸被还原为乳酸，使机体乳酸生成增多。乳酸能够快速解离产生 H^+，如果不能及时清除，可影响体液的 pH。病人因缺氧或大失血时容易产生大量乳酸，乳酸过多引起的酸中毒在临床上死亡率很高。纠正乳酸中毒时首先需要吸入氧气，使乳酸通过脱氢生成丙酮酸进入有氧氧化途径分解，减少乳酸的生成。

乳酸中毒

乳酸中毒常在下列两类临床情况下发生：A 型（缺氧型）常见，与组织氧合作用降低有关，如休克、低血容量和左心室衰竭；B 型与某些疾病（糖尿病、肿瘤、肝病）、药物或毒物如乙醇、甲醇、水杨酸或先天代谢紊乱（如甲基丙二酸血症，丙酮酸血症和脂肪酸氧化缺陷）有关。乳酸中毒比较常见，住院病人发生率约 1%。其死亡率超过 50%，如果同时患有低血压，死亡率接近 100%。

3. 糖无氧氧化的生理意义

（1）糖无氧氧化是机体缺氧时获得能量的有效方式。例如剧烈运动时，机体对能量需求增加，糖的分解代谢速度加快，此时呼吸和循环系统也同时加快以增加氧的供应，实际上仍然远远不能满足机体对氧的需求，这时的机体处于相对缺氧状态，通过糖无氧氧化过程，可以及时补充机体所需的部分能量。当剧烈运动过后，血中乳酸浓度成倍地升高，由于乳酸分子很小，少量乳酸可以通过肾小球的滤过作用，运动后的尿中可检测到乳酸。又如人们从平原地区进入高原的初期，由于缺氧，组织细胞也往往通过增强糖无氧氧化获得能量。

在某些病理情况下，如严重贫血、大量失血、呼吸障碍等疾病，机体处在缺氧状态，组织细胞通过加强糖无氧氧化来获取能量。糖无氧氧化过程如果持续时间较长，会产生大量乳酸，可引起代谢性酸中毒，严重时可危及生命，这是此类疾病重要的致死原因之一。

（2）糖无氧氧化是红细胞获取能量的唯一途径。成熟的红细胞没有线粒体，不能进行有氧氧化，其能量主要来自糖无氧氧化。人体红细胞每天需要 25g 葡萄糖，90%~95% 葡萄糖经糖无氧氧化代谢。

（3）糖无氧氧化是少数组织细胞获取能量的主要方式。由于少数组织细胞的特殊需要，即使在有氧条件下仍以糖无氧氧化获得能量，如皮肤、视网膜、睾丸、肾髓质等。

缺氧对机体的危害

缺氧时体内有氧代谢率降低，无氧酵解加强，机体代谢效率下降；长期重度缺氧可引起肺部血管收缩，造成肺动脉高压，右心室负担增加，长久下去可引起肺心病；缺氧可以加重高血压，加重左心负担，甚至可引起心律失常；缺氧刺激肾脏产生红细胞生成素，使体内红细胞增多，血液黏滞度高，外周血管阻力增高，心脏负担加重，引起或加重心力衰竭，还容易诱发脑血栓；大脑长期缺氧可产生一系列精神、神经症状：如睡眠障碍、智力下降、记忆力下降、行为异常、个性改变等。

（二）糖的有氧氧化

1. 概念　在机体有氧情况下，葡萄糖或糖原彻底氧化分解为二氧化碳和水的过程称为糖的有氧氧化。

2. 基本过程　糖的有氧氧化反应的过程在细胞质和线粒体中进行，根据反应特点划分为 4 个阶段：①糖酵解途径，在细胞质进行；②丙酮酸进入线粒体，氧化脱羧生成乙酰 CoA；③乙酰 CoA 彻底氧化——三羧酸循环；④呼吸链递氢、递电子进行氧化磷酸化（图 5-4）。

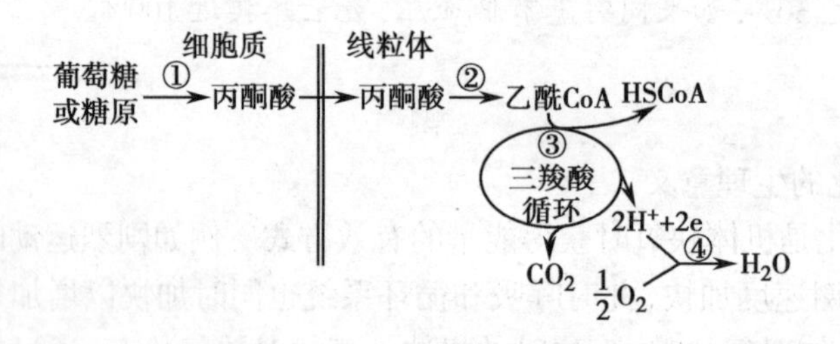

图 5-4　葡萄糖有氧氧化概况

（1）糖酵解途径：同糖无氧氧化的第一阶段。

（2）丙酮酸氧化脱羧生成乙酰辅酶 A：在有氧条件下，在细胞质中生成的丙酮酸并不生

成乳酸，而是进入线粒体，在丙酮酸脱氢酶系催化下进行氧化脱羧，并与辅酶A结合生成含有高能键的乙酰辅酶A。

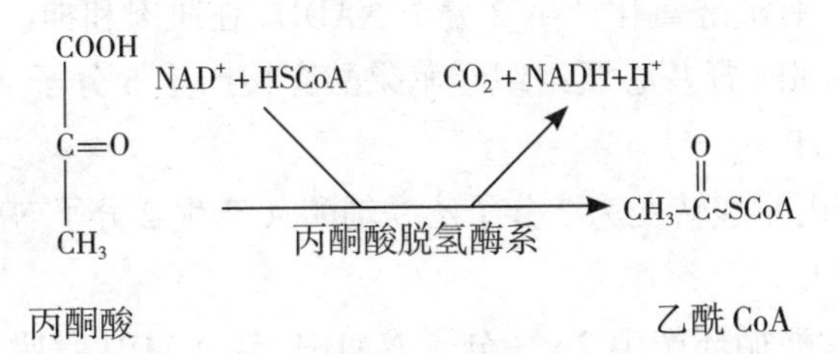

丙酮酸生成乙酰辅酶A的反应是糖氧化分解过程中重要的不可逆反应。丙酮酸脱氢产生 $NADH+H^+$，释放的能量则贮于乙酰辅酶A中。乙酰辅酶A可参与多种代谢途径。

丙酮酸脱氢酶系属于多酶复合体，由3种酶蛋白和5种辅酶（辅基）组成（表5-1）。

表5-1　丙酮酸脱氢酶系的组成

酶	辅酶（辅基）	所含维生素
丙酮酸脱氢酶	焦磷酸硫胺素（TPP）	维生素 B_1
二氢硫辛酸乙酰转移酶	二氢硫辛酸、辅酶A	硫辛酸，泛酸
二氢硫辛酸酰胺脱氢酶	FAD、NAD^+	维生素 B_2，维生素PP

由于丙酮酸脱氢酶系由多种维生素构成，当维生素缺乏时影响丙酮酸代谢，特别是维生素 B_1 缺乏时，可使组织中出现丙酮酸、乳酸的堆积，发生以消化、循环和神经系统为主要表现的全身性疾病称脚气病。长期进食精白米、淘米时过分搓洗，会引起维生素 B_1 缺乏。

脚气病的临床表现

脚气病患者消化系统症状以胃纳差、便秘为主，病情发展后期可出现肠蠕动减慢和腹胀；循环系统表现包括心脏肥大和扩张（尤其是右心室）、心动过速，以及腿部水肿等。轻度脚气病时，神经系统仅表现为疲乏、记忆力减退、失眠等，严重时可出现中枢和周围神经炎症状，引起精神错乱、眼肌麻痹，甚至昏迷，有些患者还会出现两侧对称性的脚趾感觉异常、足部灼痛、腓肠肌痉挛、触痛、蹲坐位起立困难等。

（3）乙酰辅酶A彻底氧化——三羧酸循环：详见第四章。

（4）葡萄糖彻底氧化产生ATP数量：葡萄糖彻底氧化指的是葡萄糖的有氧氧化，主要经过三个阶段：①糖酵解途径；②丙酮酸氧化脱羧生成乙酰辅酶A；③乙酰辅酶A经三羧酸循环氧化。

第一阶段：葡萄糖磷酸化及6-磷酸果糖磷酸化各消耗1分子ATP，共消耗2分子ATP；2分子1，3-二磷酸甘油酸及2分子磷酸烯醇式丙酮酸各进行两次底物磷酸化，共生成4分子ATP；2分子3-磷酸甘油醛氧化产生2分子NADH，在肌肉和神经组织经α-磷酸甘油穿梭产生3分子ATP；在肝、肾及心肌组织经苹果酸穿梭产生5分子ATP。生成量减去消耗量，净生成5~7分子ATP。

第二阶段：2分子丙酮酸转变为2分子乙酰辅酶A产生2分子NADH，经NADH呼吸链递氢可生成5分子ATP。

第三阶段：三羧酸酸循环产生2×3分子NADH，经NADH呼吸链递氢可生成15分子ATP；产生2×1分子$FADH_2$，经琥珀酸呼吸链递氢可生成3分子ATP；2分子琥珀酰CoA经底物磷酸化产生2分子GTP，共生成20分子ATP。

葡萄糖在肌肉和神经组织经有氧氧化产生30分子ATP。在肝、肾及心肌组织经有氧氧化产生32分子ATP（表5-2）。

表5-2　葡萄糖有氧氧化时ATP的生成与消耗

反应名称	生成ATP分子数
一、糖酵解途径（胞质）	
1. 葡萄糖→6-磷酸葡萄糖	−1
2. 6-磷酸果糖→1，6二磷酸果糖	−1
3. 2分子1，3-二磷酸甘油酸→3-磷酸甘油酸	+2
4. 2分子磷酸烯醇式丙酮酸→丙酮酸	+2
二、丙酮酸氧化脱羧（线粒体）	
2分子丙酮酸转变为2分乙酰辅酶A产生2分子NADH	
三、三羧酸循环（线粒体）	
1. 2分子琥珀酰CoA产生2×1分子GTP（底物水平磷酸化）	+2
2. 三羧酸酸循环产生2×3分子$NADH+H^+$	
3. 三羧酸循环产生2×1分子$FADH_2$	
四、氧化磷酸化（线粒体）	
1. 2分子3-磷酸甘油醛氧化产生2分子NADH	+5（+3）
2. 丙酮酸氧化脱羧产生的2个$NADH+H^+$	+5
3. 三羧酸循环产生的6分子$NADH+H^+$	+15
4. 三羧酸循环产生的2分子$FADH_2$	+3
合计	32（30）

3. 生理意义　糖的有氧氧化是人体产能的主要方式。在一般生理条件下，机体各组织所需能量皆从糖的有氧氧化获得能量。糖的有氧氧化不但释能效率高，而且逐步释能，并

逐步储存于 ATP 分子中，因此能量的利用率也很高，产能效率约为 40%。1mol 葡萄糖在体内彻底氧化分解生成二氧化碳和水时，可净生成 30~32 分子 ATP，其中 20 分子 ATP 来自三羧酸循环。

催化糖的有氧氧化酶系存在细胞质和线粒体中，因此，糖的有氧氧化途径也是体内沟通糖、脂质与蛋白质代谢途径的基础及联系枢纽。

有氧运动与无氧运动

有氧运动是指人体在氧气充分供应的情况下进行的体育锻炼。也就是说，在运动过程中，人体吸入的氧气与需求相等，达到生理上的平衡状态。它的特点是强度低，有节奏，持续时间较长。要求每次锻炼的时间不少于 1h，每周坚持 3~5 次。这种锻炼不仅能充分氧化体内的糖分，还可消耗体内脂肪，增强和改善心肺功能，预防骨质疏松，调节心理和精神状态，是健身的主要运动方式。

无氧运动是指人体在氧气不能充分供应的情况下进行的体育锻炼。也就是说，在运动过程中，人体吸入的氧气小于生理需求，它的特点是强度高，持续时间较短。这种锻炼主要消耗机体中的糖原，同时使机体产生大量的乳酸。

（三）磷酸戊糖途径

磷酸戊糖途径是从 6- 磷酸葡萄糖开始，生成具有重要生理功能的 5- 磷酸核糖和 $NADPH+H^+$。该途径主要发生在肝、脂肪组织、哺乳期乳腺、红细胞、肾上腺皮质、性腺和骨髓等。

1. 反应过程　整个反应过程在细胞质中进行，可分为氧化反应阶段和基团转移反应阶段。

（1）氧化反应阶段：6- 磷酸葡萄糖在 6- 磷酸葡萄糖脱氢酶和 6- 磷酸葡萄糖酸脱氢酶相继催化下，经 2 次脱氢和 1 次脱羧，生成 2 分子 $NADPH+H^+$、1 分子 CO_2 和 5- 磷酸核酮糖，氧化反应阶段不可逆。6- 磷酸葡萄糖脱氢酶是磷酸戊糖途径的限速酶，此酶活性受 $NADPH+H^+/NADP^+$ 比例影响。其比值升高，磷酸戊糖途径被抑制，比例降低时则被激活。因此，磷酸戊糖途径的流量取决于机体对 $NADPH+H^+$ 的需求。

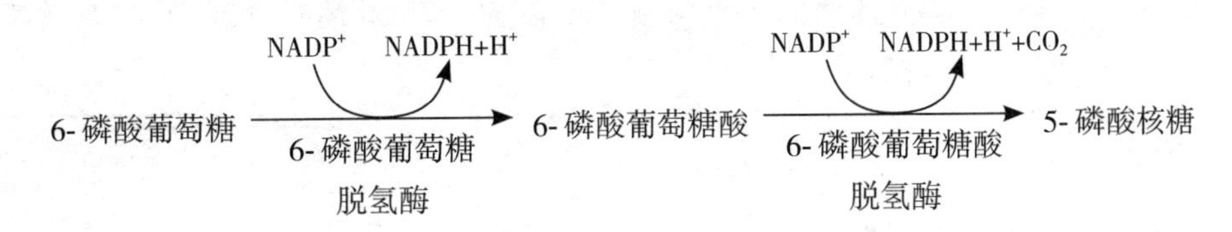

（2）基团转移反应：5- 磷酸木酮糖在异构酶、转酮醇酶、转醛醇酶等一系列酶的催化下，转变成 5- 磷酸核糖、6- 磷酸果糖和 3- 磷酸甘油醛等。这些反应均为可逆反应。

2. 生理意义　磷酸戊糖途径的主要生理意义是产生 5- 磷酸核糖和 NADPH。

（1）5-磷酸核糖：磷酸戊糖途径是体内利用葡萄糖生成5-磷酸核糖的唯一途径。5-磷酸核糖是合成核苷酸的重要原料。对于缺乏6-磷酸葡萄糖脱氢酶的组织如肌肉，也可利用糖酵解途径的中间产物3-磷酸甘油醛和6-磷酸果糖经转酮醇酶和转醛醇酶催化的逆反应生成。损伤后修复的再生组织、更新旺盛的组织，此途径都比较活跃。

（2）NADPH：①NADPH是体内多种合成代谢的供氢体，如脂肪酸、胆固醇和类固醇激素等化合物的合成，都需要大量NADPH，因此在脂肪、固醇类化合物合成旺盛的组织，如肝脏、哺乳期乳腺、脂肪组织、肾上腺皮质及睾丸等组织中，磷酸戊糖途径特别活跃。②NADPH是谷胱甘肽（GSH）还原酶的辅酶，这对于维持细胞中还原型谷胱甘肽的正常含量起重要作用。GSH是细胞中重要的抗氧化物质，有清除H_2O_2和过氧化物、保护细胞中含巯基的酶和蛋白质免遭氧化破坏，对维持红细胞膜的完整性有重要作用。红细胞中如发生H_2O_2和过氧化物的积累，将使红细胞的寿命缩短并增加血红蛋白氧化为高铁血红蛋白的速率，后者没有运氧功能。遗传性6-磷酸葡萄糖脱氢酶缺陷的患者，磷酸戊糖途径不能正常进行，NADPH缺乏，GSH含量减少，常在进食蚕豆或使用某些药物后，使红细胞膜遭到大量破坏，诱发急性溶血性黄疸。③NADPH是单加氧酶系的辅酶，参与肝细胞中激素、药物、毒物的生物转化过程。

蚕　豆　病

蚕豆病（favism）是因6-磷酸葡萄糖脱氢酶（G-6-PD）缺乏所导致的疾病，有遗传缺陷者在食用青鲜蚕豆或接触蚕豆花粉后皆会发生急性溶血性贫血症——蚕豆病，致病机制尚未十分明了。已知有遗传缺陷的敏感红细胞，因G-6-PD的缺陷不能提供足够的NADPH以维持GSH的还原性（抗氧化作用），在遇到蚕豆中某种因子后会诱发了红细胞膜被氧化，产生溶血反应。G-6-PD有保护正常红细胞免遭氧化破坏的作用，新鲜蚕豆是很强的氧化剂，当G-6-PD缺乏时则红细胞被破坏而致病。

蚕豆病临床表现为早期有恶寒、微热、头昏、倦怠无力、食欲缺乏、腹痛，继之出现黄疸、贫血、血红蛋白尿，尿呈酱油色，此后体温升高，倦怠乏力加重，可持续3日左右。与溶血性贫血出现的同时，出现呕吐、腹泻和腹痛加剧，肝大，肝功能异常，约50%患者脾大。严重病例可见昏迷、惊厥和急性肾衰竭，若急救不及时常于1~2日内死亡。

四、糖原合成与分解

糖原是动物体内糖的贮存形式，主要储存场所在肝脏和肌肉。贮存在肝的糖原称为肝糖原，贮存在肌肉的糖原称为肌糖原。肝糖原和肌糖原生理作用有很大不同，肌糖原主要

作用是提供肌肉收缩时的能量，所以肌肉发达的运动员比较能耐受长时间的大运动量；肝糖原则是血糖的重要来源，这对依靠葡萄糖提供能量的组织细胞，例如脑组织和红细胞等尤为重要。一般正常成人肝脏贮存肝糖原的量为70~100g；而肌肉中储存的肌糖原可以因个体之间肌肉发达程度不同在250~400g之间，变化的区间较大。

（一）概念

1. 糖原合成　由葡萄糖合成糖原的过程称为糖原合成，主要在肝细胞和肌细胞进行。糖原合成过程是消耗能量的过程，每增加一个葡萄糖残基要消耗2分子ATP。糖原合酶是糖原合成的限速酶，调节糖原合成的速率。

2. 糖原分解　由肝糖原分解为葡萄糖的过程称糖原分解。肝糖原分解为葡萄糖，释放到血液中，维持血糖浓度的相对恒定。由于肌肉组织中不含葡萄糖-6-磷酸酶，肌糖原不能直接转变为血糖，糖原磷酸化酶是糖原分解的限速酶，调节糖原分解的速率。

（二）基本过程

糖原合成与分解反应过程见图5-5。

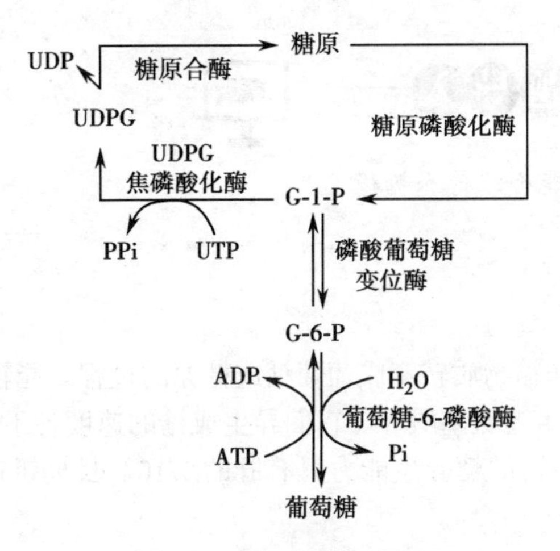

图5-5　糖原合成与分解

（三）糖原合成与分解的生理意义

进食后，血糖升高可在肝脏和肌肉中合成糖原贮存起来，以免血糖过高。当血糖降低时，肝糖原分解为葡萄糖释放入血以补充血糖。因此，肝糖原对维持血糖的相对恒定十分重要。肌糖原不能直接分解成血糖。当肌肉活动剧烈时，肌糖原分解产生大量的乳酸，除一部分随尿排出外，大部分随血液循环到肝脏，通过糖异生转化为肝糖原或血糖。

在肌肉中糖原的合成与分解主要是为肌肉提供ATP，在肝脏中糖原合成与分解主要是为了维持血糖浓度的相对恒定。它们的作用受到肾上腺素、胰高血糖素、胰岛素等激素的影响：肾上腺素主要作用于肌肉，胰高血糖素、胰岛素主要调节肝脏中糖原合成和分解的平衡。糖尿病患者因自身胰岛素分泌不足或胰岛素受体缺陷，不能激活糖原合酶，影响糖原合成，进食后表现为持续高血糖。

糖原贮积症

糖原贮积症是一类由于先天性酶缺陷所造成的糖原代谢障碍疾病，多数属常染色体隐性遗传，发病因种族而异。根据欧洲资料，其发病率为 1/（2 万~2.5 万）。糖原合成和分解代谢中所必需的各种酶至少有 8 种，由于这些酶缺陷所造成的临床疾病有 12 型，其中Ⅰ、Ⅲ、Ⅳ、Ⅵ、Ⅸ型以肝脏病变为主；Ⅱ、Ⅴ、Ⅶ型以肌肉组织受损为主。这类疾病有一个共同的生化特征，即是糖原贮存异常，绝大多数是糖原在肝脏、肌肉、肾脏等组织中贮积量增加。仅少数病种的糖原贮积量正常，而糖原的分子结构异常。

五、糖异生作用

摄入蛋白质类食物能否维持血糖稳定？

（一）概念

糖异生作用是指由非糖物质转变成葡萄糖或糖原的过程。能转变为糖的非糖物质主要有丙酮酸、乳酸、甘油和生糖氨基酸等。它们异生成糖的速度各不相同的。在生理情况下，肝是糖异生的主要器官，肾的糖异生能力只有肝的 1/10。长期饥饿或酸中毒时，肾的糖异生作用会加强。

（二）基本过程

糖异生作用的反应过程基本上是糖酵解途径的逆过程，糖酵解途径中的大多数酶促反应是可逆的，但已糖激酶、磷酸果糖激酶和丙酮酸激酶三个关键酶催化的反应是单向的，构成了糖异生作用的“能障”。要通过这三个能障，需要进行的反应如下：

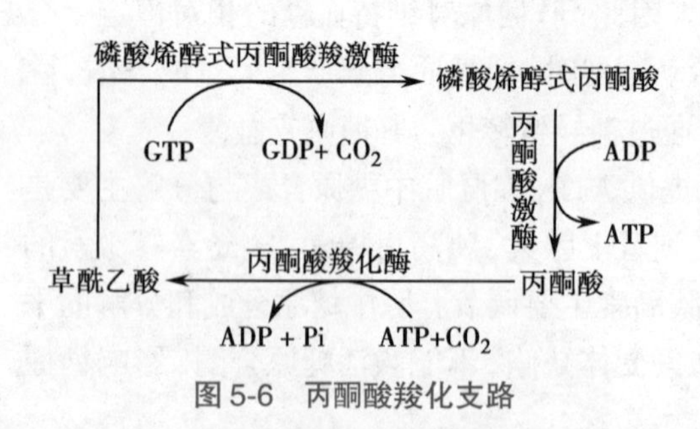

图 5-6　丙酮酸羧化支路

1. 丙酮酸羧化支路　丙酮酸不能直接转变为磷酸烯醇式丙酮酸，需要由丙酮酸羧化酶催化丙酮酸生成草酰乙酸，再由磷酸烯醇式丙酮酸羧激酶催化草酰乙酸脱羧生成磷酸烯醇式丙酮酸，此过程称为丙酮酸羧化支路（图 5-6），在线粒体中进行。这是一个消耗能量的过程，其中丙酮酸羧化酶以生物素为辅酶。

2. 1，6 二磷酸果糖转变为 6- 磷酸果糖　此反应由果糖二磷酸酶催化，1，6 二磷酸果糖水解 C_1 的磷酸酯键转变为 6- 磷酸果糖。这也是果糖二磷酸酶直接对抗磷酸果糖激酶通过能障的反应。

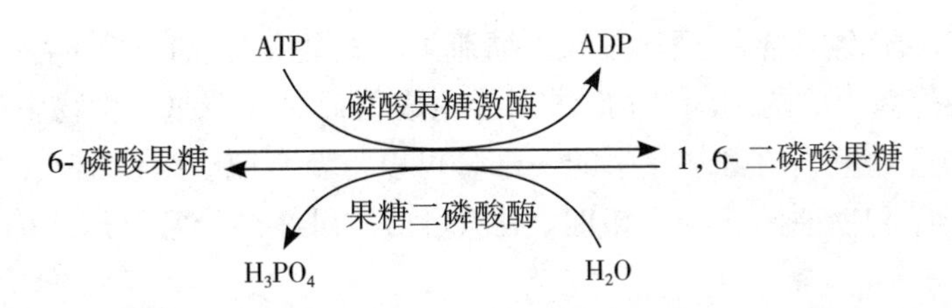

3. 6- 磷酸葡萄糖转变为葡萄糖　此反应由葡萄糖 -6- 磷酸酶催化，6- 磷酸葡萄糖催化水解 C_6 的磷酸酯键水解转变葡萄糖。

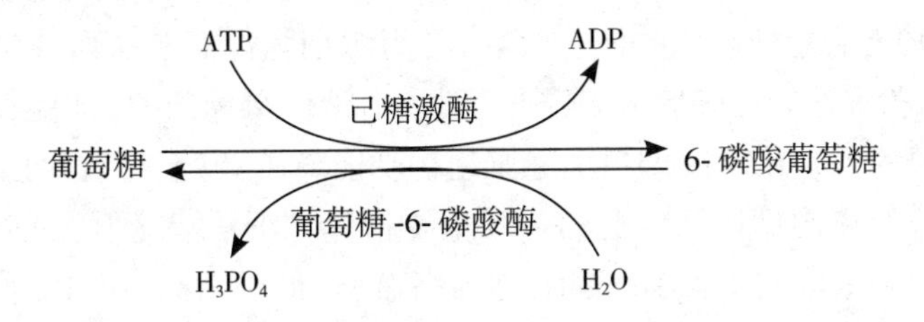

这是葡萄糖 -6- 磷酸酶直接对抗己糖激酶通过能障的反应。这步反应是前面所述的糖原分解的最后一步，至此，糖酵解途径的三个能障均被绕过，糖异生作用就能够逆着糖酵解反应方向顺利完成。糖异生作用过程见图 5-7。

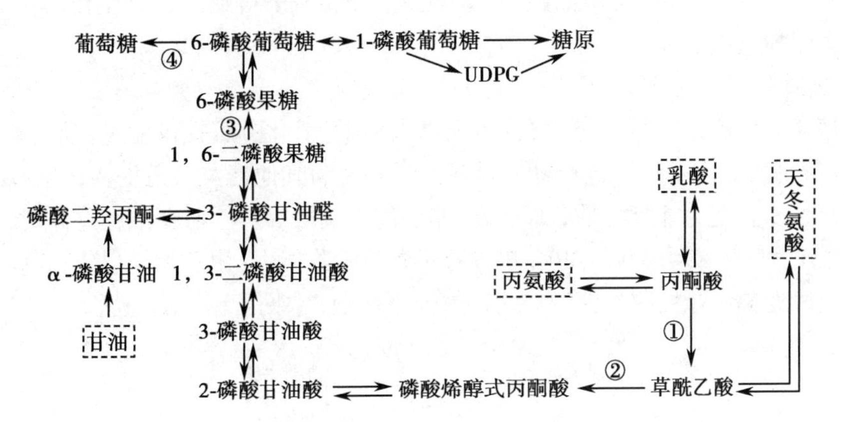

①丙酮酸羧化酶；②磷酸烯醇式丙酮酸羧激酶；③果糖二磷酸酶；④葡萄糖 -6- 磷酸酶

图 5-7　糖异生过程

（三）生理意义

1. 在空腹或饥饿状态下维持血糖浓度的相对恒定　空腹或饥饿时，仅靠肝糖原分解供给葡萄糖可维持 8~12h。依靠血糖供能的组织细胞每天需要的葡萄糖大约是 200g，一般约为 25% 的葡萄糖来自糖异生作用。长期饥饿时糖异生的原料来源主要是脂肪和蛋白质的分解。因此，对不能进食的患者，通过静脉及时补充葡萄糖尤为重要。

2. 有利于利用乳酸　剧烈运动时，肌糖原经糖酵解产生大量的乳酸。多数乳酸随血液循环运至肝脏，通过糖异生作用转化成肝糖原或葡萄糖以补充血糖，使不能直接分解为葡萄糖的肌糖原间接变成血糖，血糖可被肌肉利用，这一过程称为乳酸循环。糖异生对于乳酸的再利用、糖原更新、补充肌肉消耗的糖原及防止酸中毒的发生有一定的意义。

3. 协助氨基酸代谢　生糖氨基酸和生糖兼生酮氨基酸可以在体内生成丙酮酸、草酰乙酸、α- 酮戊二酸等糖代谢的中间产物，进而异生成葡萄糖或糖原。食物中的蛋白质和组织更新的蛋白质水解后生成的氨基酸中的一部分可以重新合成组织蛋白质，另一部分彻底分解供能或异生成糖和糖原。长期饥饿时，组织蛋白质可能会异常分解供应能量，对身体非常有害。

六、血糖来源与去路

血糖主要指血液中的葡萄糖，它是糖在体内的运输形式。正常人空腹血浆葡萄糖浓度为 3.89~6.11mmol/L（葡萄糖氧化酶法）。全身各组织细胞都需要从血液中获取葡萄糖氧化供能，特别是大脑和成熟的红细胞等，必须随时由血液供给葡萄糖，才能完成正常的生理功能。如低于正常值的 1/3~1/2 时，即可引起脑组织功能障碍，甚至导致死亡。

血糖浓度是了解体内糖代谢状况的一项重要指标。正常情况下，血糖浓度是相对恒定的。空腹血浆葡萄糖浓度高于 7.0 mmol/L 称为高血糖，低于 3.89 mmol/L 称为低血糖。要维持血糖浓度的相对恒定，必须保持血糖来源与去路的动态平衡。

（一）来源

①食物中的糖类经消化、吸收入血的葡萄糖是血糖的主要来源；②肝糖原分解是空腹时血糖的直接来源；③非糖物质如甘油、乳酸及生糖氨基酸等通过糖异生作用生成葡萄糖，是饥饿时血糖的重要来源。

（二）去路

①血糖随血液流经各组织时，被各组织摄取利用，氧化分解提供能量，这是血糖的主要去路。②在肝脏、肌肉等组织进行糖原合成。③转变为其他糖及其衍生物，如核糖、氨基糖和糖醛酸等。④转变为非糖物质，如脂肪、非必需氨基酸等。⑤血糖浓度过高时，由尿液排出。血糖浓度大于 8.89~10.0mmol/L，超过肾小管重吸收能力，出现糖尿（图 5-8）。将出现糖尿时的血糖浓度称为肾糖阈。糖尿在病理情况下出现，常见于糖尿病患者。

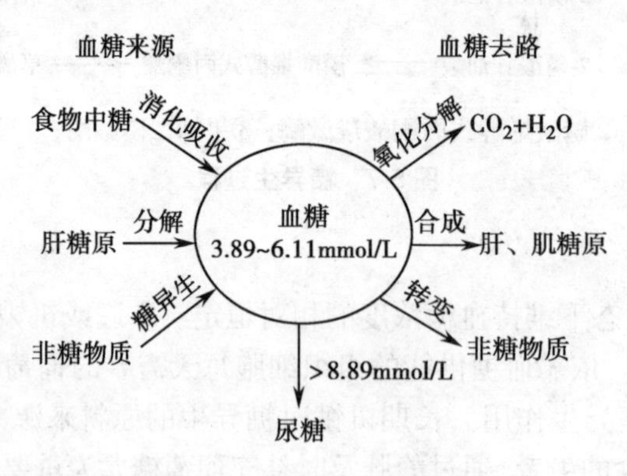

图 5-8　血糖的来源与去路

（三）血糖浓度的调节

血糖水平的恒定是体内各种代谢调节的结果，也是肝、肌肉、脂肪组织等器官代谢协调的结果。例如，进食后血糖浓度升高，此时肝、肌肉等组织的糖原合成及氧化分解能力加强，糖还可以转变脂肪，糖异生作用减弱，因而血糖很快恢复正常。又如，长期饥饿时，肌肉蛋白质分解的氨基酸以及甘油、乳酸等非糖物质异生为糖，要保证脑和红细胞需要，而其他组织摄取葡萄糖的能力受到抑制，主要靠分解脂肪获取能量，而脑组织的部分能量也可由酮体来供应。机体的各种代谢以及器官组织之间如此精确的协调还受到神经和各种激素的调节。

调节血糖的激素分为两类：一类是降低血糖的激素，有胰岛素；另一类是升高血糖的激素，有胰高血糖素、肾上腺素、糖皮质激素、生长激素等。这两类激素相互对立、相互制约，主要通过对糖代谢各途径的影响来实现。现将几种激素对血糖的调节作用归纳表5-3。

表5-3　激素对血糖水平的调节

降低血糖的激素			升高血糖的激素		
激素	对糖代谢影响	促进释放主要因素	激素	对糖代谢影响	促进释放主要因素
胰岛素	1. 促进肌肉、脂肪组织细胞膜对葡萄糖的通透性，使血糖易于进入细胞内（肝、脑例外） 2. 促进葡萄糖激酶活性，使血糖易于进入肝细胞内合成肝糖原 3. 促进糖氧化 4. 促进糖变成脂肪 5. 抑制糖异生，肝糖原分解	高血糖，高氨基酸，迷走神经兴奋，胰泌素，胰高血糖素	肾上腺素	1. 促进肝糖原分解为血糖 2. 促进肌糖原酵解 3. 促进糖异生	交感神经兴奋，低血糖
			胰高血糖素	1. 促进肝糖原分解成血糖 2. 促进糖异生	低血糖，低氨基酸，促胰酶（胆囊素收缩素）
			糖皮质激素	1. 促进肝外组织蛋白分解生成氨基酸 2. 促进肝脏中糖异生	应激

糖　尿　病

糖尿病是一种常见的有遗传倾向的代谢性疾病，典型的症状为多饮、多食、多尿和体重减轻（即三多一少）。检验血糖可发现血糖浓度升高，并常伴有糖尿。糖尿病是因为胰岛素绝对或相对不足，或者是胰岛素抵抗引起的。胰腺β细胞产生胰岛素、血液循环系统运送胰岛素以及靶细胞接受胰岛素并发挥生理作用，这三个步骤中任何一个出现问题，均可引起糖尿病。

糖尿病除糖代谢紊乱，血糖的来源和去路之间失去平衡，出现高血糖和糖尿外，还可引起脂肪大量动员，同时导致脂代谢紊乱，使酮体堆积，产生酮症。

目 标 检 测

一、名词解释

1. 糖酵解　2. 有氧氧化　3. 糖原合成　4. 糖原分解　5. 磷酸戊糖途径　6. 糖异生　7. 血糖

二、填空题

1. 糖的无氧氧化过程在＿＿＿＿＿＿中进行，糖的有氧氧化反应的过程在＿＿＿＿＿和＿＿＿＿＿中进行。

2. 1分子葡萄糖经过无氧氧化净生成＿＿＿＿＿分子ATP。

3. 葡萄糖生成丙酮酸过程中可直接净生成＿＿＿＿＿分子ATP和2分子＿＿＿＿＿。

4. 磷酸戊糖途径的主要生理意义是产生＿＿＿＿＿＿和＿＿＿＿＿＿。

5. 糖原合成的限速酶是＿＿＿＿＿＿，糖原分解的限速酶是＿＿＿＿＿＿。

三、单项选择题

1. 成熟红细胞中能量主要来源于
   A. 糖有氧氧化　B. 糖酵解　C. 糖异生作用
   D. 脂肪酸氧化　E. 氨基酸分解代谢

2. 糖酵解途径所指的反应过程是
   A. 葡萄糖转变成磷酸二羟丙酮　B. 葡萄糖转变成乙酰CoA
   C. 葡萄糖转变成乳酸　D. 葡萄糖转变成丙酮酸
   E. 糖原转变为乳酸

3. 体内提供NADPH的主要代谢途径是
   A. 糖酵解途径　B. 磷酸戊糖途径　C. 糖的有氧氧化
   D. 糖异生　E. 糖原的合成

4. 下列选项中，可以转变为糖的化合物是
   A. 硬脂酸　B. 油酸　C. β-羟丁酸
   D. α-磷酸甘油　E. 软脂酸

5. 饥饿可以使肝内哪种代谢途径增强
   A. 脂肪合成　B. 糖原合成　C. 糖酵解
   D. 糖异生　E. 磷酸戊糖途径

6. 下列参与糖代谢的酶中，哪种酶催化的反应是可逆的
   A. 糖原磷酸化酶　B. 己糖激酶　C. 果糖二磷酸酶
   D. 丙酮酸激酶　E. 磷酸甘油酸激酶

7. 在成熟红细胞中只保存两条对其生存和功能发挥重要作用的代谢途径。其一是糖

无氧酵解，其二是

A. DNA 合成　　B. RNA 合成　　C. 蛋白质合成
D. 三羧酸循环　　E. 磷酸戊糖途径

四、思考题

1. 何为糖酵解，糖酵解的生理意义有哪些？
2. 1 分子葡萄糖经有氧氧化彻底氧化分解的产物有哪些，具体产生过程怎样？
3. 简述糖酵解、糖有氧氧化、糖原合成、糖原分解、糖异生过程对血糖升降的影响。
4. 简述磷酸戊糖途径的关键酶、产物及生理意义。

（赵　婷　刘春荣）

第二节　脂质代谢

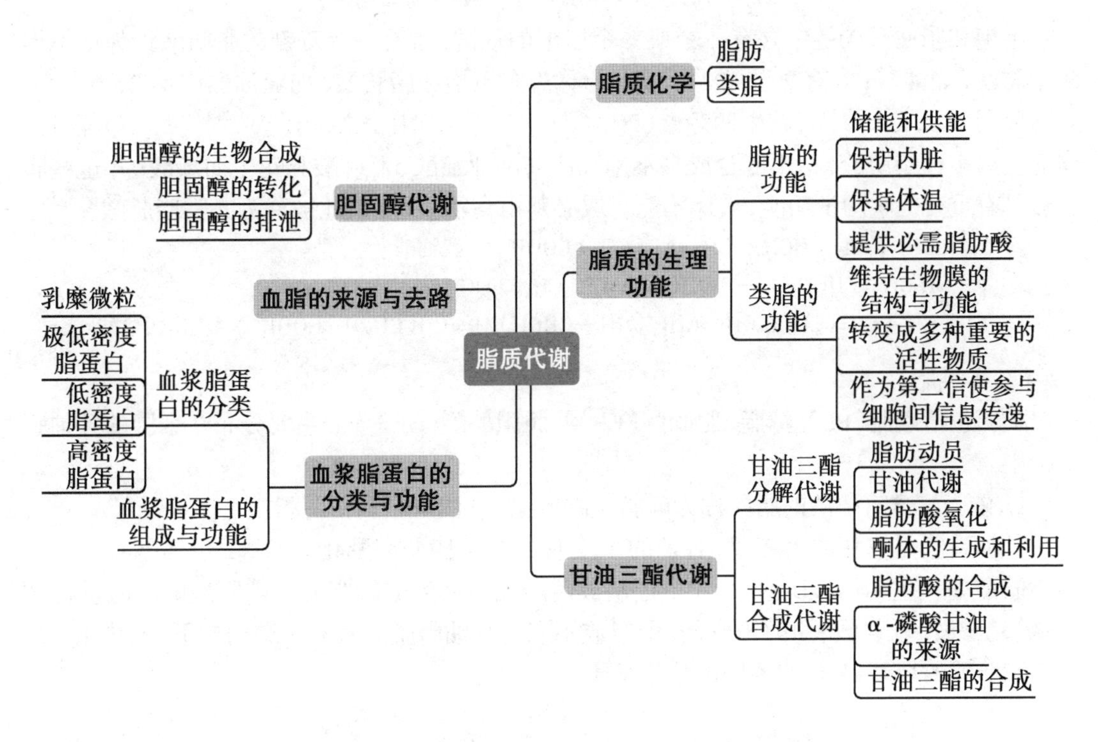

脂质是自然界中能够为机体利用的一类有机化合物，其化学组成并非均一，包括脂肪和类脂。脂肪又称为甘油三酯（TG）。类脂主要指磷脂（PL），胆固醇（Ch）及其酯（CE）等。脂质均难溶于水，易溶于有机溶剂。

一、脂质化学

脂质是脂肪和类脂的总称，是一类难溶于水而易溶于有机溶剂并能被机体利用的有机化合物。

(一)脂肪

脂肪主要分布在皮下、肠系膜、腹腔大网膜富含脂肪细胞构成的脂肪组织中，由 1 分子甘油和 3 分子脂肪酸组成，又称甘油三酯（TG）或三脂酰甘油。图 R_1、R_2、R_3 代表脂肪酸的烃基，可以相同也可以不同，一般含有偶数个碳原子。

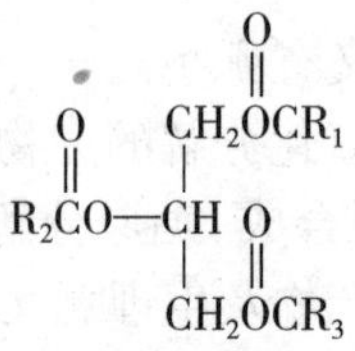

$$\begin{array}{c} \quad\quad\quad\quad\quad O \\ \quad\quad\quad\quad\quad \| \\ \quad O \quad\quad CH_2OCR_1 \\ \| \quad\quad\quad | \quad\quad \\ R_2CO-CH \quad O \\ \quad\quad\quad | \quad\quad \| \\ \quad\quad\quad CH_2OCR_3 \end{array}$$

脂肪酸（FFA）包括饱和脂肪酸和不饱和脂肪酸，在体内大部分脂肪酸以结合形式存在于脂肪、磷脂等分子中。饱和脂肪酸中以软脂酸（十六酸）和硬脂酸（十八酸）分布广且比较重要。

$CH_3-(CH_2)_{14}-COOH$ 十六酸（又称软脂酸）

$CH_3-(CH_2)_{16}-COOH$ 十八酸（又称硬脂酸）

不饱和脂肪酸碳链中含有一个或一个以上的双键，含有一个双键的脂肪酸称为单不饱和脂肪酸，如油酸；含有 2 个或 2 个以上的称为多不饱和脂肪酸，如亚油酸（18∶2，$\triangle^{9,12}$）、亚麻酸（18∶3，$\triangle^{9,12,15}$）、花生四烯酸（20∶4，$\triangle^{5,8,11,14}$）、DHA（22∶6，$\triangle^{4,7,10,13,16,19}$）等。人体能生成多种脂肪酸，但不能合成多不饱和脂肪酸亚油酸、亚麻酸和花生四烯酸等，这些脂肪酸具有重要的生物学功能，人体不能合成必须由食物获得，因此被称为必需脂肪酸。

$CH_3(CH_2)_4CH=CHCH_2-CH=CH(CH_2)_7COOH$ 亚油酸

$CH_3CH_2CH=CHCH_2CH=CHCH_2CH=CH(CH_2)_7COOH$ 亚麻酸

$CH_3(CH_2)_4CH=CHCH_2CH=CHCH_2CH=CHCH_2CH=CH(CH_2)_3-COOH$ 花生四烯酸

(二)类脂

类脂包括磷脂（PL）、糖脂、胆固醇（Ch）及胆固醇酯（CE）等。主要分布在细胞的各种膜结构中。

1. 磷脂 含有磷酸的脂质称为磷脂，主要包括甘油磷脂和鞘磷脂。

甘油磷脂是以甘油为骨架，甘油的 1、2 位羟基被脂肪酸酯化，其中 2 位羟基常被不饱和脂肪酸如花生四烯酸所取代，3 位羟基被磷酸酯化后生成磷脂酸。磷脂酸的磷酸基再被胆碱、乙醇胺、丝氨酸、肌醇等取代，即组成不同的甘油磷脂。其基本结构如下，其中 R_1、R_2 代表脂肪酸的烃基，X 代表不同的酯化基团。

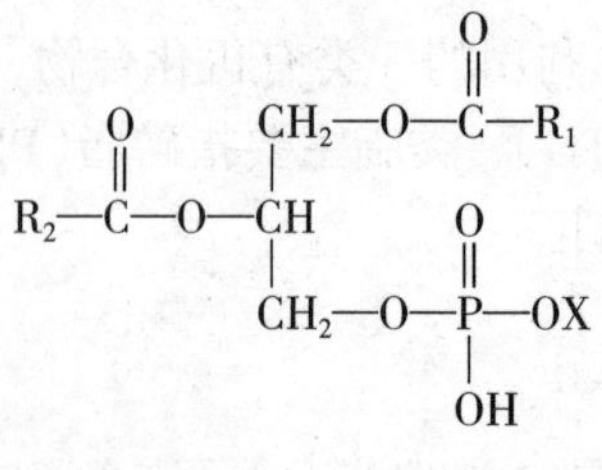

$$\begin{array}{l} \quad\quad\quad\quad\quad\quad\quad\quad\quad\quad\quad\quad O \\ \quad\quad\quad O \quad\quad\quad\quad\quad\quad\quad\quad \| \\ \quad\quad\quad \| \quad\quad\quad\quad CH_2-O-C-R_1 \\ R_2-C-O-CH \quad\quad\quad O \\ \quad\quad\quad\quad\quad\quad\quad | \quad\quad\quad\quad \| \\ \quad\quad\quad\quad\quad\quad CH_2-O-P-OX \\ \quad\quad\quad\quad\quad\quad\quad\quad\quad\quad\quad\quad | \\ \quad\quad\quad\quad\quad\quad\quad\quad\quad\quad\quad OH \end{array}$$

体内重要的甘油磷脂有卵磷脂、脑磷脂、磷脂酰丝氨酸和磷脂酰肌醇等。卵磷脂即磷脂酰胆碱，是组成细胞膜最主要的磷脂之一，也是构成血浆脂蛋白的主要成分，含有较多的

不饱和脂肪酸；磷脂酰乙醇胺又称为脑磷脂，脑和神经组织含量较高；磷脂酰肌醇主要存在于细胞膜内层，在激素等刺激下可裂解为甘油二酯和三磷酸肌醇，参与细胞间信号转导。

鞘磷脂是由鞘氨醇构成的磷脂，体内含量最多的鞘磷脂是神经鞘磷脂。神经鞘磷脂是神经髓鞘的主要组成成分，也是构成生物膜的重要磷脂。神经鞘磷脂由鞘氨醇、脂肪酸及磷酸胆碱构成，其化学结构式如下：

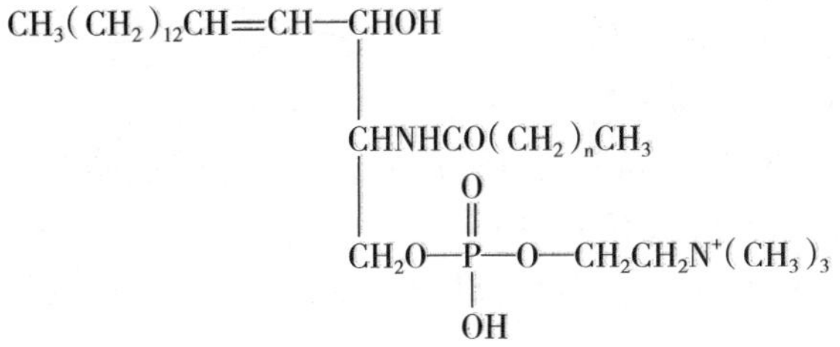

$$CH_3(CH_2)_{12}CH{=}CH{-}CHOH$$
$$|$$
$$CHNHCO(CH_2)_nCH_3$$
$$|$$
$$CH_2O{-}\underset{OH}{\overset{O}{\overset{\|}{P}}}{-}O{-}CH_2CH_2N^+(CH_3)_3$$

2. 胆固醇　胆固醇是一类以环戊烷多氢菲为基本结构的固体醇类化合物，最早由动物胆石分离出来，故称胆固醇。胆固醇在体内多以胆固醇酯的形式存在，其结构如下：

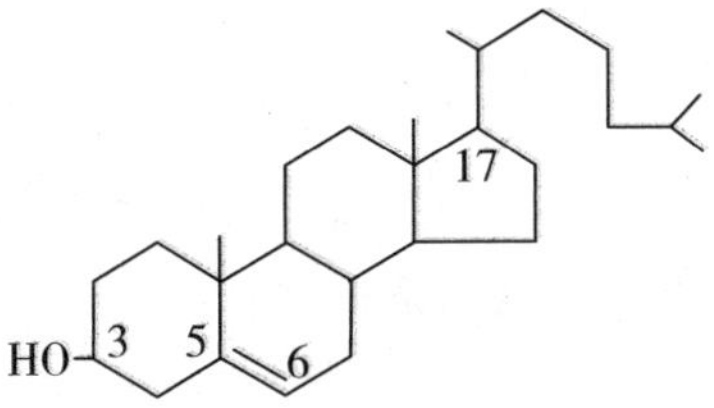

胆固醇

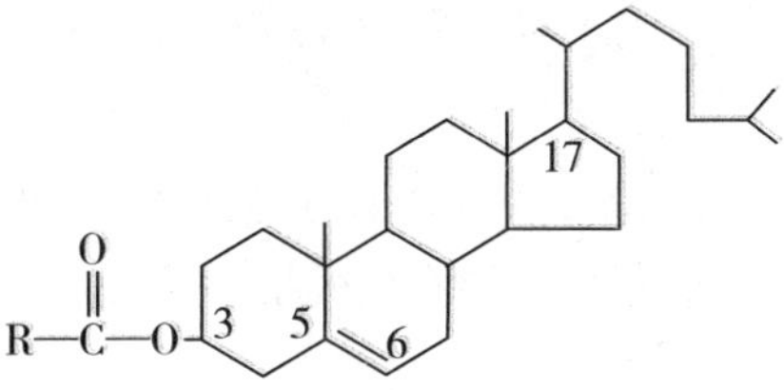

胆固醇酯

胆固醇是细胞膜基本结构成分之一，也是胆汁酸、类固醇激素、维生素 D 等重要活性物质的前体，但动脉粥样硬化中粥样斑块是由胆固醇等脂质沉积而成，胆结石症的结石成分也主要由胆固醇构成。

二、脂质的生理功能

（一）脂肪的功能

1. 储能和供能　脂肪是重要的能源物质和能量储存形式。人体活动所需的能量 20%~30% 由脂肪提供。1g 脂肪氧化分解可释放能量 38.9kJ，而 1g 糖或 1g 蛋白质只能产生 17kJ 的能量。脂肪是疏水性物质，在体内储存时几乎不结合水，所占体积小，而糖原的储量有限，蛋白质主要作为机体重要的功能和结构分子，因此脂肪是机体重要的能量来源和能量储存形式。

2. 保护内脏　内脏周围的脂肪组织能减少器官之间的摩擦，缓冲外界的机械冲击，起到防震、保护作用。

3. 保持体温　脂肪不易导热，皮下脂肪组织可以防止过量热量的散失而保持体温。

4. 提供必需脂肪酸　脂肪除供给能量外，还可提供必需脂肪酸。它们是维持人体正常功能所必须的，如花生四烯酸可生成前列腺素、血栓素和白三烯等重要活性物质，这三种物质几乎参与了所有细胞的代谢活动，并且与炎症、免疫、过敏、心血管病等重要的病理生理过程有关，在调节细胞代谢方面也具有重要作用。

（二）类脂的功能

1. 维持生物膜的结构与功能　类脂是构成生物膜的重要组分。磷脂和胆固醇构成生物膜脂质双分子层结构的基本骨架，同时也为膜提供了通透性屏障。

2. 转变成多种重要的活性物质　胆固醇在体内可转化为胆汁酸、维生素 D_3、类固醇激素等具有重要生理功能的物质。

3. 作为第二信使参与细胞间信息传递　磷脂酰肌醇二磷酸是细胞膜磷脂的重要组分，可水解为甘油二酯（DG）和三磷酸肌醇（IP_3），均可作为第二信使传递信息。

脂质物质也可作为药物，如磷脂及其合成原料用于治疗脂肪肝、神经衰弱、动脉粥样硬化等，多不饱和脂肪酸二十碳五烯酸（EPA）、二十二碳六烯酸（DHA）具有明显的降血脂、抗动脉粥样硬化、抗血栓的作用，胆固醇转化成的胆汁酸可作为利胆药治疗胆结石、胆囊炎等。

三、甘油三酯代谢

1. 患糖尿病后病人是变胖还是变瘦，为什么？
2. 酮体是有毒物质吗？糖尿病病人发生酮症酸中毒的机制是什么？

甘油三酯在体内主要作用是经分解代谢提供生命活动所需要的能量。

（一）甘油三酯分解代谢

1. 脂肪动员　储存在脂肪细胞中的甘油三酯，在脂肪酶作用下逐步水解为甘油和脂肪酸的过程称脂肪动员。脂肪组织中含有多种脂肪酶，其中激素敏感性甘油三酯脂肪酶可将甘油二酯生成甘油一酯和脂肪酸，这步反应在催化甘油三酯水解过程中发挥主要作用。肾上腺素、去甲肾上腺素、肾上腺皮质激素、胰高血糖素等能启动脂肪动员，促进脂肪水解，这些激素被称为脂解激素。胰岛素作用相反，抑制脂肪动员，对抗脂解作用，被称为抗脂解激素。一分子甘油三酯在脂肪酶作用下水解可生成 1 分子甘油和 3 分子脂肪酸（图 5-9）。

脂肪动员产生的脂肪酸水溶性很小，在血浆中脂肪酸与清蛋白结合成脂肪酸 - 清蛋白复合物，输送到各组织（脑和成熟红细胞除外）氧化利用。甘油直接由血液运至心、肝、骨骼肌等组织代谢。

2. 甘油代谢　甘油在体内分解代谢主要有氧化分解和糖异生两条途径。在细胞内，经甘油激酶的催化下生成 α- 磷酸甘油，后者在 α- 磷酸甘油脱氢酶的催化下生成磷酸二羟丙酮，磷酸二羟丙酮可经糖代谢途径氧化分解释放能量，1 分子甘油彻底氧化可净生成 12.5 分子 ATP（图 5-10）。在肝脏中甘油经糖异生途径转变为葡萄糖或糖原，增加体内糖的储备。

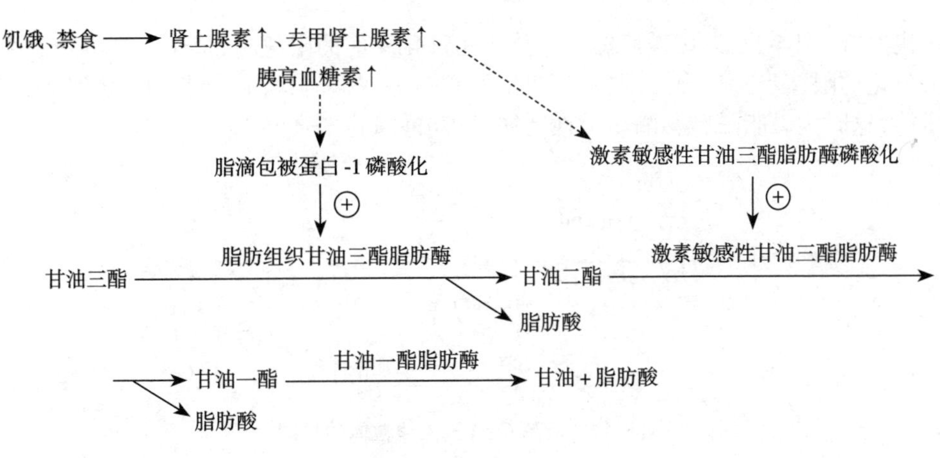

图 5-9　脂肪动员

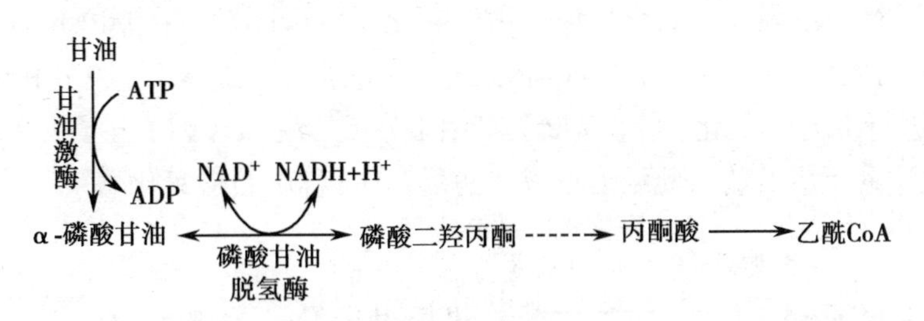

图 5-10　甘油代谢途径

3. 脂肪酸氧化　脂肪酸是人和哺乳动物的主要能源物质，除脑和成熟红细胞外，体内大多数组织都能氧化脂肪酸，以肝及肌肉组织最活跃。在氧供给充足的条件下，脂肪酸在体内分解生成二氧化碳和水，释放出大量能量。

（1）脂肪酸活化：脂肪酸分子活性较低，分解前必须经过活化生成脂酰辅酶 A 才能进行氧化分解，简称为活化。脂肪酸的活化反应在细胞质中进行，脂肪酸在脂酰 CoA 合成酶催化下，在 ATP、CoA-SH、Mg^{2+} 存在的条件下，活化为脂酰 CoA。

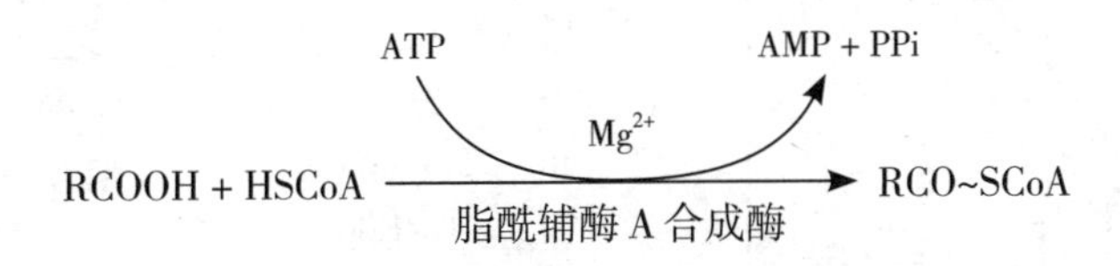

脂酰 CoA 含有高能硫酯键，而且水溶性增大，使脂酰基的代谢活性明显增加。分子中的 CoA 是脂酰基的载体。由于反应过程中生成的焦磷酸（PPi）迅速被细胞内的焦磷酸酶水解，阻止了逆向反应的发生。1 分子脂肪酸活化成脂酰 CoA 消耗了 1 分子 ATP 中的 2 个高能磷酸键，相当于消耗 2 分子 ATP。

（2）脂酰 CoA 进入线粒体：脂肪酸的活化在细胞质中进行，而催化脂肪酸氧化分解的酶系存在于线粒体基质，因此脂酰 CoA 必须进入线粒体才能氧化分解。脂酰 CoA 不能直接穿透线粒体内膜，其脂酰基需经肉碱携带转运才能进入基质。线粒体内膜的两侧存在着肉碱脂酰转移酶Ⅰ及Ⅱ，在位于线粒体内膜外侧面的肉碱脂酰转移酶Ⅰ的催化下，脂酰 CoA 转化为脂酰肉碱，而移到膜内侧，进入膜内侧的脂酰肉碱又经的催化而重新转变成脂酰 CoA，并释放出肉碱（图 5-11）。肉碱脂酰转移酶 I 是催化反应的限速酶，脂酰 CoA 进入线粒体是脂肪酸氧化的限速步骤。当饥饿、高脂低糖膳食或糖尿病时，体内糖利用发生障碍，需要脂肪酸供能，这时肉碱脂酰转移酶 I 活性增加，脂肪酸氧化增强。

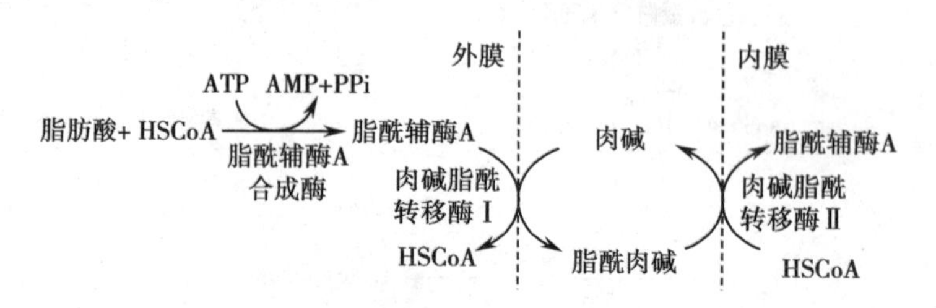

图 5-11　脂酰 CoA 进入线粒体的机制

（3）脂酰基的 β- 氧化：脂酰 CoA 进入线粒体基质后，在多种酶的催化下，从脂酰基的 β- 碳原子开始，进行一系列连续氧化反应。由于氧化反应全部发生在脂酰基的 β- 碳原子上，所以将脂酰基的氧化称为 β- 氧化。β- 氧化过程分为脱氢、加水、再脱氢和硫解四步反应（图 5-12），每进行 1 次 β- 氧化，脂酰基断裂产生 1 分子乙酰 CoA 和 1 分子少 2 个碳原子的脂酰 CoA。催化这些反应的酶彼此结合形成多酶复合体，称脂肪酸氧化酶系。

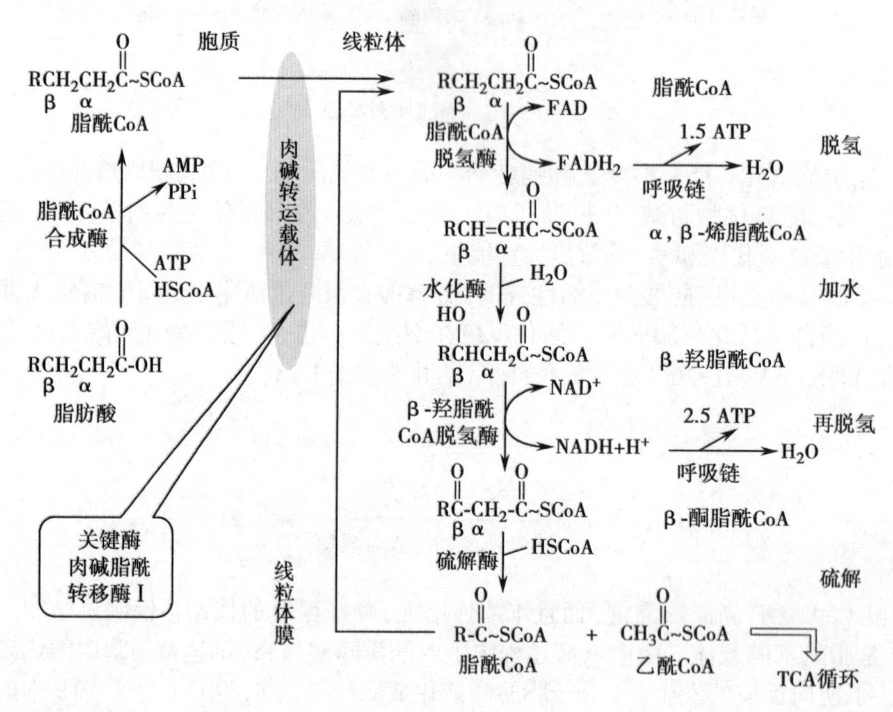

图 5-12　脂肪酸的 β- 氧化

1）脱氢：脂酰 CoA 在脂酰 CoA 脱氢酶的催化下，α、β 碳原子各脱去一个氢原子，生成 α，β- 烯脂酰 CoA，脱下的 2H 由 FAD 接受生成 $FADH_2$。一分子 $FADH_2$ 进入呼吸链通过氧化磷酸化产生 1.5 分子 ATP。

$$\underset{\text{脂酰辅酶 A}}{RCH_2CH_2CO\sim SCoA} \xrightarrow{-2H(FAD)} \underset{\alpha,\beta\text{-烯脂酰辅酶 A}}{RCH{=}CHCO\sim SCoA}$$

2）加水：在水化酶催化下，烯脂酰 CoA 加水生成 β- 羟脂酰 CoA。

$$\underset{\alpha,\beta\text{-烯脂酰辅酶 A}}{RCH{=}CHCO\sim SCoA} \xrightarrow{+H_2O} \underset{\beta\text{-羟脂酰辅酶 A}}{RCH(OH)CH_2CO\sim SCoA}$$

3）再脱氢：在 β- 羟脂酰 CoA 脱氢酶催化下，β- 羟脂酰 CoA 脱下 2H，生成 β- 酮脂酰 CoA，脱下的 2H 由 NAD^+ 接受，生成 $NADH+H^+$。一分子 NADH 进入呼吸链通过氧化磷酸化产生 2.5 分子 ATP。

$$\underset{\beta\text{-羟脂酰辅酶 A}}{RCH(OH)CH_2CO\sim SCoA} \xrightarrow{-2H(NAD^+)} \underset{\beta\text{-酮脂酰辅酶 A}}{RCOCH_2CO\sim SCoA}$$

4）硫解（加 HSCoA 分解）：β- 酮脂酰 CoA 在硫解酶的催化下，加入 HSCoA 使 α、β 碳原子之间化学键断裂，生成 1 分子乙酰 CoA 和 1 分子比原来少 2 个碳原子的脂酰 CoA。

$$\underset{\text{脂酰辅酶 A}}{RCOCH_2CO\sim SCoA} \xrightarrow{+HSCoA} \underset{\text{少 2C 脂酰辅酶 A}}{RCO\sim SCoA} + \underset{\text{乙酰辅酶 A}}{CH_3CO\sim SCoA}$$

以上生成的比原来少 2 个碳原子的脂酰 CoA 可以继续进行 β- 氧化，重复脱氢、加水、再脱氢及硫解反应，如此反复进行，直至最后生成丁酰 CoA，后者再进行一次 β- 氧化，即可生成 2 分子乙酰 CoA，完成脂肪酸的 β- 氧化，使脂肪酸全部生成乙酰 CoA。

（4）乙酰辅酶 A 彻底氧化——三羧酸循环：详见第四章。

脂肪酸氧化缺陷

细胞摄取脂肪酸、活化、转脂作用，通过线粒体膜、再脂化，线粒体内——氧化、电子产生和转运以及乙酰辅酶 A 在肝脏内形成酮体等约 20 个步骤，其中任何一个代谢途径异常，均会导致脂肪酸氧化障碍，引起机体能量供给不足。近年来随着气质联用技术和串联质谱技术在遗传代谢病中的应用，线粒体 FAO 缺陷越来越引起儿科医师的重视。由于在脂肪酸代谢的过程中，有太多的酶参与作用，因此当其中某个酶发生异常时，便使得整个氧化过程受到影响并致病。引起脂肪酸氧化缺陷主要有：①肉碱转运缺陷：肉碱转运障碍（CTD）、肉碱棕榈酰转移酶Ⅰ缺乏症（CPT Ⅰ D）、肉碱棕榈酰转移酶Ⅱ缺乏症（CPT Ⅱ D）、肉碱酰基移位酶缺陷（CACTD）；②脂肪酸氧化缺陷：极长链脂酰 CoA 脱氢酶缺乏症（VLCAD）、长链脂酰 CoA 脱氢酶缺乏症（LCAD）、中链脂酰 CoA 脱氢酶缺乏症（MCAD）、短链脂酰 CoA 脱氢酶缺乏症（SCAD）、戊二酸血症Ⅱ型（多种脂酰辅酶 A 脱氢缺陷）、长链羟脂酰 CoA 脱氢酶缺乏症（LCHAD）、短链羟脂酰 CoA 脱氢酶缺乏症（SCHAD）。

（5）软脂酸氧化产生的能量：软脂酸氧化首先需要活化，每分子软脂酸活化需要消耗 1 分子 ATP 生成 1 分子 AMP，即消耗 2 个高能磷酸键，相当于消耗 2 分子 ATP。软脂酸需经过 7 轮 β- 氧化，产生 7 分子 $FADH_2$、7 分子 NADH 以及 8 分子乙酰 CoA。每分子 $FADH_2$ 和 NADH 通过呼吸链氧化磷酸化分别产生 1.5 分子 ATP 和 2.5 分子 ATP，每分子乙酰 CoA 通过三羧酸循环产生 10 分子 ATP。因此 1 分子软脂酸彻底氧化共生成（7×1.5）+（7×2.5）+（8×10）=108 分子 ATP，减去活化脂肪酸消耗的 2 分子 ATP，净生成 106 分子 ATP（表 5-4）。

表 5-4　软脂酸氧化时 ATP 的生成与消耗

反应名称	生成 ATP 分子数
软脂酸活化消耗 1 分子 ATP（消耗 2 个高能键）	−2
软脂酸共进行 7 次 β- 氧化产生	
8 分子乙酰 CoA	+8×10
7 分子 NADH	+7×2.5
7 分子 $FADH_2$	+7×1.5
合计	106

4. 酮体的生成和利用　脂肪酸在肝外组织（如心肌、骨骼肌等）经 β- 氧化生成的乙酰 CoA，能彻底氧化生成二氧化碳和水，而在肝细胞中因为具有活性较强的合成酮体的酶系，β- 氧化反应生成的乙酰 CoA，大多转变为乙酰乙酸、β- 羟丁酸和丙酮，这三种中间产物统称为酮体。由于肝内缺乏氧化利用酮体的酶系，所以酮体不能在肝内氧化，必须透过细胞膜进入血液循环运输到肝外组织才能进一步氧化分解供能。

酮体的生成和利用

(1)酮体的生成：酮体是在肝细胞线粒体中生成的。其生成原料是脂肪酸β-氧化生成的乙酰CoA。其合成过程分四步进行(图5-13)。

1)2分子乙酰CoA在硫解酶催化下缩合成1分子乙酰乙酰CoA。

2)乙酰乙酰CoA再与1分子乙酰CoA缩合成β-羟-β-甲基戊二酸单酰CoA(HMG-CoA)，催化这一反应的酶为HMG-CoA合酶，是酮体合成的限速酶。

3)HMG-CoA经裂解酶催化分解成乙酰乙酸和乙酰CoA。

4)乙酰乙酸加氢还原成β-羟丁酸，少量乙酰乙酸自发脱羧生成丙酮。酮体总量中约70%为β-羟丁酸，30%为乙酰乙酸，丙酮只占少量，丙酮可通过肾和肺排出。

(2)酮体的利用：在肝外组织(心肌、骨骼肌、肾脏和大脑)中有活性很强的氧化利用酮体的酶。心肌、骨骼肌和肾脏中有琥珀酰CoA转硫酶，在琥珀酰CoA存在时，催化乙酰乙酸活化生成乙酰乙酰CoA。心肌、肾脏和脑中还有硫激酶，在有ATP和HSCoA存在时，催化乙酰乙酸活化成乙酰乙酰CoA。经上述两种酶催化生成的乙酰乙酰CoA在硫解酶作用下，分解成2分子乙酰CoA，乙酰CoA进入三羧酸循环彻底氧化(图5-13)。可见肝内生酮肝外利用是脂肪酸在肝中氧化分解的显著代谢特点。

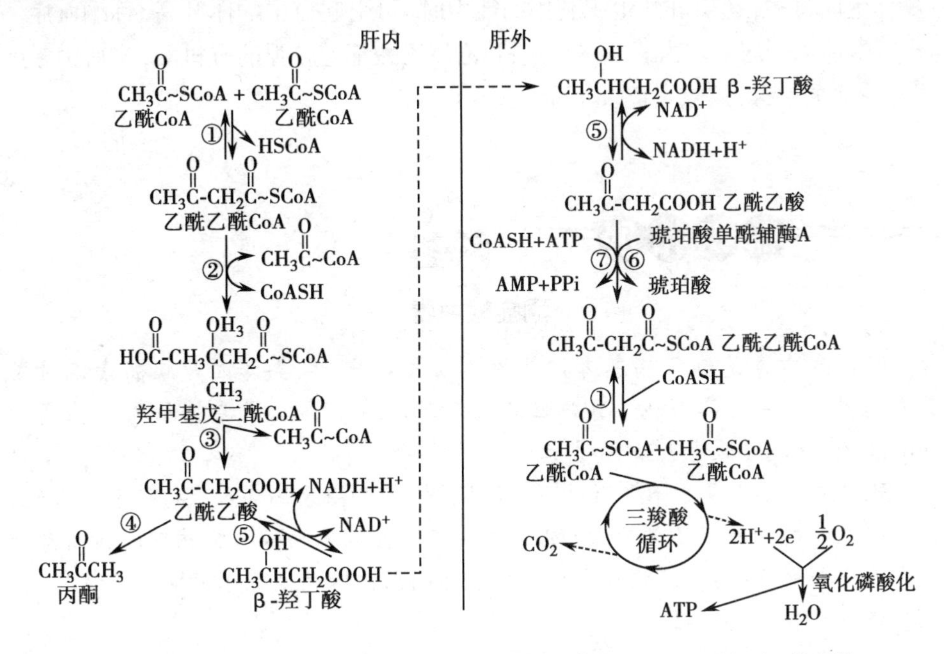

①乙酰乙酰辅酶A硫解酶；②HMG-CoA合酶；③HMG-CoA裂解酶；④脱羧酶；⑤β-羟丁酸脱氢酶；⑥琥珀酰CoA转硫酶；⑦乙酰乙酸硫激酶。

图5-13　酮体的生成和利用

(3)酮体生成的生理意义：酮体是脂肪酸在肝脏氧化的正常中间产物，是肝脏为肝外组织提供脂质能源物质的一种形式，酮体分子量小、溶于水，便于通过血液运输，也易于通过血脑屏障及肌肉等组织的毛细血管壁，是脑、心肌和骨骼肌等组织的重要能源(图5-14)。长期饥饿或糖供给不足时，酮体可以代替葡萄糖氧化供能，有利于维持血糖浓度的恒定，节省蛋白质的消耗，严重饥饿或糖尿病时可替代葡萄糖成为脑组织的主要能源物质。

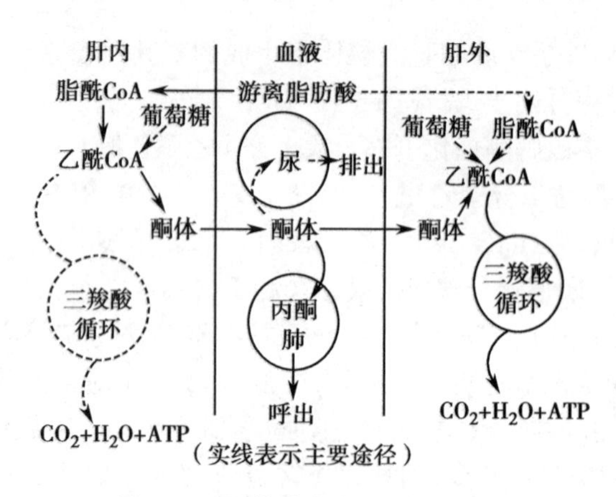

图 5-14 酮体的生成、运输和利用

（4）酮症酸中毒（机制）：正常情况下血中酮体很少，其中以β-羟丁酸最多，其次是乙酰乙酸，丙酮极微。但在饥饿、妊娠呕吐及糖尿病时，脂肪动员加强，肝脏氧化脂肪酸增多，导致肝中酮体生成过多，超出肝外组织利用的能力时，可引起血中酮体升高，称酮血症。如果尿中也出现酮体称酮尿症。由于β-羟丁酸和乙酰乙酸都是较强的有机酸，当血中浓度过高时，可导致酮症酸中毒，严重者危及生命。

酮症酸中毒

酮症酸中毒是糖尿病患者常见的急性并发症，主要诱因是胰岛素绝对或相对地缺乏，导致高血糖、高酮血症及代谢性酸中毒。主要特征为血糖高于17mmol/L，血pH低于7.2。

酮症酸中毒常见于下列情况：①胰岛素依赖型糖尿病病人未得到及时诊断，未获得及时的外源胰岛素治疗；②胰岛素依赖型糖尿病病人突然中断胰岛素治疗或胰岛素剂量不足；③胰岛素依赖型或非胰岛素依赖型糖尿病病人应激时，包括创伤、手术或严重感染等。

（二）甘油三酯合成代谢

人体内甘油三酯的主要合成部位是肝和脂肪组织。合成的直接原料是脂酰 CoA 和α-磷酸甘油。

1. 脂肪酸的合成

（1）合成原料：体内脂肪酸除来自食物外，大部分由葡萄糖转化而来，尤其是碳水化合物摄入量增多时，甘油三酯的合成也增多。葡萄糖氧化产生的乙酰 CoA 是合成脂肪酸的原料。此外还需通过磷酸戊糖途径产生 $NADPH+H^+$ 为合成脂肪酸提供氢原子，分解代谢产生

的 ATP 供能，Mg^{2+}、生物素等参与脂肪酸的合成。在细胞质中的乙酰 CoA 作为原料合成软脂酸的过程并不是β-氧化的逆过程，而是以丙二酰 CoA 为基础的一个连续反应。

（2）合成部位：脂肪酸合成酶系存在于肝、肾、脑、肺、乳腺及脂肪等组织细胞的胞质中。

（3）基本过程

1）乙酰 CoA 转出线粒体：细胞内的乙酰 CoA 全部在线粒体基质中产生，而脂肪酸合成酶系存在于细胞质中，线粒体内的乙酰 CoA 必须进入细胞质才能合成脂肪酸。乙酰 CoA 本身不能自由通过线粒体内膜，需要通过柠檬酸-丙酮酸循环机制进入细胞质（图 5-15）。

在线粒体内乙酰 CoA 和草酰乙酸缩合生成柠檬酸，通过线粒体内膜上的载体转运到细胞质。经 ATP 柠檬酸裂解酶的催化作用分解为乙酰 CoA 和草酰乙酸，生成的乙酰 CoA 作为脂肪酸合成的原料，而草酰乙酸则在苹果酸脱氢酶作用下还原为苹果酸。苹果酸可在线粒体内膜上的载体转运下进入线粒体，也可经苹果酸酶催化，经脱氢，脱羧生成丙酮酸，丙酮酸再由载体转运进入线粒体。进入线粒体的苹果酸和丙酮酸最终还可再转变成草酰乙酸，然后参与乙酰 CoA 的转运，即形成了柠檬酸-丙酮酸循环。

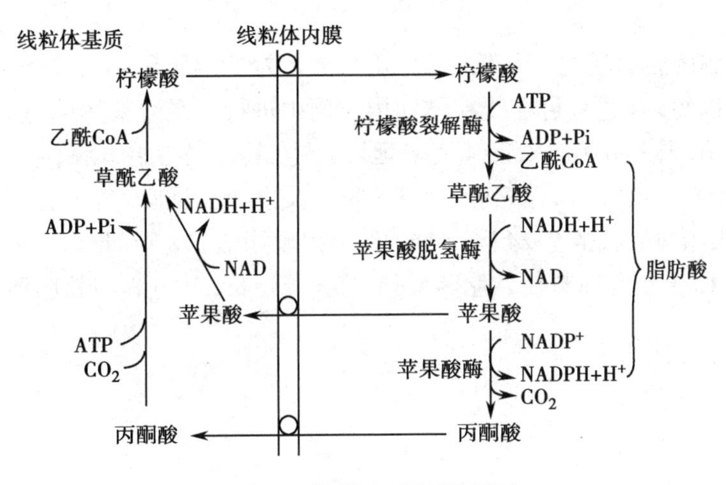

图 5-15　柠檬酸-丙酮酸循环

2）丙二酰辅酶 A 的合成：脂肪酸合成过程中，除 1 分子乙酰 CoA 直接参与合成外，其余的乙酰 CoA 均以丙二酰 CoA 的形式参与脂肪酸的生物合成。丙二酰 CoA 有乙酰 CoA 羧化而成，催化反应的酶是乙酰辅酶 A 羧化酶，辅酶为生物素，还需 Mg^{2+} 参与，并由 ATP 提供能量，羧化过程中所需的 CO_2 由碳酸氢盐提供。

$$\underset{\text{乙酰 CoA}}{CH_3\sim SCoA} + HCO_3^- + ATP \xrightarrow[\text{乙酰 CoA 羧化酶}]{\text{生物素、}Mg^{2+}} \underset{\text{丙二酰 CoA}}{\underset{COOH}{\underset{|}{CH_2CO\sim SCoA}}} + ADP + Pi$$

乙酰 CoA 羧化酶存在于细胞质中，是脂肪酸合成的限速酶，其辅酶为生物素，Mg^{2+} 为激活剂。柠檬酸与异柠檬酸是该酶的别构激活剂；长链脂酰 CoA 是该酶的别构抑制剂。高糖低脂饮食可促进此酶的合成，通过丙二酰 CoA 的合成而促进脂肪酸的合成。胰高血糖素可抑制乙酰 CoA 羧化酶的活性，胰岛素能使乙酰 CoA 羧化酶恢复活性。

3）软脂酸的合成：1 分子乙酰 CoA 和 7 分子丙二酰 CoA 在脂肪酸合成酶系的催化下，由 $NADPH+H^+$ 供氢合成软脂酸。合成总反应为：

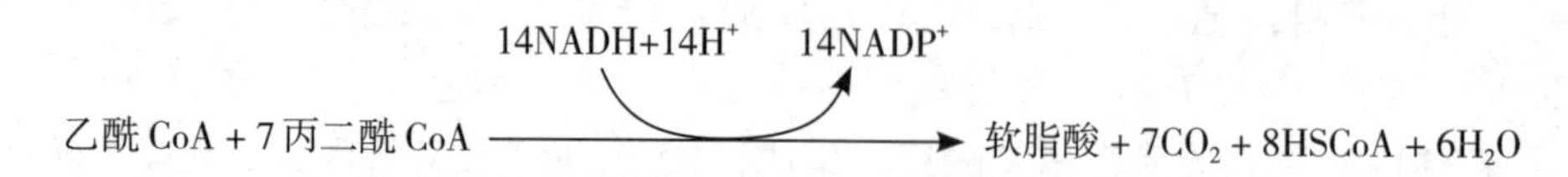

脂肪酸合成酶系是多酶复合体，属多功能酶，由两个相同的亚基头尾相接而组成，内含 7 种酶，其活性都在一条多肽链上。在这条多肽链上除了 7 种酶活性部位外，还有一个酰基载体蛋白（ACP）。脂肪酸合成的过程实际上是以 ACP 为中心，完成 7 种酶催化的反应。整个软脂酸的合成在此酶分子上依次重复进行缩合、还原、脱水再还原的过程。每重复一次使碳链增长 2 个碳原子，最后形成十六碳的软脂酰 ACP，在硫酯酶的催化作用下释放出软脂酸。

胞质中合成的脂肪酸主要是软脂酸，更长或较短的脂肪酸必须进一步改造和加工，使碳链延长或缩短，此过程可在线粒体和内质网中进行。在线粒体中，软脂酸经线粒体延长酶体系作用，与乙酰 CoA 缩合，逐步延长碳链，其过程与脂肪酸 β- 氧化逆行反应相似。由 $NADPH+H^+$ 供氢，通过缩合、加氢、脱水及再加氢反应，每一轮可增加 2 个碳原子，一般可延长脂肪酸碳链至 24 碳或 26 碳，但以硬脂酸（18 碳）最多。内质网中的酶系能利用丙二酰 CoA 作为原料使软脂酰 CoA 的碳链延长，其过程与软脂酸合成酶系催化的过程相似。

脂肪酸合成酶

糖尿病研究治疗工作人员通过研究溃疡性结肠炎病人曾发现：糖尿病病人大肠活检组织中脂肪酸合成酶的含量较正常人少。脂肪酸合成酶是保持肠道黏膜层完整性的关键酶，合成酶一旦缺失肠道细菌便会侵入大小肠正常细胞诱发炎症，最终导致胰岛素抵抗和糖尿病的发生。

脂肪合成的关键酶——脂肪酸合成酶受胰岛素调节，糖尿病病人体内经常在脂肪酸合成酶合成脂肪过程中存在缺陷。研究过程中，研究者将小鼠大肠中主要负责合成脂肪酸合成酶基因敲除后作为该研究的实验动物模型。小鼠大肠脂肪酸合成酶缺失后会导致肠道慢性炎症的发生，后者是糖尿病的预测因子。

2. α-磷酸甘油的来源　体内甘油三酯合成所需的α-磷酸甘油来自两条途径：

（1）来自糖代谢：糖在分解代谢中产生的磷酸二羟丙酮可在α-磷酸甘油脱氢酶的作用下生成α-磷酸甘油。这个反应在人体各组织内普遍存在。

（2）来自细胞内甘油的代谢：甘油可在甘油激酶作用下，活化为α-磷酸甘油（图5-16）。

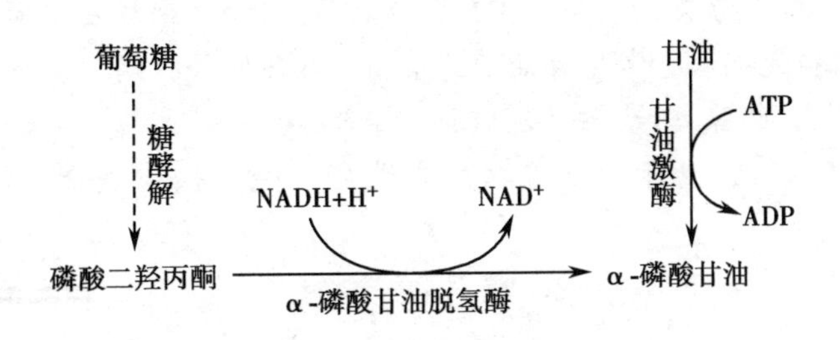

图5-16　α-磷酸甘油的来源

肝、肾、哺乳期乳腺及小肠黏膜含有丰富甘油激酶，而肌肉组织、脂肪组织此酶活性较低，因而利用甘油的能力较弱。

3. 甘油三酯的合成　甘油三酯的合成是以α-磷酸甘油和脂酰CoA为原料，在肝、脂肪组织及小肠等组织细胞的内质网中进行。

2分子脂酰CoA与1分子α-磷酸甘油在脂酰CoA转移酶的催化下，先合成磷脂酸，磷脂酸经磷脂酸磷酸酶催化脱下磷酸化生成甘油二酯，再通过脂酰CoA转移酶催化与1分子脂酰基结合生成了甘油三酯。此反应中脂酰CoA转移酶是合成甘油三酯的限速酶（图5-17）。

在一般情况下，脂肪组织合成的甘油三酯就地储存，而肝及小肠黏膜上皮细胞合成的甘油三酯不在原组织细胞内储存，而是形成极低密度脂蛋白或乳糜微粒后入血液被送到脂肪组织内储存或运至其他组织利用。

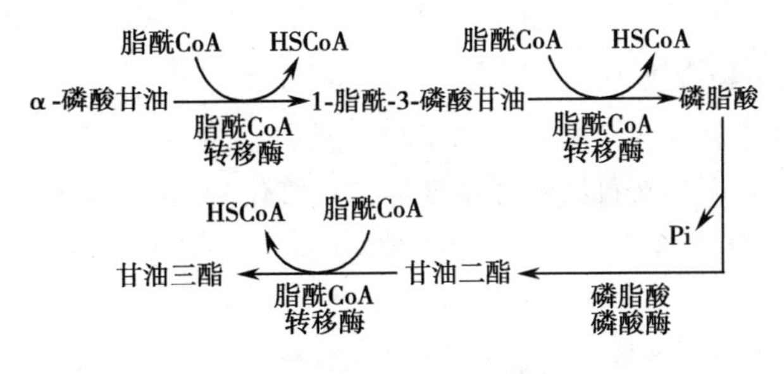

图5-17　甘油三酯的合成

甘油三酯检测的临床意义

甘油三酯升高：常见于：①食物中摄入脂肪过多。②肝脏疾病时从糖和游离脂肪酸产生过多。③遗传性家族性高脂血症。④肥胖症、体力活动减少、酗酒后等。⑤血中甘油三酯以CM和VLDL含量最高，与动脉粥样硬化形成有关；脑血管血栓、心肌梗死病人也常见甘油三酯增高。⑥其他如肾病综合征、甲状腺功能减退症、糖尿病、胰腺炎等，妊娠及口服避孕药等。

甘油三酯降低：见于甲状腺功能亢进症、营养不良、先天性无β-脂蛋白血症。

四、胆固醇代谢

1. 不吃胆固醇就不会得高胆固醇血症吗？
2. 为什么在照护婴儿时要注意及时添加蛋黄辅食？

胆固醇是具有羟基的固醇类化合物。以游离胆固醇和胆固醇酯的形式存在。它是生物膜的重要组成成分，正常成人体内含胆固醇约为140g，分布极不均匀，约25%存在于脑和神经组织。肾上腺的胆固醇含量最高，每克组织约含100mg；肝、肾、小肠等内脏及皮肤、脂肪组织亦含有较多的胆固醇；肌肉组织胆固醇含量较少；骨组织含量极少。

人体胆固醇除少量来源于动物性食物（肉类、动物内脏、蛋黄、鱼籽等）外，主要由机体各组织合成。

（一）胆固醇的生物合成

1. 原料　胆固醇合成的原料是乙酰CoA，此外还需要ATP供能，$NADPH+H^+$提供氢。乙酰CoA及ATP大多来自线粒体中糖的有氧氧化，$NADPH+H^+$主要来自胞质中的磷酸戊糖途径。实验证明每合成1分子胆固醇需要18分子乙酰CoA、36分子ATP、16分子$NADPH+H^+$。

2. 部位　除脑组织及成熟红细胞外，几乎全身各组织都能合成胆固醇。以肝的合成能力最强，占合成总量的80%，其次是小肠，占合成总量的10%。合成胆固醇的全部酶系都存在于胞质和内质网中。

3. 基本过程　胆固醇的合成过程很复杂，可概括为三个阶段。

（1）甲羟戊酸（MVA）的生成：首先由2分子乙酰CoA缩合生成乙酰乙酰CoA，然后再与1分子乙酰CoA在羟甲戊二酰CoA合酶的催化下生成β-羟-β-甲戊二酰CoA（HMG-CoA），此过程与酮体生成的前几步相同。HMG-CoA经HMG-CoA还原酶催化生成甲羟戊酸（MVA），该酶是胆固醇合成途径的限速酶。

（2）鲨烯的生成：MVA经磷酸化、脱羧、脱羟基等一系列反应最终缩合成30碳原子的多烯烃化合物——鲨烯。

（3）胆固醇的生成：鲨烯以胆固醇载体蛋白为载体进入内质网，由单加氧酶、环化酶等催化，环化为羊毛固醇，后经一系列氧化、脱羧、还原等反应转变为胆固醇（图5-18）。

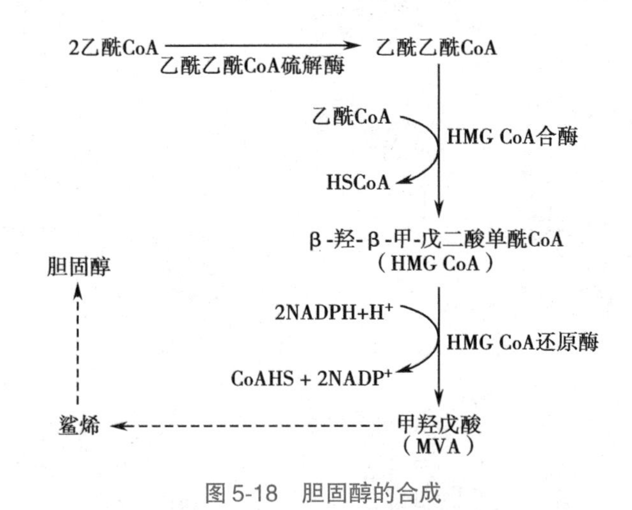

图5-18 胆固醇的合成

血液胆固醇含量与疾病的关系

血液胆固醇含量升高会加速动脉粥样硬化的过程。动脉粥样硬化引起心肌血流供应障碍，因而会导致心绞痛或心脏病发作。但是，造成动脉粥样硬化危险因素的种类很多，胆固醇升高仅是其中之一。除此之外，年龄、性别、家族史以及糖尿病、高血压、肥胖（特别是向心性肥胖）等都是引发动脉粥样硬化的主要危险因素。高胆固醇血症对机体有害，但亦并非血胆固醇愈低愈好。虽然低血胆固醇造成的危害不大，但血液胆固醇含量过低时，癌症或其他严重疾病的发生率会增加。一般素食者和先天性胆固醇合成缺陷者，血液胆固醇含量较低。

（二）胆固醇的转化

胆固醇在体内不能彻底氧化分解生成CO_2和H_2O。和磷脂分子一样，胆固醇是既亲水又亲脂的两亲性的物质，因此，胆固醇是生物膜中的结构脂质及血浆脂蛋白的重要组分。

同时胆固醇又是体内很多生物活性物质如肾上腺皮质激素、性激素和维生素 D_3 等的前体。

1. 转变为类固醇激素

（1）肾上腺皮质激素：肾上腺皮质以胆固醇为原料，在一系列酶的催化下，在球状带细胞主要合成醛固酮，调节电解质和水盐代谢。在束状带细胞主要合成皮质醇和少量的皮质酮，调节糖、脂肪和蛋白质的代谢。在网状带细胞分泌雄激素，但分泌量较少，在生理情况下意义不大，女性体内的男性激素几乎全部由此处产生。

（2）性激素：胆固醇在性腺内合成各种性激素。在睾丸间质细胞主要合成睾酮；在卵巢的卵泡可合成雌二醇，在卵巢的黄体和胎盘可合成雌激素与孕激素。这些性激素具有维持副性器官的分化、发育及副性征的作用，对全身代谢也有一定的影响。人体主要的类固醇激素见图 5-19。

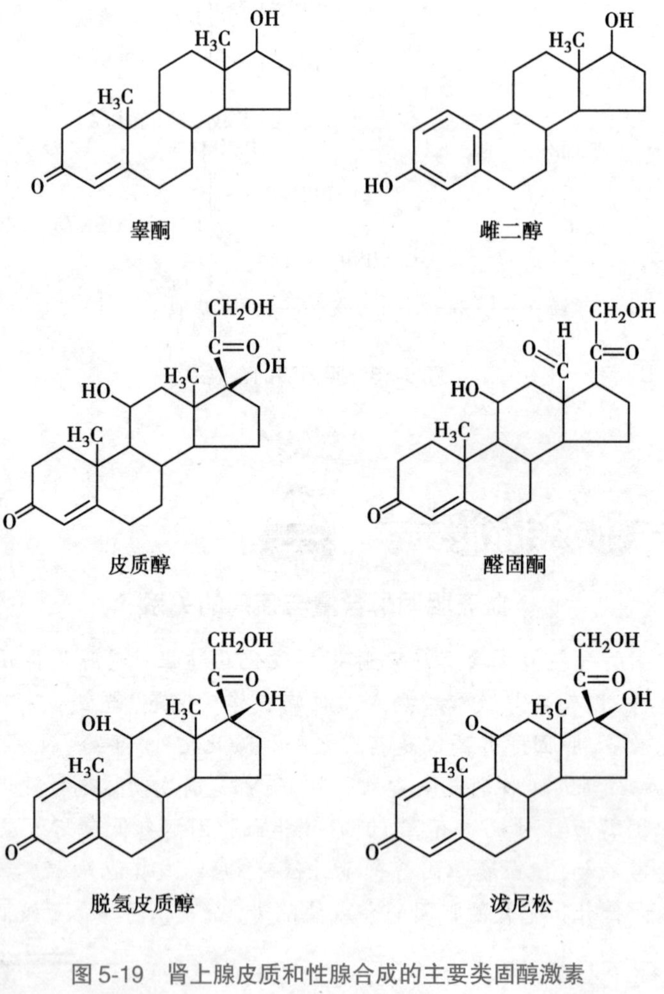

睾酮　　雌二醇

皮质醇　　醛固酮

脱氢皮质醇　　泼尼松

图 5-19　肾上腺皮质和性腺合成的主要类固醇激素

2. 转变为维生素 D_3　胆固醇在肝、小肠黏膜和皮肤等处，可脱氢生成 7- 脱氢胆固醇。贮存于皮下的 7- 脱氢胆固醇，经日光（紫外线）照射进一步转化为维生素 D_3。维生素 D_3 经肝细胞微粒体 25- 羟化酶催化生成 25- 羟维生素 D_3，后者通过血浆转运至肾，再经肾小

管上皮细胞线粒体内 1α- 羟化酶的催化生成具有生理活性的 1，25- 二羟维生素 D_3（1，25-(OH)$_2$-D_3，图 5-20），调节钙磷代谢。

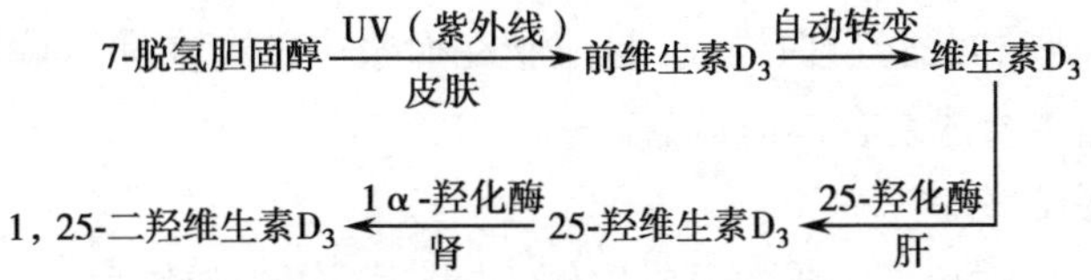

7-脱氢胆固醇 —UV（紫外线）/皮肤→ 前维生素D_3 —自动转变→ 维生素D_3 —25-羟化酶/肝→ 25-羟维生素D_3 —1α-羟化酶/肾→ 1，25-二羟维生素D_3

图 5-20　活性维生素 D_3 的生成

3. 转变为胆汁酸　胆固醇在肝内转变为胆汁酸，这是胆固醇在体内代谢的主要去路，是肝清除体内胆固醇的主要方式。正常人每天合成 1~1.5g 胆固醇，其中约 40%（0.4~0.6g）在肝内转变成为胆汁酸。胆汁酸多以钠盐或钾盐（胆汁酸盐、胆盐）的形式存在，随胆汁排入肠道，促进脂质及脂溶性维生素的消化和吸收。

（三）胆固醇的排泄

在体内胆固醇的主要代谢去路是转变为胆汁酸，以胆汁酸盐的形式随胆汁排泄，这是胆固醇排泄的主要途径。还有一小部分胆固醇可直接随胆汁排出。进入肠道的胆固醇，另一部分以原形或经肠道细菌的作用，还原为粪固醇，随粪便排出体外。

总胆固醇检测的临床意义

总胆固醇增高见于：①高胆固醇和高脂肪饮食；②胆道梗阻，如胆石症、肝脏肿瘤、胰头癌等；③冠心病、动脉硬化症；④其他如糖尿病、肾病综合征、甲状腺功能减退症、脂肪肝等。

总胆固醇降低见于：严重肝病如肝细胞性黄疸、门脉性肝硬化晚期等；亦可见于慢性消耗性疾病、营养不良及甲状腺功能亢进症。

五、血脂的来源与去路

血浆中的脂质统称为血脂，包括甘油三酯、磷脂、胆固醇及其酯、游离脂肪酸等。血浆脂质虽仅占体内脂质总量的极小部分，但血脂转运于各组织之间，故可以反映体内脂质代谢情况。临床上血脂的测定可作为高脂血症、动脉粥样硬化、冠心病等的辅助诊断指标。在正常情况下，健康成年人血脂的来源与去路保持着动态平衡。血脂的来源与去路如图 5-21 所示。

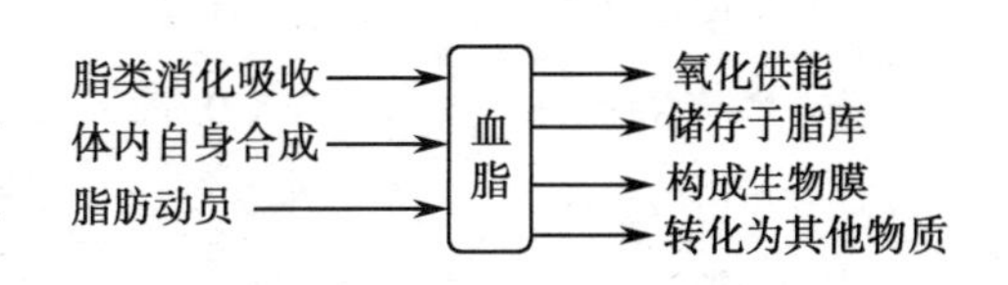

图 5-21　血脂的来源与去路

六、血浆脂蛋白的分类与功能

脂质难溶于水，在血浆中不能以游离状态存在，而是与蛋白质结合，以脂蛋白的形式运输。血浆脂蛋白由血脂和载脂蛋白构成，是血脂在血浆中的存在和运输形式。血浆中游离脂肪酸则是与清蛋白结合成复合体而运输。

（一）血浆脂蛋白的分类

血浆脂蛋白所含脂质和蛋白质的组成比例不同，其密度、颗粒大小、表面电荷等特性不同，据此可将脂蛋白分为不同种类。

1. 电泳法　不同血浆脂蛋白颗粒大小及表面电荷不同，在电场中的迁移率也不同。按其在电场中移动的快慢，可分为α-脂蛋白（α-LP）、前β-脂蛋白（前β-LP）、β-脂蛋白（β-LP）和乳糜微粒（CM）四种（图5-22）。

图 5-22　血浆脂蛋白电泳图谱

2. 超速离心法　血浆在一定密度的介质中进行超速离心，因脂蛋白密度不同，漂浮速率不同，按密度由小到大依次为乳糜微粒（CM）、极低密度脂蛋白（VLDL）、低密度脂蛋白（LDL）和高密度脂蛋白（HDL）。

（二）血浆脂蛋白的组成与功能

血浆脂蛋白主要由载脂蛋白、甘油三酯、磷脂、胆固醇及其酯组成，各种脂蛋白都含有这四类成分，但其组成比例、含量不同。其中乳糜微粒中甘油三酯含量最高，占其组成的90%左右；VLDL中含量最高的组分也是甘油三酯，约为60%；胆固醇及其酯以LDL中最多；HDL含载脂蛋白最高，也含有较多的磷脂和胆固醇。

血浆脂蛋白中的蛋白质成分称为载脂蛋白，主要有apo A、apo B、apo C、apo D和apo E等五类。载脂蛋白不仅稳定脂蛋白结构，还能调节脂蛋白代谢关键酶的活性、识别脂蛋白受体，在脂蛋白代谢中发挥重要作用。

各种血浆脂蛋白组成不同，具有不同的生理功能，见表5-5。

表 5-5　血浆脂蛋白的分类、性质、组成及功能

分类	离心法	CM	VLDL	LDL	HDL
	电泳法	CM	前β-脂蛋白	β-脂蛋白	α-脂蛋白
性质	密度	<0.95	0.95~1.006	1.006~1.063	1.063~1.210
	颗粒直径（nm）	80~500	25~80	20~25	5~17
组成（%）	蛋白质	0.5~2	5~10	20~25	50
	脂类	98~99	90~95	75~80	50
	甘油三酯	80~95	50~70	10	5
	总胆固醇	1~4	15	45~50	20
	游离胆固醇	1~2	5~7	8	5

续表

分类	离心法 电泳法	CM CM	VLDL 前β-脂蛋白	LDL β-脂蛋白	HDL α-脂蛋白
组成（%）	胆固醇酯	3	10~12	40~42	15~17
	磷脂	5~7	15	20	25
功能		转运外源性甘油三酯到全身	转运内源性甘油三酯到全身	转运胆固醇从肝到全身各组织	转运胆固醇从肝外到肝

1. 乳糜微粒　CM 由小肠黏膜细胞合成，小肠黏膜细胞将吸收的脂肪酸和甘油一酯再合成甘油三酯，连同吸收的磷脂与胆固醇，与载脂蛋白结合形成 CM，CM 通过淋巴管进入血液循环，供骨骼肌、心肌、脂肪等组织组织摄取利用。因此 CM 的主要功能是运输外源性甘油三酯至全身。正常人 CM 在血浆中代谢迅速，半寿期为 5~15min，因此空腹 12~14h 后血浆中不含 CM。

2. 极低密度脂蛋白　VLDL 主要由肝细胞合成，是内源性甘油三酯的主要运输形式。肝细胞可将肝中的甘油三酯与载脂蛋白、磷脂、胆固醇等结合形成 VLDL，分泌入血。另外，小肠黏膜细胞也可合成少量的 VLDL。VLDL 的半寿期为 6~12h，正常人空腹血浆中可有少量。肝是合成脂肪的主要部位，如果 VLDL 代谢障碍，过多的脂肪堆积在肝脏，易引起脂肪肝。

3. 低密度脂蛋白　LDL 主要由 VLDL 在血浆中转变而来，主要功能是转运肝合成的内源性胆固醇至肝外组织，或构成细胞膜的重要成分，或肾上腺、卵巢、睾丸等细胞中被利用合成类固醇激素。部分 LDL 还可被单核 - 吞噬细胞系统的巨噬细胞及血管内皮细胞吞入清除。如果 LDL 含量过高或结构不稳定，胆固醇易在血管壁沉积而形成斑块，引起动脉粥样硬化，因此 LDL 被认为是导致动脉粥样硬化发生的重要物质。

4. 高密度脂蛋白　HDL 主要由肝细胞合成，其次是小肠。主要功能是将胆固醇从肝外组织转运至肝脏。在肝或小肠分泌的新生 HDL 进入血液后，可将动脉壁中多余胆固醇逆向转运回肝脏，肝是清除胆固醇的主要器官，从而消退动脉脂质的沉积，因此 HDL 被认为是抗动脉粥样硬化因子。

目标检测

一、名词解释

1. 脂肪动员　　2. 酮体　　3. 血脂　　4. 血浆脂蛋白

二、填空题

1. 胰岛素能________脂肪动员；肾上腺素能________脂肪动员。
2. 甘油三酯在脂肪酶作用下水解可生成________和________。
3. 脂酰 CoA 一次 β 氧化经历________、________、________、________四步。

4. 酮体包括________、________、________。
5. 胆固醇合成的原料是________、________、________。

三、单项选择题

1. 下列属于营养必需脂肪酸的是
   A. 软脂酸　B. 亚麻酸　C. 硬脂酸
   D. 油酸　E. 十二碳脂肪酸
2. 运输内源性甘油三酯的是
   A. VLDL　B. HDL　C. LDL
   D. CM　E. 以上均不是
3. 体内脂肪大量动员时，肝内乙酰 CoA 主要生成的物质是
   A. 葡萄糖　B. 酮体　C. 胆固醇
   D. 脂肪酸　E. 二氧化碳和水
4. 可将肝外组织胆固醇转运至肝的主要脂蛋白是
   A. LDL　B. CM　C. HDL　D. IDL　E. VLDL
5. 甘油三酯合成的基本原料是
   A. 甘油　B. 胆固醇酯　C. 胆碱
   D. 鞘氨醇　E. 胆固醇
6. 产生酮体的器官主要是
   A. 肾　B. 小肠　C. 肝　D. 胰　E. 皮肤
7. 肝脏在脂肪代谢中产生过多酮体主要由于
   A. 肝功能不好　B. 肝中脂肪代谢紊乱
   C. 酮体是病理性代谢产物　D. 脂肪摄食过多
   E. 糖的供应不足或代谢障碍
8. 病人饲以去脂饮食，结果将引起下列哪种脂质缺乏
   A. 软油酸　B. 油酸　C. 花生四烯酸
   D. 胆固醇　E. 硬脂酸
9. 有助于防止动脉粥样硬化的脂蛋白是
   A. 乳糜微粒　B. 极低密度脂蛋白　C. 低密度脂蛋白
   D. 高密度脂蛋白　E. 中间密度脂蛋白

四、思考题

1. 调节脂代谢的激素有哪些？
2. 一分子 16 碳的软脂酸彻底氧化分解可产生多少个 ATP，经历哪些代谢过程？
3. 胆固醇的代谢去路有哪些？
4. 脂蛋白有几种，各自的作用主要是什么？

（赵　婷　张承玉）

第三节　氨基酸代谢

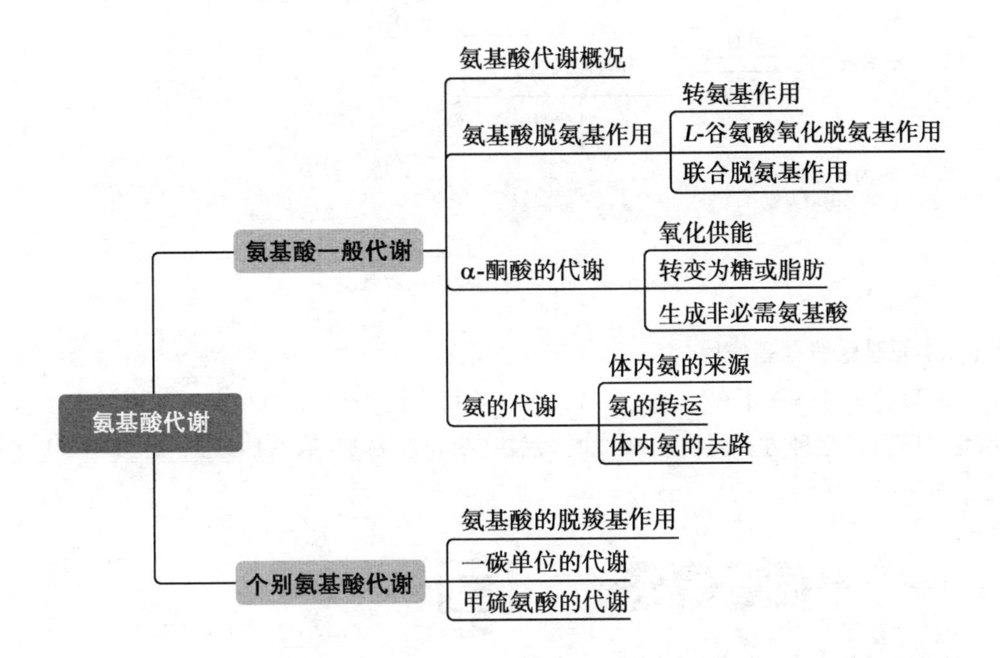

氨基酸是蛋白质的基本组成单位，氨基酸代谢包括合成代谢与分解代谢两个方面，本节重点介绍氨基酸分解代谢。

一、氨基酸一般代谢

（一）氨基酸代谢概况

食物蛋白经消化吸收的氨基酸（外源性）、组织蛋白分解的氨基酸（内源性）以及体内合成的氨基酸（非必需氨基酸）等体内游离氨基酸混在一起组成氨基酸代谢库。体内氨基酸的主要作用是合成蛋白质（详见蛋白质生物合成），也可以合成某些多肽及其他含氮化合物。另一方面，氨基酸可以通过脱氨基作用分解为α-酮酸和氨（NH_3），也有一小部分氨基酸通过脱羧基作用生成胺（$R\text{-}NH_2$）和二氧化碳（CO_2）。α-酮酸可参与糖或脂代谢，也可以经三羧酸循环氧化。生成的氨，主要在肝经鸟氨酸循环合成尿素。体内氨基酸的代谢概况如图5-23所示。

所有的氨基酸分子中都含有氨基和羧基，在体内的一般代谢主要包括脱氨基作用和脱羧基作用两个方面。其中以脱氨基作用为主要代谢途径。

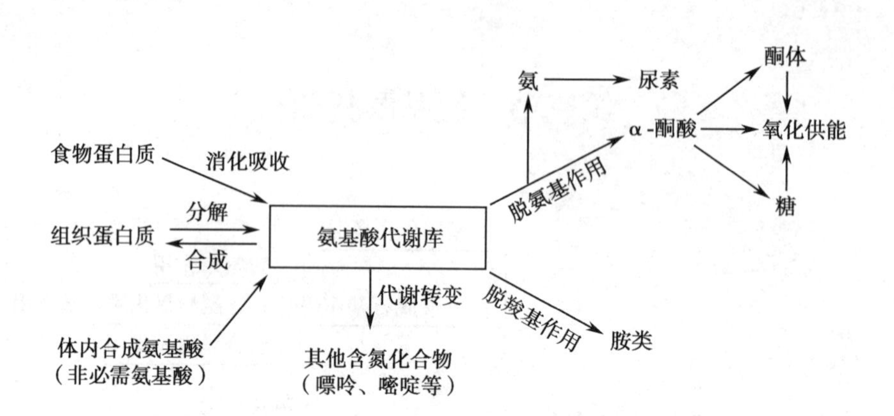

图 5-23　体内氨基酸的代谢概况

（二）氨基酸脱氨基作用

氨基酸的脱氨基作用在体内大多数组织中均可进行，这是氨基酸分解代谢的主要途径。氨基酸可以通过多种方式脱去氨基，如转氨基、氧化脱氨基、联合脱氨基等，其中以联合脱氨基最重要。

1. 转氨基作用　体内各组织中都有氨基转移酶或称转氨酶。在转氨酶催化下氨基酸的α-氨基转移到另一个α-酮酸的酮基上，生成相应的氨基酸；而原来的氨基酸则转变成相应的α-酮酸的过程，称转氨基作用。

$$\text{氨基酸}_1 + \alpha\text{-酮酸}_1 \xrightleftharpoons{\text{转氨酶}} \alpha\text{-酮酸}_2 + \text{氨基酸}_2$$

上述反应可逆，既是氨基酸的分解代谢过程，也是体内某些氨基酸（非必需氨基酸）合成的重要途径。

体内大多数氨基酸可以参与转氨基作用，但赖氨酸、脯氨酸及羟脯氨酸例外、除了α-氨基外，氨基酸侧链末端的氨基，如鸟氨酸的δ-氨基也可通过转氨基作用脱去。

体内存在着多种转氨酶。不同氨基酸与α-酮酸之间的转氨基作用只能由专一的转氨酶催化。在各种转氨酶中，以*L*-谷氨酸与α-酮酸的转氨酶最为重要。例如，丙氨酸氨基转移酶（ALT）亦称谷丙转氨酶（GPT）和天冬氨酸氨基转移酶（AST）亦称谷草转氨酶（GOT）在体内广泛存在，但各组织中含量不等（表 5-6）。

表 5-6 正常人各组织中 ALT(GPT)及 AST(GOT)活性

组织	ALT 单位/g 组织	AST 单位/g 组织	组织	ALT 单位/g 组织	AST 单位/g 组织
心	7 100	156 000	胰腺	2 000	28 000
肝	44 000	142 000	脾	1 200	14 000
骨骼肌	4 800	99 000	肺	700	10 000
肾	19 000	91 000	血清	16	20

$$\text{谷氨酸} + \text{丙酮酸} \underset{}{\overset{\text{ALT(GPT)}}{\rightleftharpoons}} \alpha\text{-酮戊二酸} + \text{丙氨酸}$$

$$\text{谷氨酸} + \text{草酰乙酸} \underset{}{\overset{\text{AST(GOT)}}{\rightleftharpoons}} \alpha\text{-酮戊二酸} + \text{天冬氨酸}$$

由表 5-6 可见，转氨酶广泛存在于组织细胞内，但以肝细胞含量最多，其次为心肌、脑和肾组织中。在肝细胞 ALT 主要在肝细胞质中，少量存在于线粒体内，肝内活性较血清高 100 倍。AST 主要分布于心肌，其次为肝、骨骼肌和肾等组织中，在肝细胞 AST 约有 80% 以上存在于线粒体中。健康状态下，ALT 和 AST 在血清中含量很低，当肝细胞损伤时，它们的血清浓度会发生变化。在轻、中度肝损伤时，肝细胞膜通透性增加，胞质内的 ALT 和 AST 释放入血，导致血液中 ALT 和 AST 升高，此时以 ALT 升高为明显，ALT 升高远大于 AST 升高；当严重肝细胞损伤时，线粒体受损，可导致线粒体内的酶被释放入血，此时以 AST 升高更明显，血清中 AST/ALT 比值升高。因此，血清转氨酶测定是肝损伤的敏感指标。

转氨酶的辅酶是维生素 B_6 的活性形式，即磷酸吡哆醛和磷酸吡哆胺，它们在转氨基过程中通过相互转变起传递氨基的作用。

2. *L*-谷氨酸氧化脱氨基作用　*L*-谷氨酸脱氢酶广泛存在于肝、肾、脑等组织中，活性较强，能催化 *L*-谷氨酸氧化脱氨生成 α-酮戊二酸，辅酶是 NAD^+ 或 $NADP^+$。

$$L\text{-谷氨酸} + H_2O \xrightleftharpoons[L\text{-谷氨酸脱氢酶}]{NAD^+ \to NADH+H^+} \alpha\text{-酮戊二酸} + NH_3$$

以上反应可逆的，一般情况下，反应偏向于谷氨酸的生成，但是当谷氨酸浓度高而 NH_3 的浓度低时，有利于 α-酮戊二酸的生成。

3. 联合脱氨基作用　联合脱氨基作用是体内氨基酸脱氨基的主要方式，在不同的组织联合脱氨基方式有所区别。

(1)转氨酶与 *L*-谷氨酸脱氢酶联合脱氨基作用：在转氨酶催化下，将氨基酸的 α-氨基转移到 α-酮戊二酸上生成谷氨酸，然后在 *L*-谷氨酸脱氢酶作用下将谷氨酸氧化脱氨生成 α-酮戊二酸(图 5-24)。这种脱氨基方式主要在肝、肾和脑进行，在肌肉中很难进行。

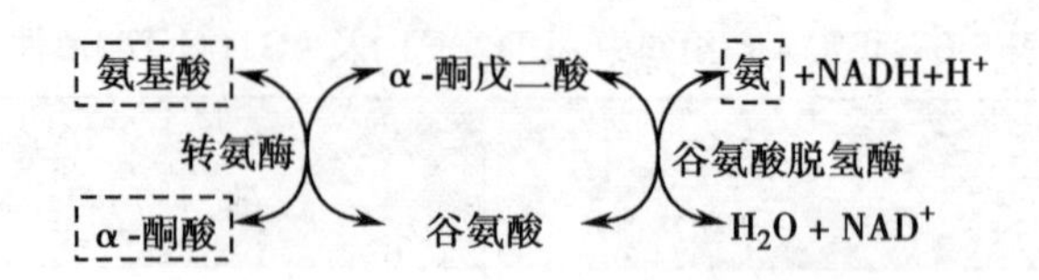

图 5-24 联合脱氨基作用

（2）嘌呤核苷酸循环：肌肉中的氨基酸脱氨基，需通过嘌呤核苷酸循环方式脱氨基。氨基酸首先通过连续的转氨基作用将氨基转移给草酰乙酸，生成天冬氨酸；天冬氨酸与次黄嘌呤核苷酸（IMP）反应生成腺苷酸代琥珀酸，后者经过裂解，释放出延胡索酸并生成腺嘌呤核苷酸（AMP）。AMP 在腺苷酸脱氨酶（此酶在肌组织中活性较强）催化下脱去氨基，最终完成氨基酸的脱氨基作用。IMP 可以再参加循环（图 5-25）。

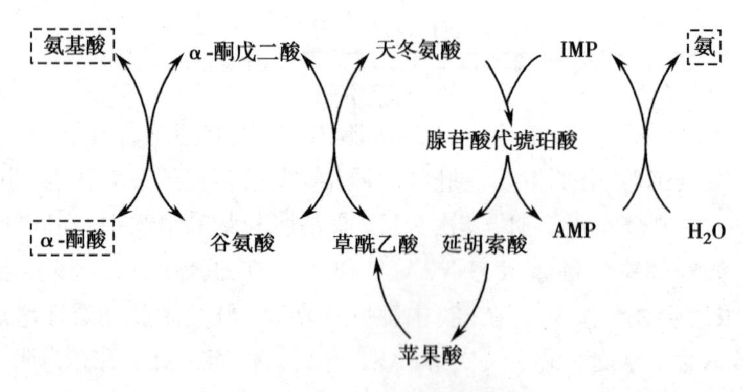

图 5-25 嘌呤核苷酸循环

（三）α- 酮酸的代谢

氨基酸经脱氨基后生成的α- 酮酸在体内的代谢途径主要有以下三条：

1. 氧化供能 α- 酮酸在体内代谢生成乙酰辅酶 A，通过三羧酸循环彻底氧化成 CO_2 及水，同时释放出能量供机体的需要。

2. 转变为糖或脂肪 组成人体蛋白质的 20 种氨基酸脱去氨基后生成的 α- 酮酸，经代谢可转变为七种主要代谢中间物质丙酮酸、乙酰 CoA、乙酰乙酰 CoA 及三羧酸循环中的 α- 酮戊二酸、琥珀酰 CoA、延胡索酸和草酰乙酸。其中能转变为三羧酸循环的中间产物和丙酮酸的氨基酸，可经糖异生途径转变为糖，称为生糖氨基酸，共有 13 种。降解只能生成乙酰 CoA 或乙酰乙酰 CoA 的氨基酸能生成酮体和脂肪酸，称为生酮氨基酸，生酮氨基酸只有亮氨酸和赖氨酸两种。另外五种氨基酸，异亮氨酸、苯丙氨酸、酪氨酸、色氨酸和苏氨酸既能生酮又能生糖，称为生糖兼生酮氨基酸（表 5-7）。

表 5-7 氨基酸生糖及生酮性质的分类

类别	氨基酸
生糖氨基酸	丙氨酸、精氨酸、天冬氨酸、半胱氨酸、谷氨酸、甘氨酸、脯氨酸 甲硫氨酸、丝氨酸、缬氨酸、组氨酸、天冬酰胺、谷氨酰胺
生酮氨基酸	亮氨酸、赖氨酸
生糖兼生酮氨基酸	异亮氨酸、苯丙氨酸、酪氨酸、色氨酸、苏氨酸

3. 生成非必需氨基酸　α- 酮酸氨基化生成相应的 α- 氨基酸，这是体内非必需氨基酸的主要合成过程。

（四）氨的代谢

1. 临床上给高血氨病人灌肠治疗时，能否使用肥皂水，为什么？
2. 对肝硬化腹水的患者能否建议使用氢氯噻嗪等碱性利尿药，为什么？

氨是有毒物质，主要侵犯神经系统，脑组织对氨的作用极为敏感。给动物注射一定的 NH_4Cl 后，可使动物发生"昏迷"以致死亡。机体处理氨的能力非常强，正常人血液中氨的浓度不超过 60μmol/L。

1. 体内氨的来源　①氨基酸脱氨基：氨基酸脱氨基作用是组织中氨的主要来源。氨基酸经脱羧基反应生成胺，再经氧化生成氨，是次要来源。膳食中蛋白质过多时，氨的生成量也增多。②肠道吸收的氨：正常情况下肝脏合成的尿素有少部分经肠黏膜分泌至肠腔。在肠道细菌产生的脲酶作用下，可将尿素水解成为 CO_2 和 NH_3，这一部分氨约占肠道产氨总量的 90%（成人每日约为 4g）。肠道中的氨可被吸收入血，其中 3/4 的吸收部位在结肠，其余部分在空肠和回肠。氨入血后可经门静脉入肝，重新合成尿素。这个过程称为尿素的肠肝循环。肠道中的一小部分氨来自腐败作用。肠道中 NH_3 重吸收入血的程度决定于肠道的 pH，当结肠的 $pH < 6$ 时，NH_3 容易生成 NH_4^+，随粪便排出体外；当结肠的 $pH > 6$ 时，氨容易弥散入血。临床上给高血氨病人作灌肠治疗时，禁忌使用肥皂水等，以免加重病情。③肾脏重吸收的氨：血液中的谷氨酰胺流经肾脏时，可被肾小管上皮细胞中的谷氨酰胺酶分解生成谷氨酸和 NH_3。

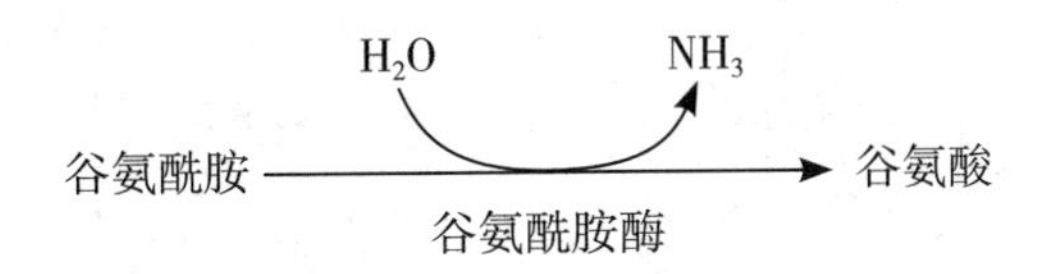

这一部分 NH_3 约占肾脏产氨量的 60%。其他各种氨基酸在肾小管上皮细胞中分解也产生氨，约占肾脏产氨量的 40%。肾小管上皮细胞中的氨有两条去路：排入原尿中，随尿液排出体外；或者被重吸收入血成为血氨。氨容易透过生物膜，而 NH_4^+ 不易透过生物膜。所以肾脏产氨的去路决定于血液与原尿的相对 pH。血液的 pH 是恒定的，因此肾小管上皮细胞中氨的去路实际上决定于原尿的 pH。原尿 pH 偏酸时，排入原尿中的 NH_3 与 H^+ 结合成为 NH_4^+，随尿排出体外。若原尿的 pH 较高，则 NH_3 易被重吸收入血。临床上血氨增高的病人使用利尿剂时，应注意这一点。

临床上对氨中毒病人可以利用什么方法降低血氨浓度？

2. 氨的转运　氨是毒性代谢物，组织产生的氨必须以无毒的形式经血液运输，然后在肝脏合成尿素或以铵盐形式随尿排出。氨在血液中转运有两种方式：

（1）谷氨酰胺的运氨作用：在组织细胞中，氨与谷氨酸在谷氨酰胺合成酶的催化下结合成谷氨酰胺，其反应如下：

$$\text{谷氨酸} + NH_3 \xrightarrow[\text{谷氨酰胺合成酶}]{} \text{谷氨酰胺}$$

谷氨酰胺是中性无毒的氨基酸，容易通过细胞膜，是体内迅速解除氨毒的一种方式，也是氨的储存及运输形式。通过这种方式，可以从脑、肌肉等组织向肝或肾运氨，运至肝的氨用于合成尿素，运至肾的氨直接随尿排出。

（2）丙氨酸-葡萄糖循环：在肌肉组织中，由糖酵解途径产生的丙酮酸，通过转氨基作用生成丙氨酸，经血液运输到肝脏，在肝中通过脱氨基作用释放出氨，用于尿素的形成，重新生成的丙酮酸经糖异生作用生成葡萄糖，生成的葡萄糖由血液再回到肌肉中。这种丙氨酸和葡萄糖反复地在肌肉和肝脏之间进行氨的转运过程，称为丙氨酸-葡萄糖循环。反应过程如图 5-26。通过这个循环，既使肌肉中的氨以无毒的丙氨酸形式运到肝脏，又使肝为肌肉提供了生成丙酮酸的葡萄糖。

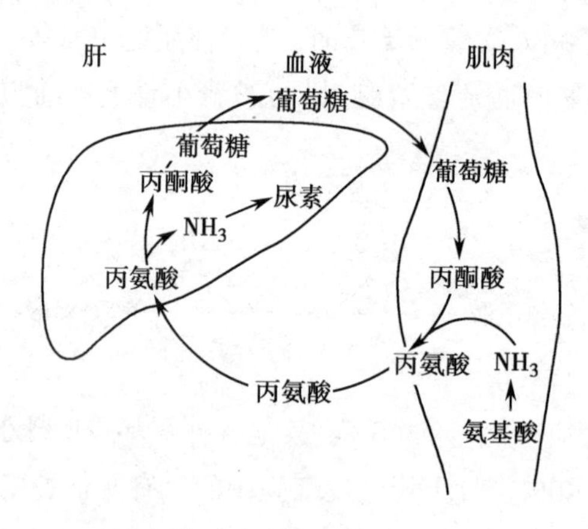

图 5-26　丙氨酸-葡萄糖循环

3. 体内氨的去路　氨的主要去路是合成尿素、随尿排出，氨还可以合成谷氨酰胺和天冬酰胺，也可合成其他非必需氨基酸，少量的氨可结合 H^+ 生成 NH_4^+ 随尿排出体外。

（1）合成尿素

1）尿素合成部位：根据动物实验，人们很早就确定了肝脏是尿素合成的主要器官，肾脏是尿素排泄的主要器官。

2）尿素的合成过程：尿素是由氨及 CO_2 在多种酶的催化下经鸟氨酸循环合成，此过程是一个耗能的过程。首先，鸟氨酸与氨及 CO_2 结合生成瓜氨酸，瓜氨酸再与 NH_3 结合生成精氨酸，最后，精氨酸水解产生尿素，并重新生成鸟氨酸（图 5-27）。

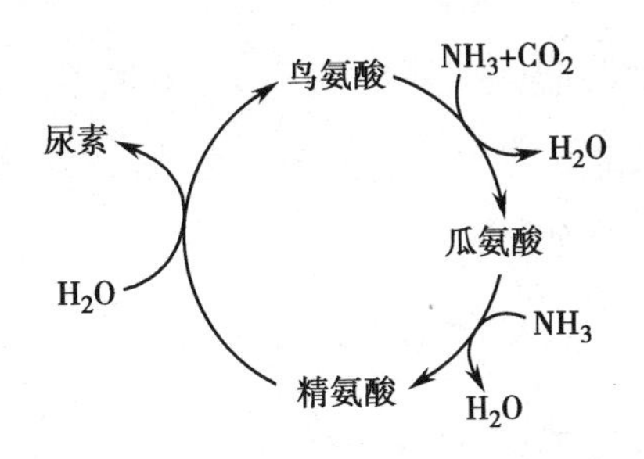

图 5-27　鸟氨酸循环简图

在体内尿素的合成过程十分复杂，需要在不同的亚细胞，由多种酶催化完成。鸟氨酸循环的过程可分为四步进行：①首先在线粒体以 NH_3 和 CO_2 为原料在氨基甲酰磷酸合成酶Ⅰ催化下生成氨基甲酰磷酸；②氨基甲酰磷酸与鸟氨酸在鸟氨酸氨基甲酰磷酸转移酶催化下生成瓜氨酸，瓜氨酸生成后由线粒体转移至胞质；③在胞质内，瓜氨酸与天冬氨酸在精氨酸代琥珀酸合成酶催化下，生成精氨酸代琥珀酸，后者在精氨酸代琥珀酸裂解酶催化下，分解为精氨酸和延胡索酸；④精氨酸在精氨酸酶作用下，水解生成尿素和鸟氨酸，鸟氨酸再回到线粒体重复前几步反应，使尿素不断合成。合成尿素所需的第二个 NH_3 是由天冬氨酸提供（图 5-28）。

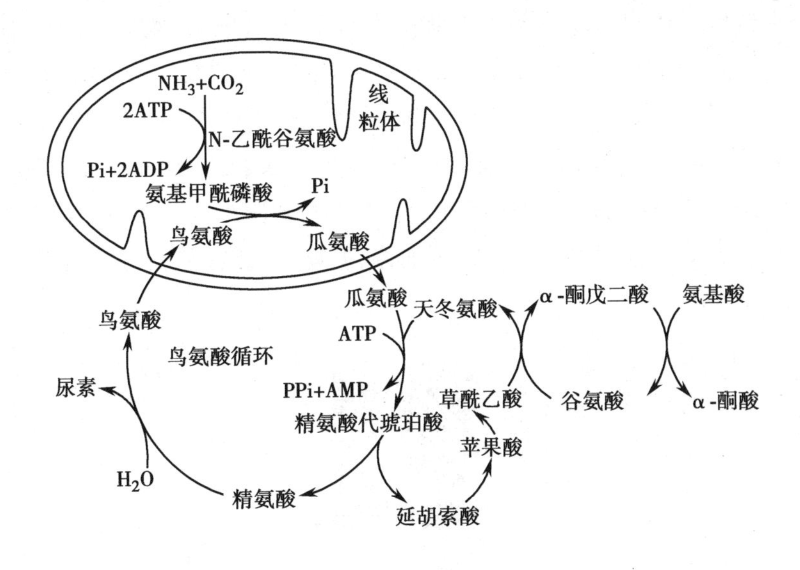

图 5-28　尿素合成的鸟氨酸循环

由图 5-28 可见，合成尿素需要两个 NH_3，一个 CO_2，消耗 3 分子 ATP（4 个高能磷酸键）。合成尿素的两个 NH_3，一个来自氨基酸脱氨基生成的氨，一个来自天冬氨酸。尿素是含氮化合物，主要通过肾脏排泄，故临床测定血中尿素氮的量来反映肾功能。

精氨酸是鸟氨酸循环中的一个组成成分，具有极其重要的生理功能。多吃精氨酸，可以增加肝脏中精氨酸酶的活性，有助于将血液中的氨转变为尿素而排泄。所以，在临床中应用盐酸精氨酸治疗高氨血症、肝脏功能障碍等疾病有一定的效果。

（2）合成谷氨酰胺：在组织细胞中，氨与谷氨酸在谷氨酰胺合成酶的催化下结合成谷氨酰胺，既是氨的转运方式，也是氨的另一条去路。通过合成谷氨酰胺将氨以化学结合的方式形成化合物，可以有效地降低血氨浓度。

谷氨酸的生物学作用

谷氨酸不是人体必需的氨基酸，但它可作为碳氮营养物质参与机体代谢，有较高的营养价值。谷氨酸被人体吸收后，易与血氨形成谷氨酰胺，能解除代谢过程中氨的毒害作用，因而能预防和治疗肝性脑病，是肝脏疾病患者的辅助药物。脑组织只能氧化谷氨酸，而不能氧化其他氨基酸，故谷氨酸可作为脑组织的能量物质，维持大脑功能。谷氨酸作为神经中枢及大脑皮质的补充剂，对于治疗脑震荡或神经损伤、癫痫以及对弱智儿童均有一定疗效。

4. 高氨血症和氨中毒　正常情况下血氨的来源与去路保持动态平衡，维持在较低水平。鸟氨酸循环是维持血氨低浓度的关键。当肝功能严重损伤时，鸟氨酸循环发生障碍，血氨浓度升高，称为高氨血症。氨中毒机制尚不清楚，一般认为，氨进入脑组织，可与 α- 酮戊二酸结合成谷氨酸，谷氨酸又与氨进一步结合生成谷氨酰胺，从而使 α- 酮戊二酸和谷氨酸减少，导致三羧酸循环减弱，从而使脑组织中 ATP 生成减少。谷氨酸本身为神经递质，且是另一种神经递质 γ- 氨基丁酸（GABA）的前体，其减少亦会影响大脑的正常生理功能，严重时可出现昏迷。

氨中毒与肝性脑病

肝性脑病

氨中毒被认为是肝性脑病发生的最关键的因素之一。血中的氨来自肠道细菌分解蛋白质、氨基酸、尿素、嘌呤等物质产生，非离子形式的氨（NH_3）容易透过脂膜被吸收并通过血脑屏障而影响脑的功能。在酸性环境下，NH_3 可形成离子形式的氨（NH_4^+），NH_4^+ 不容易被吸收、也不易透过血脑屏障，故对中枢神经系统无毒性作用。血中氨也可来自肠、肾脏、骨骼肌、心肌等处的谷氨酰胺酶将谷氨酰胺分解成谷氨酸及氨而产生。正常情况下血氨的清除主要是在肝脏形成尿素，或在脑、肝和肾等组织中形成谷氨酰胺，或通过肾、肺等排出。各种原因所致氨的生成增多及清除减少均可引起高血氨。氨对大脑的毒性作用主要是干扰脑的能量代谢，引起高能磷酸化合物浓度降低；抑制丙酮酸脱氢酶活性，从而影响乙酰辅酶 A 的生成，干扰脑的三羧酸循环；氨在大脑中进一步代谢——与 α-酮戊二酸结合生成谷氨酸，再与谷氨酸生成谷氨酰胺，消耗大量辅酶、ATP、α-酮戊二酸、谷氨酸等，使脑细胞能量供应不足、不能维持正常功能；谷氨酸是大脑重要的兴奋性神经递质，谷氨酸减少，大脑则处于抑制状态；此外，氨还可与抑制性神经递质 γ-氨基丁酸（GABA）受体结合，直接抑制中枢神经系统的功能。当然还有一些情况不能用氨中毒来解释，期待同学们努力钻研，能给出更合理的答案。

二、个别氨基酸代谢

（一）氨基酸的脱羧基作用

氨基酸在氨基酸脱羧酶催化下进行脱羧反应，生成相应的胺。除组氨酸脱羧酶不需要辅酶，其他氨基酸脱羧酶均以磷酸吡哆醛为辅酶。氨基酸脱羧基后产生的胺含量不高，但具有重要的生理功能。下列介绍几种重要的胺类：

1. γ-氨基丁酸　谷氨酸在 *L*-谷氨酸脱羧酶催化下脱羧基生成 γ-氨基丁酸（γ-aminobutyric acid，GABA），*L*-谷氨酸脱羧酶在脑、肾组织活性较高，故 γ-氨基丁酸在脑组织中浓度较高，是中枢神经系统中重要的抑制性神经递质，对中枢神经产生抑制作用。临床上常用维生素 B_6 治疗妊娠呕吐及小儿惊厥，因为维生素 B_6 能增强脑组织谷氨酸脱羧酶合成，促进 γ-氨基丁酸生成，起到镇静、止吐的作用。

2. 组胺　由组氨酸在组氨酸脱羧酶催化下脱羧基产生。组胺在体内分布广泛，乳腺、肺、肝、肌组织及胃黏膜含量较高。组胺是强烈的血管扩张剂，并可以增加毛细血管的通透性，导致血压下降，引起局部水肿。组胺能使支气管平滑肌痉挛导致哮喘。肥大细胞内的组胺释放，可引起瘙痒、打喷嚏、流鼻水等过敏反应。组胺还能刺激胃蛋白酶和胃酸分泌。

1. 磺胺类药物发挥抑菌作用的机制是什么？
2. 为什么氨甲蝶呤可以发挥抗癌作用？

（二）一碳单位的代谢

某些氨基酸在分解代谢过程中产生的含有一个碳原子的化学基团，称为一碳单位。体内的一碳单位有：甲基（$-CH_3$）、甲烯基（$=CH_2$）、甲炔基（$=CH-$）、甲酰基（$-CHO$）和亚氨甲基（$-CH=NH$）。一碳单位不能游离存在，必须以四氢叶酸为载体而转运和参加代谢。从一碳单位的供体转移给一碳单位的受体，使后者增加一个碳原子。

能生成一碳单位的氨基酸有丝氨酸、色氨酸、组氨酸、甘氨酸。另外甲硫氨酸（蛋氨酸）可通过S-腺苷甲硫氨酸（SAM）提供“活性甲基”（一碳单位），因此甲硫氨酸也可生成一碳单位。

一碳单位的生理功能是作为一碳基团的供体，主要用于嘌呤核苷酸从头合成、脱氧尿苷酸甲基化合成胸苷酸以及同型半胱氨酸甲基化再生甲硫氨酸，在核酸生物合成中有重要作用。一碳单位代谢障碍可造成某些病理情况，如巨幼细胞贫血等。磺胺药及某抗癌药（氨甲蝶呤等）正是分别通过干扰细菌及肿瘤细胞的叶酸、四氢叶酸合成，进而影响核酸合成而发挥药理作用的。

为什么缺乏维生素B_{12}会引起巨幼细胞贫血？

（三）甲硫氨酸的代谢

含硫氨基酸包括甲硫氨酸、胱氨酸和半胱氨酸，这三种氨基酸的代谢是密切联系的。甲硫氨酸能转变为胱氨酸和半胱氨酸，胱氨酸和半胱氨酸也能相互转变，但二者不能变为甲硫氨酸。

甲硫氨酸与ATP反应生成S-腺苷甲硫氨酸（S-adenosyl methionine，SAM），SAM中含有的甲基称活性甲基，SAM称为活性甲硫氨酸，它是体内重要的甲基直接供体。体内多种生理活性物质如肌酸、肾上腺素等的合成需要SAM提供甲基。SAM通过转甲基作用将甲基转移给甲基受体（RH），然后生成S-腺苷同型半胱氨酸，后者脱去腺苷转变为同型半胱氨酸，再接受N^5-CH_3-FH_4提供的甲基，重新生成甲硫氨酸。此循环过程称为甲硫氨酸循环（图5-29）。

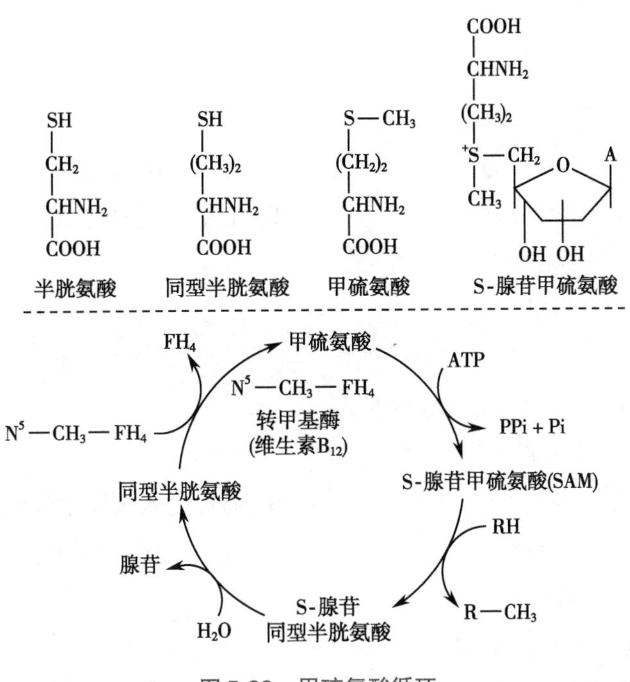

图 5-29　甲硫氨酸循环

维生素 B_{12} 是甲基转移酶的辅酶。故维生素 B_{12} 缺乏时，N^5-CH_3-FH_4 上的甲基就不能传递给同型半胱氨酸，影响甲硫氨酸的合成，而且阻碍 FH_4 的再生，导致核酸合成障碍，影响细胞分裂，造成巨幼细胞贫血。因此，甲硫氨酸循环生理意义是：① SAM 可以提供活性甲基，在体内进行甲基化反应；②经过循环有利于 FH_4 的再生。

目 标 检 测

一、名词解释

1. 氮平衡　2. 必需氨基酸　3. 腐败作用　4. 鸟氨酸循环　5. 一碳单位

二、填空题

1. 氨基酸脱氨基的产物是__________和__________。
2. 能反映肝脏和心肌病变的转氨酶主要是__________和__________。
3. 氨在血液中主要是以________及________两种形式被运输。
4. 氨在体内的主要去路是________，由________排泄，这是机体对氨的一种解毒方式。
5. 氨基酸脱羧酶的辅酶是__________，其中含有______________。

三、单项选择题

1. 蛋白质生理价值的高低取决于
   A. 氨基酸的种类及数量
   B. 必需氨基酸的种类、数量及比例
   C. 必需氨基酸的种类
   D. 必需氨基酸的数量
   E. 以上说法均不对
2. 机体摄入氮量 = 排出氮量时属于
   A. 氮平衡
   B. 正氮平衡
   C. 负氮平衡
   D. 氮总平衡
   E. 氮不平衡
3. 氨基酸在体内的主要去路是
   A. 合成组织蛋白质
   B. 通过脱氨基作用分解
   C. 转变为嘌呤或嘧啶
   D. 通过脱羧基作用分解
   E. 转变为其他含氮物
4. 体内的脱氨基方式中，以哪种为主
   A. 氧化脱氨基
   B. 转氨基
   C. 联合脱氨基
   D. 还原脱氨基
   E. 直接脱氨基
5. 转氨酶的辅酶中含有下列哪种维生素
   A. 维生素 B_1
   B. 维生素 B_2
   C. 维生素 B_6
   D. 维生素 B_{12}
   E. 维生素 PP
6. 不属于 α- 酮酸代谢途径的是
   A. 经氨基化生成非必需氨基酸
   B. 经氨基化生成必需氨基酸
   C. 转变为糖
   D. 转变为脂肪
   E. 氧化供能
7. 氨在体内的主要来源是
   A. 氨基酸的脱氨基作用
   B. 肾小管上皮分泌的氨
   C. 肠道氨基酸腐败作用产生
   D. 蛋白质肠道内腐败作用产生
   E. 肠道内尿素分解产生
8. 肾脏中产生的氨主要来自
   A. 氨基酸的联合脱氨基作用
   B. 谷氨酰胺的水解
   C. 尿素的水解
   D. 氨基酸的非氧化脱氨基作用
   E. 胺的氧化
9. 下列哪一种物质是体内氨的储存及运输形式
   A. 谷氨酸
   B. 酪氨酸
   C. 谷氨酰胺
   D. 谷胱甘肽
   E. 天冬酰胺

10. 下列不能作为氨去路的是

A. 合成尿素　B. 合成为非必需氨基酸
C. 合成必需氨基酸　D. 合成嘌呤
E. 合成嘧啶

11. 尿素的合成部位

A. 骨骼肌　B. 心肌　C. 肝脏　D. 小肠　E. 胰腺

12. 尿素是在下列哪个代谢途径产生的

A. 三羧酸循环　B. 鸟氨酸循环　C. 丙氨酸 - 葡萄糖循环
D. 乳酸循环　E. 嘌呤核苷酸循环

13. 下列哪个不是一碳单位

A. CH_4　B. $-CH_3$　C. $=CH_2$
D. $\equiv CH$　E. $-CHO$

14. 血氨增高导致脑功能障碍的生化机制是 NH_3 增高可以

A. 抑制脑中酶活性　B. 升高脑中 pH
C. 大量消耗脑中 α- 酮戊二酸　D. 抑制呼吸链的电子传递
E. 升高脑中尿素浓度

四、思考题

1. 何谓氮平衡，有哪几种情况？
2. 血氨的来源与去路是哪些？
3. 体内氨基酸以哪些形式脱氨？主要方式是什么？
4. 分析谷氨酸治疗肝性脑病的生化基础。

（赵　婷　张承玉）

第四节　核苷酸代谢

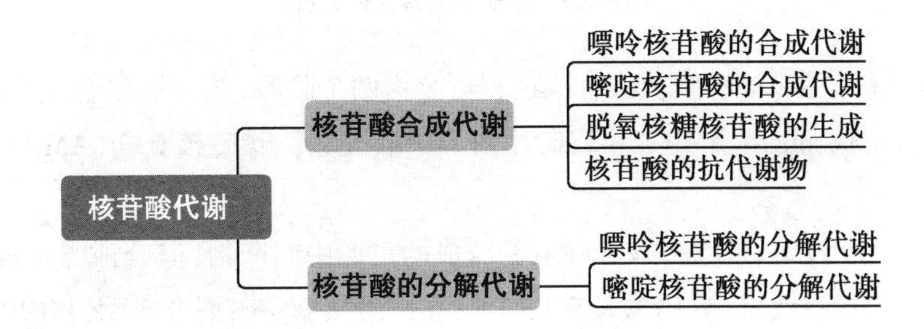

核苷酸在体内分布十分广泛，具有多种生物学功能，构成核酸的基本组成单位是其最主要的功能。此外，核苷酸还能组成辅酶（辅基）及存储能量，参与代谢及调节等。

一、核苷酸合成代谢

人体内的核苷酸主要由组织细胞自身合成，不需要由食物提供，因此核苷酸不属于营养物质。核苷酸的合成代谢有从头合成途径（de novo synthesis）与补救合成途径（salvage pathway）两种形式。从头合成途径指的是利用5-磷酸核糖、氨基酸、一碳单位及 CO_2 等简单物质为原料，经过一系列酶促反应合成核苷酸的过程。补救合成途径指的是利用体内游离的碱基或核苷，经过简单的反应合成核苷酸的过程。两者的重要性因组织不同而异，一般情况下从头合成途径是体内大多数组织核苷酸合成的主要途径，而脑、骨髓等少数组织因缺乏从头合成途径中的酶，只能进行补救合成。参与核苷酸合成的5-磷酸核糖由磷酸戊糖途径提供，因此各种核苷酸的合成实际上是嘌呤和嘧啶的合成。

（一）嘌呤核苷酸的合成代谢

体内嘌呤核苷酸的合成途径有从头合成途径与补救合成途径，其中从头合成途径是主要途径。

1. 嘌呤核苷酸的从头合成

（1）原料与部位：嘌呤核苷酸从头合成的基本原料包括5-磷酸核糖、谷氨酰胺、甘氨酸、天冬氨酸、一碳单位及 CO_2（嘌呤环的各元素来源见图5-30）。经一系列酶促反应合成。肝是体内嘌呤核苷酸从头合成的主要器官，其次为小肠黏膜和胸腺，反应过程是在细胞质中进行的。

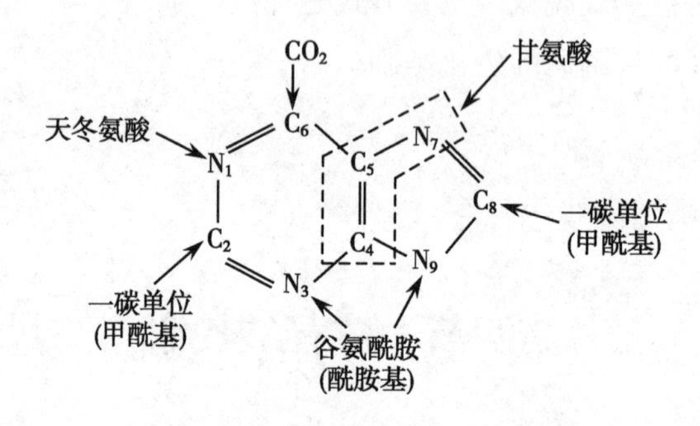

图5-30　嘌呤碱的各元素来源

（2）反应过程：嘌呤核苷酸从头合成过程可分为两个阶段，第一阶段合成次黄嘌呤核苷酸（inosine monophosphate，IMP），第二阶段由IMP转变为腺嘌呤核苷酸（AMP）和鸟嘌呤核苷酸（GMP）。

1）IMP的生成：IMP是嘌呤核苷酸从头合成的重要中间产物，其合成需经过11步酶促反应完成（图5-31）。首先，5-磷酸核糖（5-PR）在磷酸核糖焦磷酸合成酶（PRPP合成酶）的催化下由ATP供能被活化生成磷酸核糖焦磷酸（phosphoribosylpyrophosphate，PRPP），PRPP

是 5- 磷酸核糖参与体内各种核苷酸合成的活化形式；然后，在磷酸核糖酰胺转移酶的催化下，PRPP 上的焦磷酸被谷氨酰胺的酰氨基取代，生成 5- 磷酸核糖胺（PRA）。以上两个步骤是 IMP 合成的关键步骤，催化它们的酶 PRPP 合成酶和磷酸核糖酰胺转移酶是 IMP 合成的限速酶。在 PRA 的基础上，再经过八步连续的酶促反应，甘氨酸分子、N^{10}- 甲酰四氢叶酸、谷氨酰胺、CO_2、天冬氨酸依次参与，最终生成 IMP。

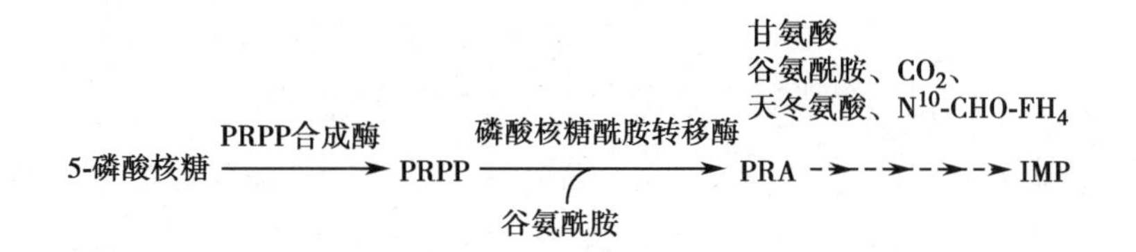

图 5-31　IMP 的从头合成

2）IMP 转变成 AMP 和 GMP：①由 GTP 供能，天冬氨酸提供氨基，使 IMP 生成腺苷酸代琥珀酸，后者在裂解酶的催化下裂解生成延胡索酸和 AMP；② IMP 脱氢氧化生成黄嘌呤核苷酸（xanthine monophosphate，XMP），然后由 ATP 供能，谷氨酰胺提供氨基，XMP 氨基化成 GMP（图 5-32）。

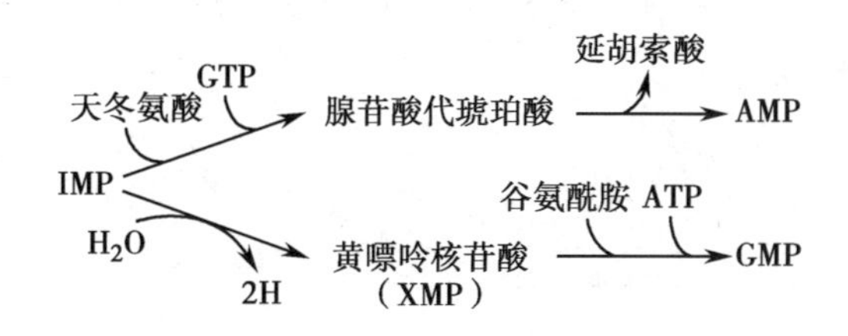

图 5-32　IMP 转变为 AMP 和 GMP

AMP 和 GMP 在激酶的催化下可经 2 次磷酸化反应分别生成 ATP 和 GTP。

嘌呤核苷酸从头合成特点：嘌呤核苷酸是在 5- 磷酸核糖基础上逐步完成了碱基的合成，使其成为完整的嘌呤核苷酸；参与 IMP 的合成过程有两个限速酶，磷酸核糖焦磷酸合成酶及磷酸核糖酰胺转移酶；合成 IMP 的第一阶段需要消耗 5 个 ATP，6 个高能磷酸键，在转化生成 AMP 或 GMP 的第二阶段中又各消耗了 1 个 ATP。因此，嘌呤核苷酸从头合成需要消耗大量的 ATP。

2. 嘌呤核苷酸的补救合成　组织细胞利用现成的嘌呤碱或嘌呤核苷重新合成嘌呤核苷酸的过程，称为嘌呤核苷酸的补救合成。补救合成有两种形式，一种是利用体内游离的嘌呤碱与 PRPP 直接进行补救合成，参与补救合成的酶有两种：腺嘌呤磷酸核糖转移酶（adenine phosphoribosyl transferase，APRT）、次黄嘌呤 - 鸟嘌呤磷酸核糖转移酶（hypoxanthine-guanine phosphoribosyl transferase，HGPRT）。在这两种酶的分别催化下，生成 AMP、GMP 和 IMP。

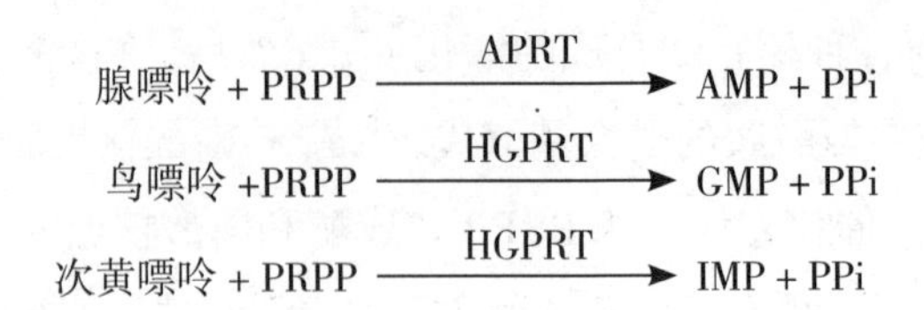

另一种是利用嘌呤核苷与 ATP 作用进行补救合成，如腺嘌呤核苷在腺苷激酶催化并磷酸化生成 AMP。

$$\text{腺嘌呤核苷} + ATP \xrightarrow{\text{腺苷激酶}} AMP + ADP$$

补救合成的特点：由于合成过程简单，节省从头合成时的能量和氨基酸的消耗；某些组织器官如脑、骨髓等缺乏从头合成的酶，补救合成有着重要的意义。由于基因缺陷导致 HGPRT 缺失的儿童，会出现智力发育障碍，共济失调，并有咬自己口唇、手指等自毁容貌的表现，称为自毁容貌症或称 Lesch-Nyhan 综合征。

（二）嘧啶核苷酸的合成代谢

嘧啶核苷酸的合成代谢也有从头合成及补救合成两条途径。

1. 嘧啶核苷酸的从头合成

（1）原料与部位：嘧啶核苷酸的从头合成的基本原料包括 5- 磷酸核糖、谷氨酰胺、天冬氨酸及 CO_2（嘧啶环的各元素来源见图 5-33）。肝是嘧啶核苷酸的从头合成的主要器官，反应过程是在细胞质中进行的。

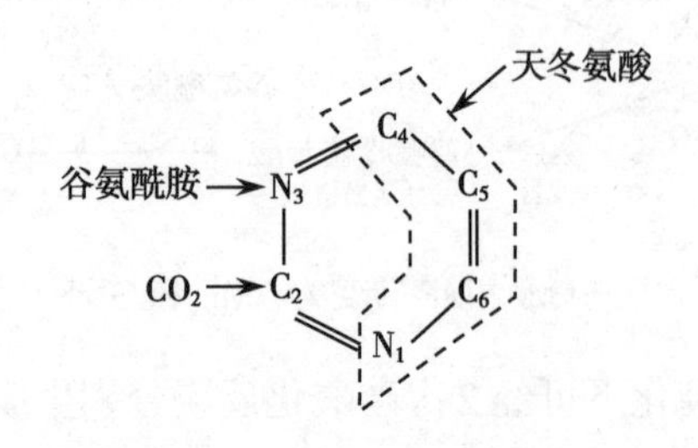

图 5-33　嘧啶碱的各元素来源

（2）反应过程：嘧啶核苷酸的从头合成过程与嘌呤核苷酸的合成不同，嘧啶环不是在 PRPP 基础上合成，而是在嘧啶环合成后再与 5- 磷酸核糖相连。嘧啶核苷酸进行合成代谢时，首先合成尿嘧啶核苷酸（UMP），然后再由其转变成其他嘧啶核苷酸。

1）UMP 的生成：在氨基甲酰磷酸合成酶Ⅱ的催化下，谷氨酰胺和 CO_2 合成氨基甲酰磷酸，氨基甲酰磷酸与天冬氨酸在天冬氨酸氨基甲酰基转移酶催化下生成氨基甲酰天冬氨酸，氨基甲酰天冬氨酸经脱水生成具有嘧啶环结构的二氢乳清酸，二氢乳清酸经脱氢生成乳清酸，乳清酸与 PRPP 结合生成乳清酸核苷酸，后者再脱羧生成 UMP。在哺乳动物细胞中，氨基甲酰磷酸合成酶Ⅱ是嘧啶核苷酸合成的限速酶，受 UMP 的反馈抑制。在细菌体内，天冬氨酸氨基甲酰转移酶是嘧啶核苷酸合成的限速酶，受反馈机制调节。UMP 从头合成基本过程如图 5-34 所示。

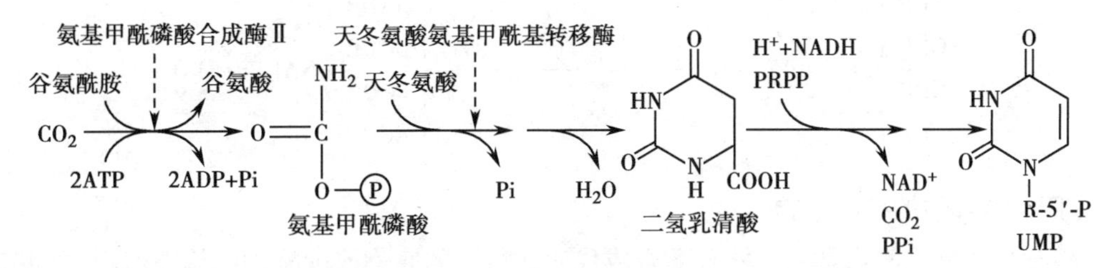

Ⓟ：磷酸基团　Pi：磷酸　R-5′-P：5′磷酸核糖基团　PPi：焦磷酸

图 5-34　UMP 的从头合成

2）CTP 的生成：UMP 在激酶的连续作用下生成 UTP，再在 CTP 合成酶催化下，从谷氨酰胺接受氨基合成 CTP。

$$\text{UMP} \xrightarrow[\text{ATP} \quad \text{ADP}]{\text{激酶}} \text{UDP} \xrightarrow[\text{ATP} \quad \text{ADP}]{\text{激酶}} \text{UTP} \xrightarrow[\text{ATP} \quad \text{ADP}]{\text{CTP 合成酶}} \text{CTP}$$

3）dTMP 的生成：dTMP 由 dUMP 甲基化生成，dUMP 由 dUDP 水解及 dCMP 脱氨基生成。

dUDP → dUMP（dR-5′-P）
dCMP → dUMP

$$\text{dUMP} \xrightarrow[N^5, N^{10}\text{-甲烯}FH_4 \quad FH_2]{\text{TMP 合酶}} \text{dTMP}$$

$$FH_2 \xrightarrow[\text{NADPH}+H^+ \quad \text{NADP}^+]{FH_2\text{ 还原酶}} FH_4 \rightarrow N^5, N^{10}\text{-甲烯}FH_4$$

dUMP　　脱氧胸苷一磷酸 dTMP（CH_3，dR-5′-P）

2. 嘧啶核苷酸的补救合成　嘧啶核苷酸补救合成途径与嘌呤核苷酸类似，主要通过嘧啶磷酸核糖转移酶和嘧啶核苷激酶的作用，将嘧啶碱基或嘧啶核苷转变成相应的核苷酸。

$$\text{嘧啶} + \text{PRPP} \xrightarrow{\text{嘧啶磷酸核糖转移酶}} \text{嘧啶核苷酸} + \text{PPi}$$

$$\text{尿嘧啶核苷} \xrightarrow[\text{ATP} \quad \text{ADP}]{\text{尿苷激酶}} \text{UMP}$$

（三）脱氧核糖核苷酸的生成

体内的脱氧核糖核苷酸除 dTMP 外，均由各自相应的核糖核苷酸在二磷酸水平上还原而成的。核糖核苷酸还原酶催化此反应。

$$\left.\begin{matrix}\text{ADP}\\\text{GDP}\\\text{CDP}\\\text{UDP}\end{matrix}\right\} + \text{NADPH} + \text{H}^+ \xrightarrow{\text{核糖核苷酸还原酶}} \left\{\begin{matrix}\text{dADP}\\\text{dGDP}\\\text{dCDP}\\\text{dUDP}\end{matrix}\right. + \text{NADP}^+ + \text{H}_2\text{O}$$

（四）核苷酸的抗代谢物

核苷酸的抗代谢物是一些核苷酸合成代谢途径中的底物或辅酶的结构类似物，如碱基、氨基酸、核苷、核苷酸及叶酸的类似物等（图 5-35）。它们主要通过竞争性抑制方式干扰或阻断核苷酸合成代谢，或以假乱真掺入核酸，从而进一步阻止核酸及蛋白质的生物合成，因而在临床上可作为抗病毒或抗肿瘤药物。肿瘤细胞生长旺盛，摄取抗代谢物较多，抗代谢物可有效抑制肿瘤细胞生长。但其也会作用于增殖速度较快的正常细胞，如骨髓造血细胞、消化道上皮细胞、毛囊细胞等，引起白细胞减少、恶心、呕吐及脱发等副作用。

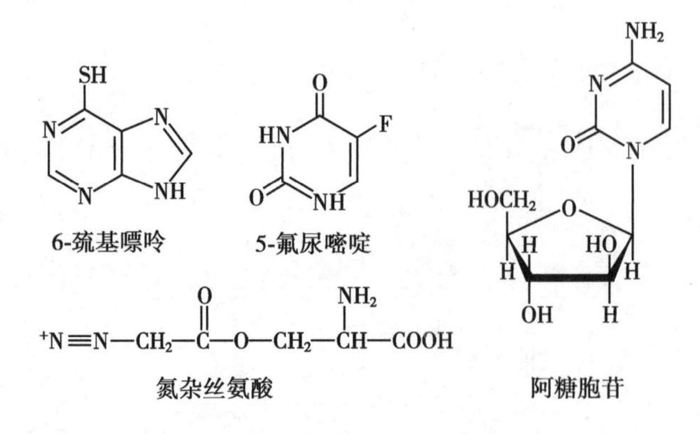

图 5-35　常见核苷酸的抗代谢物

1. 碱基类似物　嘌呤及嘧啶结构类似物主要有 6- 巯基嘌呤（6-MP）、5- 氟尿嘧啶（5-FU）等。6-MP 的结构与次黄嘌呤类似，影响 IMP 向 AMP、GMP 的转化，还可反馈抑制 PRPP 酰胺转移酶的活性，抑制嘌呤核苷酸的从头合成。5-FU 与胸腺嘧啶结构相似，在体内转变成一磷酸氟尿嘧啶脱氧核苷（FdUMP）和三磷酸氟尿嘧啶核苷（FUTP）后，抑制 dTMP 的合成；FdUMP、FUTP 也可以假乱真掺入 RNA 分子中，破坏 RNA 的结构与功能。6-MP、5-FU 作为最早的抗癌药物广泛应用于临床。

2. 氨基酸类似物　氮杂丝氨酸与谷氨酰胺结构相似，可干扰谷氨酰胺在嘌呤核苷酸从头合成中的作用，抑制嘌呤核苷酸的合成。

3. 核苷类似物　核苷类似物包括阿糖胞苷、安西他滨、三氟代胸苷等。阿糖胞苷与胞苷结构类似，抑制 CDP 还原为 dCDP，进而影响 DNA 的生物合成。

4. 叶酸类似物　氨蝶呤、甲氨蝶呤是叶酸的类似物，均可竞争性抑制二氢叶酸合酶活性，从而影响辅酶四氢叶酸的生成，抑制嘌呤核苷酸及脱氧胸苷酸的合成。

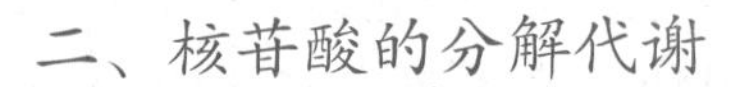

二、核苷酸的分解代谢

（一）嘌呤核苷酸的分解代谢

1. 你知道痛风与嘌呤核苷酸代谢的关系吗？
2. 痛风时进食海鲜食品会使病情加重，你知道原因吗？

嘌呤核苷酸的分解代谢主要在肝、小肠及肾中进行，基本过程与食物中的核苷酸消化类似。在核苷酸酶的作用下将核苷酸水解成核苷，进而在核苷酶作用下分解为自由的碱基及 1- 磷酸核糖，1- 磷酸核糖经变位酶催化转变为 5- 磷酸核糖，进入磷酸戊糖途径代谢，还可以作为核苷酸合成原料参与新的核苷酸合成；嘌呤碱最终分解成尿酸，随尿排出体外，尿酸是嘌呤分解代谢的最终产物。

AMP 分解产生次黄嘌呤，经黄嘌呤氧化酶催化生成黄嘌呤，最终生成尿酸。GMP 分解产生鸟嘌呤，经鸟嘌呤脱氨酶催化转变为黄嘌呤，再经黄嘌呤氧化酶催化生成尿酸（图 5-36）。

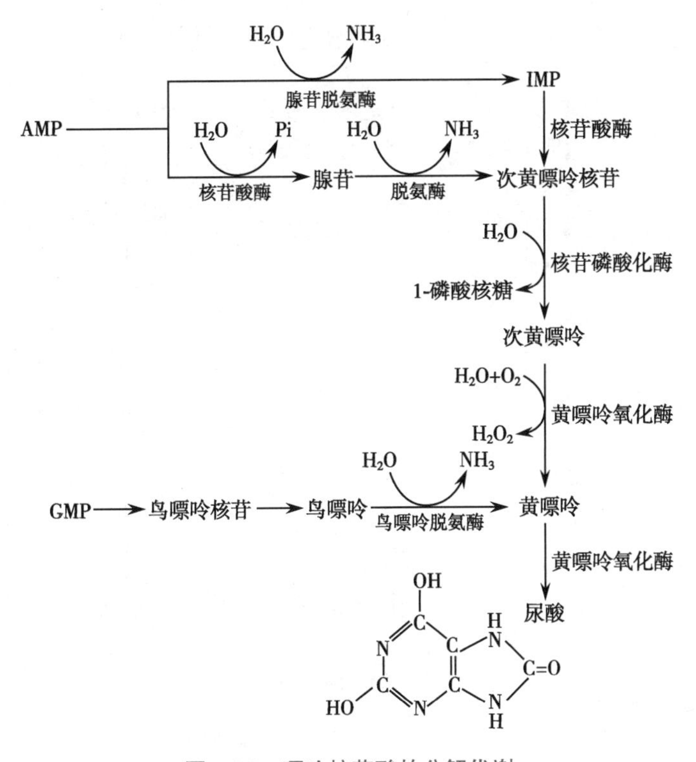

图 5-36　嘌呤核苷酸的分解代谢

正常人血浆中尿酸含量为 0.12~0.36mmol/L，男性略高于女性。尿酸水溶性较低，若嘌呤分解代谢增强时，尿酸生成过多或排泄受阻可导致血中尿酸含量升高，当超过 0.48mmol/L 时，尿酸盐结晶可沉积于关节、软组织、软骨及肾等处，导致关节炎、尿路结石及肾疾病等称为痛风症。目前已知痛风症与 HGPRT 酶缺乏，补救合成障碍致使体内游离的嘌呤碱增多及 PRPP 合成酶活性升高，加快嘌呤核苷酸从头合成有关。此外，高剂量的阿司匹林通过影响肾的排泄致使血尿酸升高。

原发性痛风症在临床上常用别嘌醇治疗。别嘌醇的结构与次黄嘌呤相似，是黄嘌呤氧化酶的抑制剂，可抑制次黄嘌呤及黄嘌呤转变为尿酸，降低血中尿酸水平，达到治疗痛风症的目的。别嘌醇与 PRPP 也能生成别嘌醇核苷酸，影响嘌呤核苷酸的从头合成。继发性痛风，可见于各种肾脏疾病、血液病及淋巴瘤等，患者细胞中核酸大量分解，因而尿酸生成增多。

（二）嘧啶核苷酸的分解代谢

嘧啶核苷酸的分解代谢主要在肝中进行，首先通过核苷酸酶及核苷磷酸化酶的作用，脱去磷酸和核糖，产生嘧啶碱，再进一步分解。胞嘧啶脱氨转化为尿嘧啶，后者再还原成二氢尿嘧啶，并水解开环，最终生成 NH_3、CO_2 和 β- 丙氨酸；β- 丙氨酸可转变成乙酰 CoA，然后进入三羧酸循环被彻底氧化分解。胸腺嘧啶降解可生成 β- 氨基异丁酸，后者可转变成琥珀酰 CoA，同样进入三羧酸循环被彻底氧化分解。NH_3 和 CO_2 可合成尿素，排出体外（图 5-37）。

此外，一部分 β- 氨基异丁酸还可直接随尿排出，其排泄量可反映细胞及其 DNA 的破坏程度。白血病患者以及经放疗或化疗的癌症患者，由于 DNA 破坏过多，往往导致尿中 β- 氨基异丁酸的排泄增加。食用含 DNA 丰富的食物也可使其排出量增多。

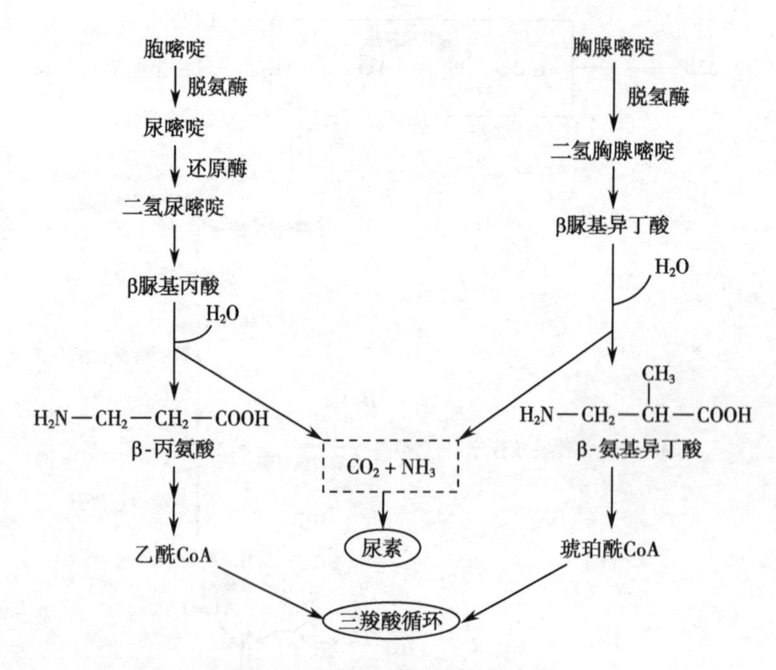

图 5-37　嘧啶核苷酸的分解代谢

目标检测

一、名词解释

1. 核苷酸从头合成途径　　2. 核苷酸补救合成途径

二、填空题

1. 核糖核酸的合成途径有＿＿＿＿＿＿和＿＿＿＿＿＿。

2. 别嘌醇治疗痛风症的机制是由于其结构与＿＿＿＿＿相似，并抑制＿＿＿＿＿＿酶的活性。

三、单项选择题

1. 体内嘌呤核苷酸从头合成最主要的组织是
   A. 小肠　B. 骨髓　C. 胸腺
   D. 脾　E. 肝
2. 人体内嘌呤核苷酸分解代谢的主要终产物是
   A. 磷酸盐　B. 尿酸　C. 肌酐
   D. 尿苷酸　E. 尿素
3. 常用于治疗痛风症的药物
   A. 阿托品　B. 青霉素　C. 胰岛素
   D. 别嘌醇　E. 维生素 B_1

四、思考题

痛风症是怎样发生的，临床上常用别嘌醇治疗痛风症的原理是什么？

本章小结

糖是生物体的主要能源物质，糖在体内有三条分解途径：糖的无氧氧化、糖的有氧氧化、磷酸戊糖途径。糖原是葡萄糖的一种储存形式。当糖供应丰富及能量充足时，一部分糖可合成糖原储存。当糖的供应不足或能量需求增加时，肝糖原可分解为葡萄糖，由于肌肉组织中不含葡萄糖-6-磷酸酶，肌糖原不能直接转变为血糖。糖异生作用主要场所是肝脏，在空腹或饥饿状态下维持血糖浓度的相对恒定，有助于乳酸的再利用，协助氨基酸代谢。正常成人空腹血糖浓度的范围是3.89~6.11mmol/L，血糖的来源和去路维持动态平衡，当血糖浓度高于肾糖阈时会出现糖尿。激素可有效调节血糖浓度，很多疾病可使糖代谢障碍。

脂质包括脂肪和类脂。脂肪在体内可水解为甘油和脂肪酸。甘油一般经磷酸化生成α-磷酸甘油，再脱氢生成磷酸二羟丙酮进入糖代谢途径，彻底氧化分解或异生成糖，也可以转化成其他物质。脂肪酸分解生成乙酰CoA，同时生成大量能量，产物乙酰 CoA 在肝内不完全氧化可生成酮体（乙酰乙酸、β- 羟丁酸和丙酮），酮体在肝内生成肝外利用。脂肪酸的合成原料为乙酰 CoA，合成部位在胞质。脂肪酸经活化，生成脂酰 CoA 与 α- 磷酸甘油结合可生成脂肪。胆固醇合成原料为乙酰 CoA，胆固醇在体内可转化为胆汁酸、维生素 D_3 及类固醇激素。血脂是血浆中脂质的总称，主要包括甘油三酯、磷脂、胆固醇及其酯、游离脂肪酸等。血浆脂蛋白可用电泳法和密度法分为四类。

氨基酸脱氨基的方式主要有氧化脱氨基、转氨基、联合脱氨基等，以联合脱氨基最为重要。α- 酮酸的代谢途径有合成非必需氨基酸、转变成糖或脂肪、氧化供能等。氨是一种剧毒物质，体内氨的来源主要是氨基酸脱氨基、肠道吸收、肾产生。体内氨的转运有丙氨酸 – 葡萄糖循环、谷氨酰胺两种形式。体内氨的去路有在肝内合成尿素、合成非必需氨基酸、合成其他含氮化合物。合成尿素是氨的主要代谢去路，尿素合成的过程称为鸟氨酸循环，肝是合成尿素的器官。肝功能严重损伤时，尿素合成发生障碍，血氨浓度增高称为高氨血症，严重时影响大脑的功能，可产生昏迷称为肝性脑病。

核苷酸是构成核酸的基本组成单位。体内核苷酸的合成途径有两条，从头合成和补救合成。核苷酸的抗代谢物在临床上常作为药物应用于肿瘤等疾病的治疗。嘌呤核苷酸分解代谢的终产物为尿酸，尿酸生成过多或排泄受阻可导致血中尿酸含量升高，导致痛风症，临床上常用别嘌醇治疗。嘧啶核苷酸分解代谢终产物为 NH_3、CO_2、β- 丙氨酸和 β- 氨基异丁酸，它们可随尿排出或进一步代谢。

（张　娜　赵　婷）

参考答案

模块四　分子生物学

第六章　基因信息的传递与表达

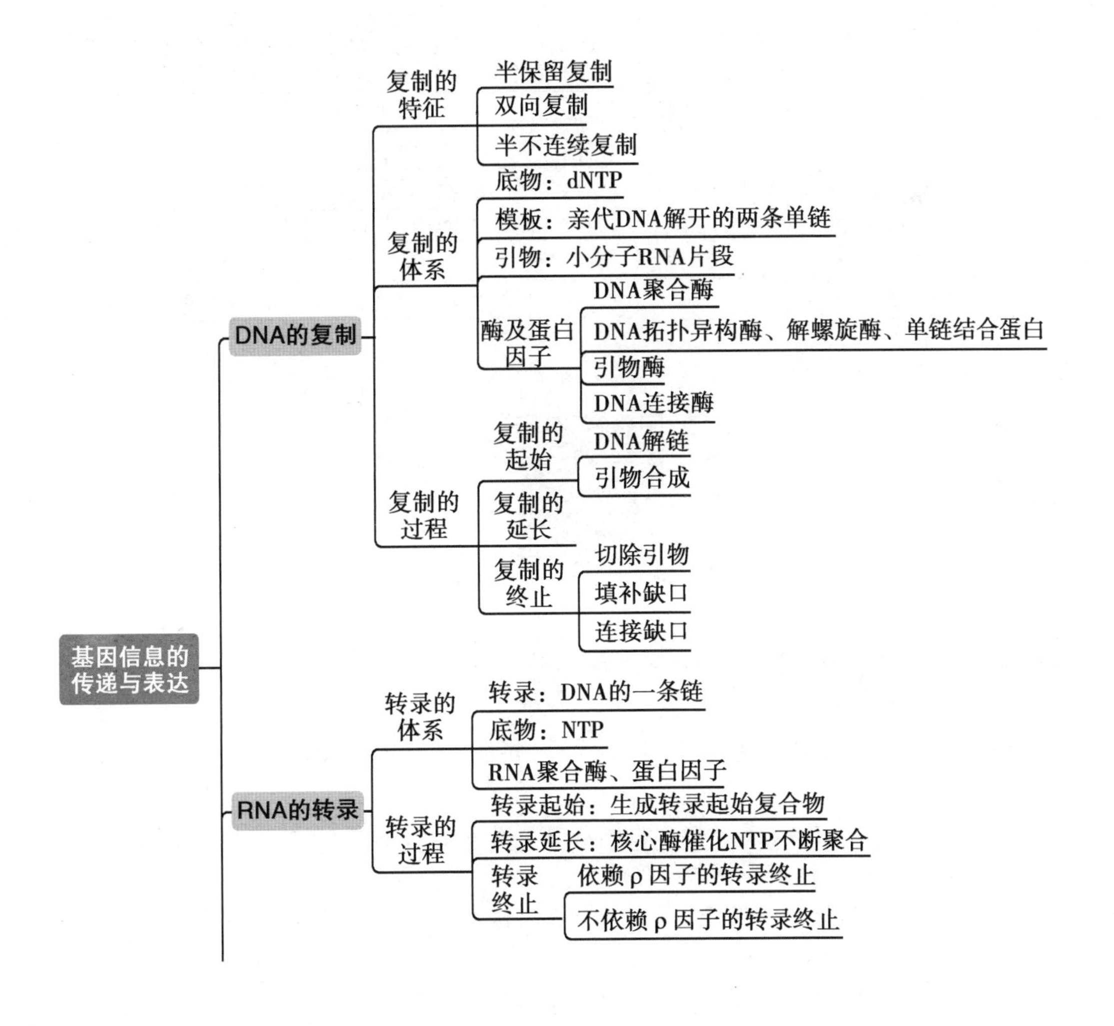

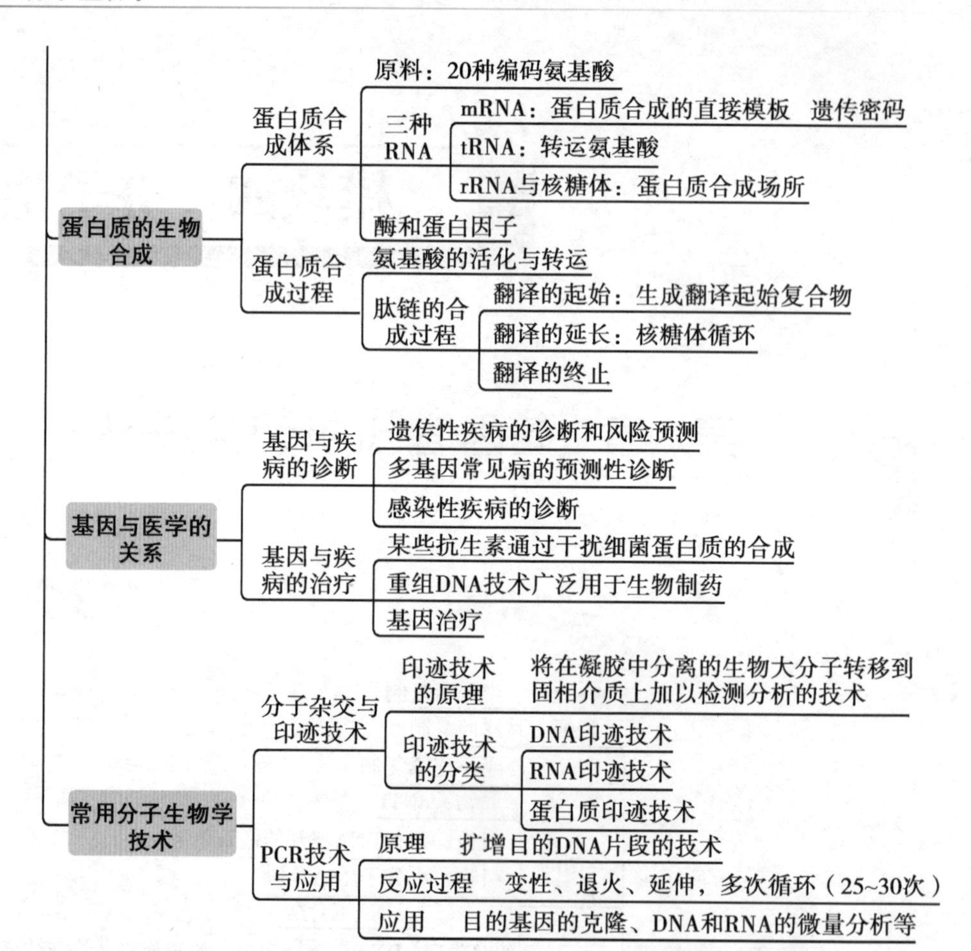

1. 掌握DNA复制的特征；DNA复制的原料、模板；遗传密码及其特点；核酸分子杂交的概念。
2. 熟悉复制的基本过程；参与转录的体系；RNA转录过程；印迹技术和聚合酶链反应的概念、反应体系和基本操作过程。
3. 了解参与复制的酶类和因子；蛋白质合成的体系及基本过程；印迹技术的分类和应用；PCR技术的应用。
4. 能够运用遗传信息传递基本规律解释分子病的发生发展机制。

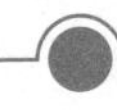

基因是能够编码蛋白质或RNA等具有特定功能产物的、荷载遗传信息的基本单位。这些遗传信息的传递及表达均遵循中心法则（图6-1）。DNA通过半保留复制，将亲代的遗传信息准确的传递给子代。通过转录，将DNA携带的遗传信息传递给mRNA。通过翻译，mRNA将遗传信息传递给蛋白质，其中的遗传信息被具体翻译成蛋白质的氨基酸排列顺序。该法则代表了绝大多数生物内遗传信息传递的方向和规律，为生命科学研究提供了理论基础。

20世纪70年代，H.Temin等发现病毒RNA也能进行自我复制，还能将遗传信息以逆转录的方式传给DNA。RNA的复制和逆转录进一步补充和完善了中心法则。

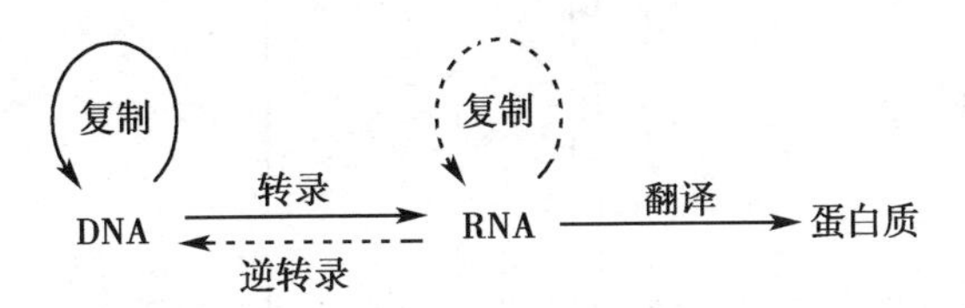

图6-1　遗传信息传递的中心法则

第一节　DNA的复制

DNA复制（replication）是以亲代DNA为模板，合成子代DNA的过程。其化学本质是酶促脱氧核苷酸聚合反应。

一、DNA复制的特征

我们黄种人的肤色呈黄色，头发大多为黑直发，胡须和体毛也不甚发达。你知道决定这些特质的因素是什么吗？

DNA复制的特征

（一）半保留复制

DNA复制最重要的特征是半保留复制。DNA复制时，亲代DNA双链解开为两股单链，两股单链各自作为模板，按照碱基互补配对原则，合成与模板链互补的子链，形成两个完全相同的子代DNA分子。在子代DNA分子中，一条单链来自亲代DNA，另一条单链是新合成的，这种复制方式称为半保留复制（semi-conservative replication）（图6-2）。

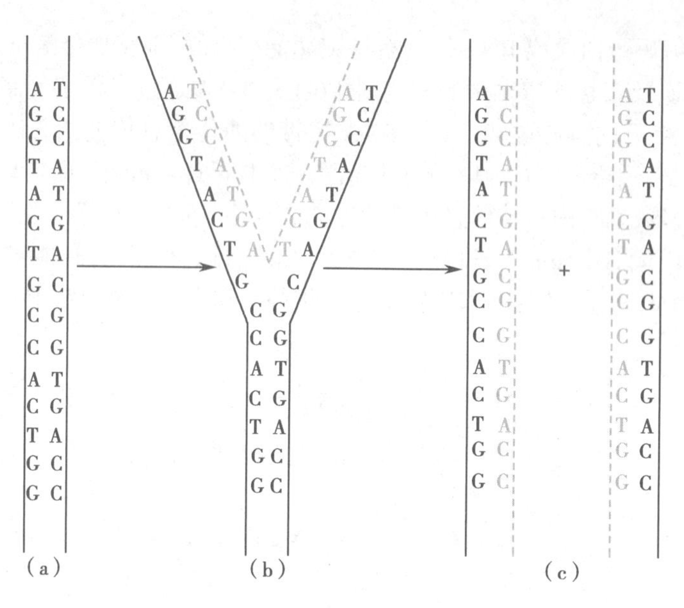

图6-2　半保留复制

(a)亲代DNA;(b)复制过程中打开的复制叉;(c)两个子代细胞的双链DNA,实线链来自亲代,虚线链是新合成的子链

通过半保留复制,子代DNA中保留了亲代的全部遗传信息,这保证了遗传信息的准确传递,是物种稳定的分子基础,体现了遗传的稳定性和保守性。

知识拓展

半保留复制实验

1958年Meselson和Stahl利用氮标记技术在大肠埃希菌中首次证实了DNA的半保留复制。他们用氮的核素^{15}N标记大肠埃希菌的DNA,然后将重氮标记的细菌转移到含有^{14}N标记的NH_4Cl培养基中进行培养。在培养不同代数时,收集细菌,裂解细胞,用密度梯度离心法观察DNA所处的位置。由于^{15}N-DNA的密度比^{14}N-DNA的密度大,可以用密度梯度离心来区分。

实验结果表明:在全部由^{15}N标记的培养基中得到的^{15}N-DNA显示为一条重密度带,位于离心管的管底。当转入^{14}N标记的培养基中繁殖后第一代,得到了一条中密度带,这是^{15}N-DNA和^{14}N-DNA的杂交分子。第二代有中密度带及低密度带两个区带,这表明它们分别为杂交分子和^{14}N-DNA。继续培养时,子代杂合DNA的含量呈几何级数逐渐减少。

为进一步证实第一代杂交分子确实是^{15}N-DNA和^{14}N-DNA,将这种杂交分子经加热变性,对于变性前后的DNA分别进行密度梯度离心,结果变性前的杂交分子为一条中密度带,变性后则分为两条区带,即重密度带及低密度带。实验证明,DNA复制以半保留复制的方式进行。

（二）双向复制

DNA 复制从特定的复制起始点，向两个方向解链，进行双向复制。解开的两股单链和未解开的双螺旋结构形成两个延伸方向相反的 Y 形区域，称为复制叉（replication fork）。原核生物 DNA 都是环状结构，通常只有一个复制起始点，形成两个复制叉，呈单起点双向复制（图 6-3a）。真核生物 DNA 有多个复制起始点，呈多起点双向复制（图 6-3b）。

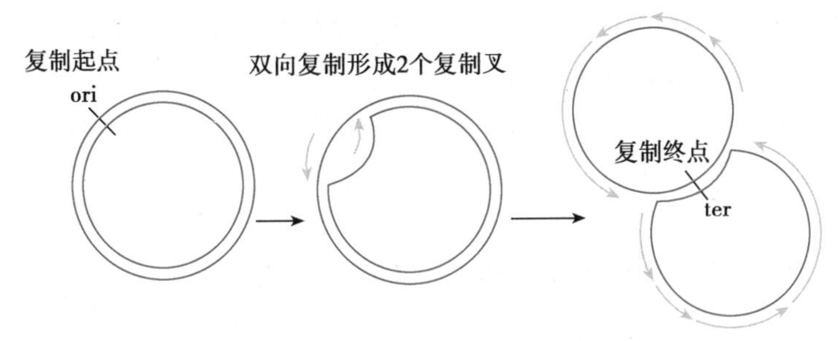

（a）原核生物环状DNA的单点起始双向复制

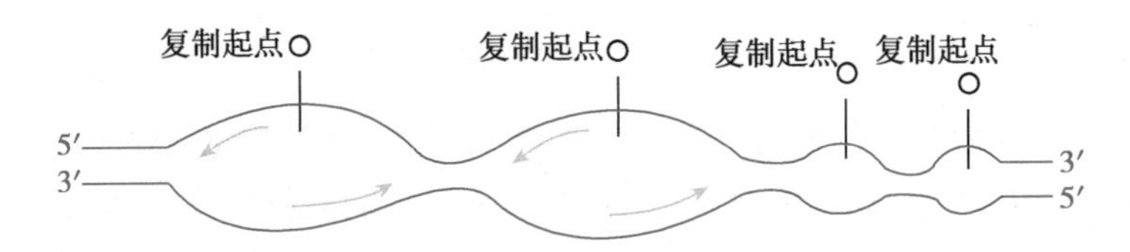

（b）真核生物DNA的多点起始双向复制

图 6-3　DNA 复制的起点和方向

（三）半不连续复制

DNA 聚合酶只能催化 DNA 链从 5′ 至 3′ 方向的合成，故子链沿着模板复制时，只能沿 5′ 至 3′ 方向延伸。在同一复制叉上，解链方向也只有一个。DNA 复制时沿着解链方向合成的子链，可以边解链，边合成新链，这条链是连续合成的，称为前导链（leading strand）。另一条链的合成方向与解链方向相反，不能连续延长，只能随着模板链的解开，逐段地沿 5′ → 3′ 方向合成引物再延长，因此这条链的合成是不连续的，称为后随链（lagging strand）。这种前导链可以连续合成而后随链不可以连续合成的方式称为半不连续复制（semi-discontinuous replication）（图 6-4）。后随链在复制过程中生成的不连续的 DNA 片段称为冈崎片段（Okazaki fragment）。

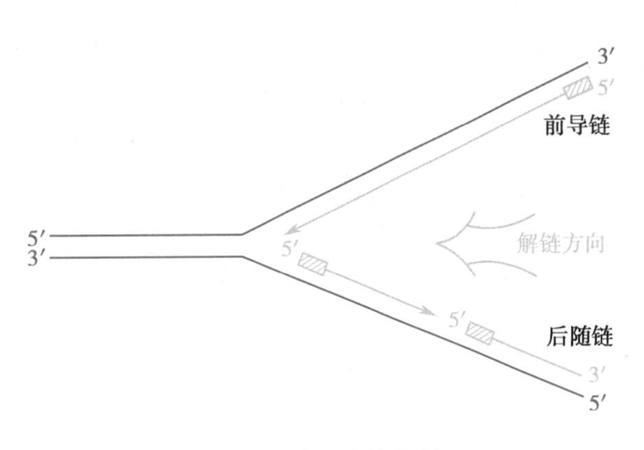

图 6-4　半不连续复制

二、DNA复制的体系

1956年，美国生物化学家康贝格，将大肠埃希菌中提取的DNA聚合酶加到具有四种丰富的脱氧核苷酸的人工合成体系中，结果并不能合成DNA分子。你觉得他配制的反应体系缺少了什么？

（一）底物

DNA复制的底物是dNTP，即dATP、dGTP、dCTP和dTTP。

（二）模板

DNA复制时，以亲代DNA解开的两条单链为模板，按照碱基配对的原则指导合成子链。

（三）引物

DNA聚合酶不能直接催化两个游离的dNTP聚合，只能催化dNTP逐一聚合到寡核苷酸链的3′-OH末端。为DNA聚合酶提供3′-OH末端的寡核苷酸链被称为引物（primer），通常该引物是一段小分子RNA。

（四）酶及蛋白因子

1. DNA聚合酶　DNA聚合酶全称为依赖DNA的DNA聚合酶（简称DNA pol）。DNA聚合酶以模板DNA为指导，催化dNTP以dNMP的形式逐一添加到已有寡核苷酸链的3′-OH末端，按5′→3′方向延长子链。此外，DNA聚合酶还具有5′→3′或3′→5′的外切酶活性，能辨认及切除错配的碱基对。

原核生物有三种DNA聚合酶：DNA聚合酶Ⅰ、DNA聚合酶Ⅱ和DNA聚合酶Ⅲ（简称DNA pol Ⅰ、DNA pol Ⅱ和DNA pol Ⅲ）。DNA pol Ⅰ主要用于对复制和修复中出现的空隙进行填补。DNA pol Ⅱ主要参与DNA损伤的应急状态修复。DNA pol Ⅲ的活性最强，是原核生物复制延长中真正起催化作用的酶。

2. 参与松弛螺旋、解链的酶及蛋白因子

（1）DNA拓扑异构酶：简称拓扑酶，作用是松解DNA的超螺旋状态，理顺DNA链，便于DNA复制。

（2）DNA解螺旋酶：简称解旋酶，其利用ATP供能，将DNA双螺旋结构解开，使DNA局部形成两条单链。

（3）单链结合蛋白（SSB）：单链结合蛋白具有结合单链DNA的能力，用于维持模板的单链稳定状态，并防止DNA单链被核酸酶水解。

3. 引物酶　引物酶是一种特殊的RNA聚合酶。在复制起始时，催化小分子RNA引物的合成。

4. DNA连接酶　DNA连接酶催化一个DNA片段的3′-OH末端与另一相邻的DNA片

段的 5′-磷酸末端之间形成磷酸二酯键，将两段相邻的 DNA 片段连接形成完整的一条链（图 6-5）。在复制中起连接缺口的作用。

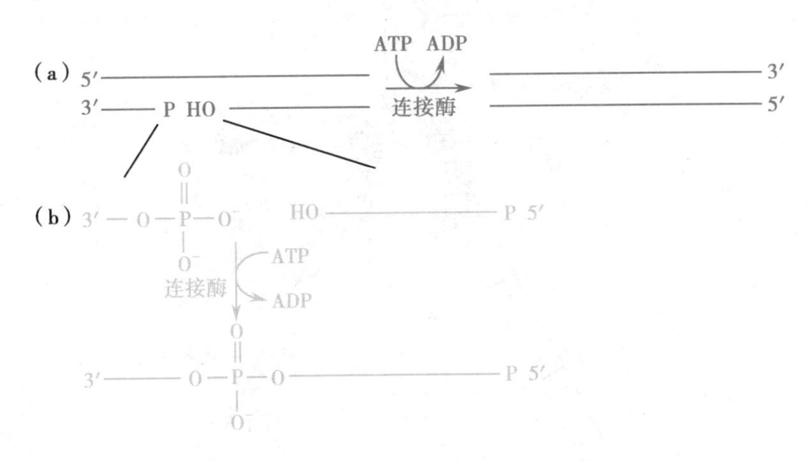

图 6-5　DNA 连接酶的作用

（a）连接酶连接双链 DNA 上单链的缺口；（b）被连接的缺口放大图，是连接酶催化的反应

三、DNA 复制的过程

通过复印，我们可以得到两个完全相同的图案。那在生物界，要保持亲代与子代 DNA 完全相同，需要怎样的复制过程呢？

DNA 复制大致分为起始、延长、终止三个阶段，现以大肠埃希菌 DNA 为例，介绍原核生物 DNA 复制的过程（图 6-6）。

（一）复制的起始

1. DNA 解链　首先解旋酶和 DNA 拓扑异构酶辨认并结合于 DNA 复制起始点，促使 DNA 解链，初步形成复制叉。单链 DNA 结合蛋白与解开的单链结合以维持其单链状态。

2. 引物合成　在解链的基础上，引物酶进入，并以解开的 DNA 链为模板，沿 5′→3′ 方向合成一小段 RNA 引物。

（二）复制的延长

在复制叉处，DNA pol Ⅲ以模板链为指导，催化底物 dNTP 以 dNMP 的方式逐一结合到引物或延长中子链的 3′-OH 上，使子链沿 5′→3′ 方向延长。前导链连续延长，后随链不连续延长，形成冈崎片段。

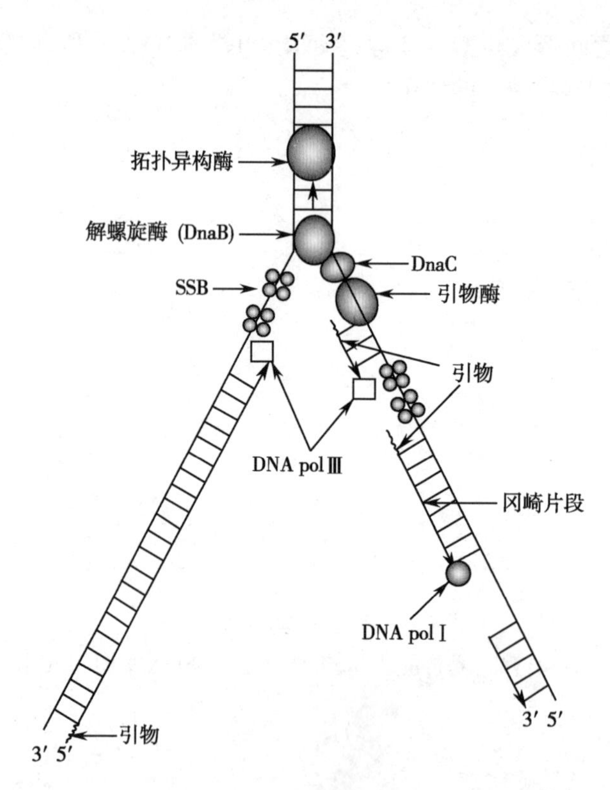

图 6-6　DNA 的复制过程

（三）复制的终止

当复制延长到具有特定碱基序列的终止区时，DNA pol Ⅰ 切除前导链和后随链上的 RNA 引物，并以 5′→3′ 方向延长 DNA 以填补引物水解留下的空隙，填补至足够长度后，留下的缺口由 DNA 连接酶连接，完成复制。

DNA 复制的随机性

2017 年，来自加利福尼亚大学的科学家 Kowalczykowski 教授首次观察到了单个 DNA 分子的复制画面，并得出结论，DNA 复制的随机性要比人们想象的要多得多。

传统的观点认为，前导链和后随链上的聚合酶在某种程度上是相互协调的，复制速度基本保持一致。但是，当研究人员开始观察单个 DNA 链，发现复制的停止是不可预测的，而当它再次启动时，还能改变速度。该研究认为，看似协调的步调，实际上是两条链复制过程中启动、停止、速度变化这些随机过程共同导致的结果。随着时间的推移，任何一条链都会以一个平均速度进行复制。Kowalczykowski 教授把这种现象比喻成高速公路上的交通状况。他说："有时候，车道上的车会开得很快，超过你的车，然后，你又会超过它。但如果开得足够远，两辆车会在同一时间到达同一个地方。"此外，研究人员还发现，解旋酶上存在"自动刹车"。当解旋酶与参与 DNA 复制的各种酶等"步调"不一致时，它会将自己的节奏放慢约 5 倍，并且它会保持这样的速度，直到其他的酶追赶上来，然后自己再加速。

这种新的随机观点将成为思考 DNA 复制和其他生物学过程的新途径。

第二节　RNA 的转录

转录（transcription）是指生物体以 DNA 为模板合成 RNA 的过程。

一、参与转录的体系

抗结核药物利福平能够抑制和杀死静止期和繁殖期的细菌，它的作用机制是什么？

（一）转录的模板

结构基因 DNA 分子双链中，一股链作为模板指导 RNA 的转录，称为模板链。与其互补的另一股链不转录，称为编码链。这种转录方式称为不对称转录（图 6-7）。在一个包含多基因的 DNA 双链分子上，不同基因的模板链并非总在同一条链上。

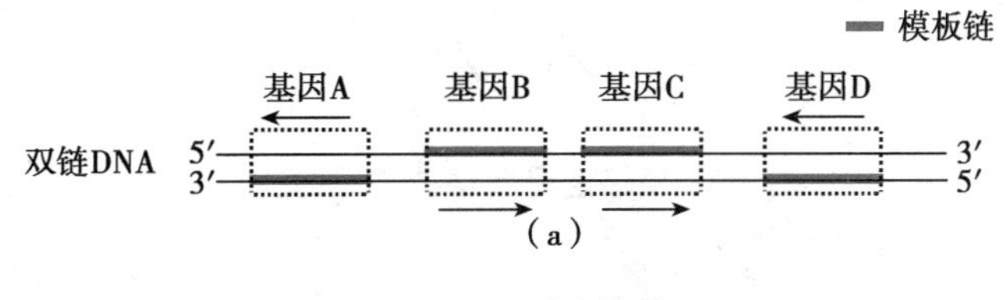

图 6-7　不对称转录

（二）底物

底物包括 ATP、GTP、CTP 和 UTP（统称 NTP）。

（三）酶和蛋白因子

1. RNA 聚合酶 又称依赖 DNA 的 RNA 聚合酶（简称 RNA pol），它以 DNA 为模板，催化 RNA 的转录合成。RNA pol 能在转录起始点处直接启动转录，不需要引物参与。

原核生物 RNA 聚合酶是一种多聚蛋白质，如大肠埃希菌（*E. coli*）的 RNA 聚合酶是由 5 种亚基 α_2（2 个 α）、β、β′、ω、σ 组成的五聚体（图 6-8），各亚基的功能见表 6-1。

表 6-1 大肠埃希菌 RNA 聚合酶组分

亚基	亚基数目	功能
α	2	决定哪些基因被转录
β	1	与转录全过程有关（催化）
β′	1	结合 DNA 模板（解链）
ω	1	β′ 折叠和稳定性；σ 募集
σ	1	辨认起始点

其中 $\alpha_2\beta\beta'\omega$ 亚基合称为核心酶，核心酶能够催化 NTP 以 NMP 的形式逐一聚合为 RNA 分子。σ 亚基与核心酶结合称为全酶，能在特定的起始点上开始转录。活细胞的转录起始需要全酶，转录延长阶段则仅需核心酶。

抗结核药物利福平可以特异抑制原核生物的 RNA pol。它通过与 RNA 聚合酶的 β 亚基特异性结合，抑制 RNA 合成的开始。若在转录开始后再加入利福平，仍能发挥其抑制转录的作用。

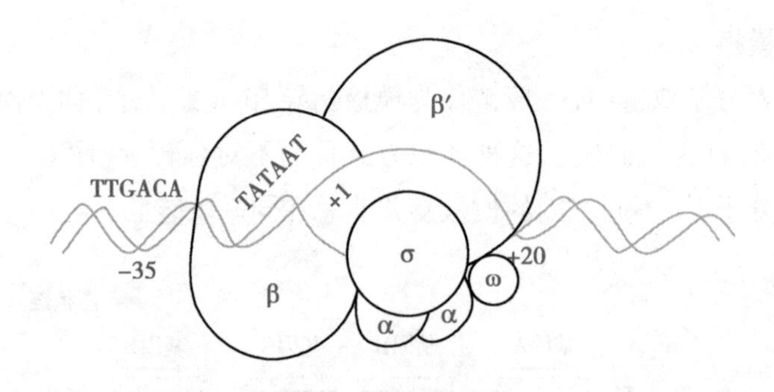

图 6-8 原核生物 RNA 聚合酶的全酶

2. 蛋白因子 RNA 转录还需要一些蛋白因子的参与。如原核生物中一些 RNA 的转录终止需要 ρ 因子的参与。

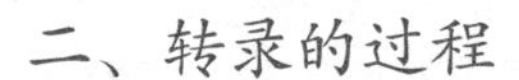

二、转录的过程

DNA 所携带的遗传信息是怎样传递给 mRNA 的？

（一）转录起始

转录起始就是 RNA pol 与 DNA 模板的转录起始区结合形成转录起始复合物，打开 DNA 双链，并生成第一个磷酸二酯键的过程。

首先，RNA pol 的 σ 亚基识别 DNA 模板上的转录起始点，并以全酶的形式与启动子结合。随后，DNA 的局部结构松弛，DNA 双链解开约 17bp 左右长度，使 DNA 模板链暴露。最后，两个与模板配对的相邻 NTP，在 RNA pol 的催化下生成第一个磷酸二酯键。当第一个磷酸二酯键生成后，σ 亚基从全酶上脱落下来，完成转录的起始。

（二）转录延长

σ 亚基脱落后，RNA pol 的核心酶留在 DNA 模板上，并沿 DNA 链不断前移，使 RNA 链沿 5′ → 3′ 方向延长。在核心酶移动过程中，前方的 DNA 双链不断解链，合成完成后的部分又重新恢复双螺旋结构。延长过程中由核心酶、DNA 模板链以及 RNA 新链结合形成的转录复合物称为转录泡（transcription bubble）（图 6-9）。

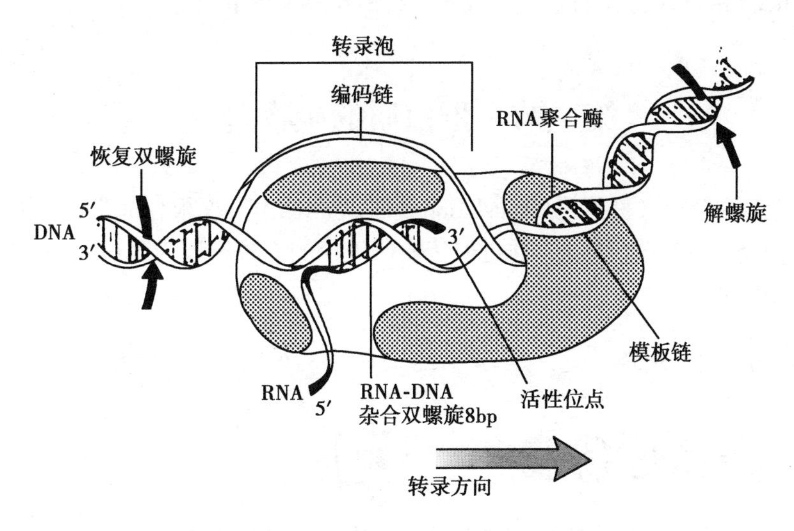

图 6-9　大肠埃希菌的转录泡局部结构示意图

（三）转录终止

RNA pol 在 DNA 模板上的转录终止信号处停顿下来，转录产物 RNA 链从转录复合物上脱落下来，转录终止。原核生物转录终止分为依赖 ρ 因子的转录终止和非依赖 ρ 因子的转录终止。

1. 依赖ρ因子的转录终止　ρ因子可识别RNA产物上的终止信号序列并与之结合。结合后的ρ因子和RNA pol都可发生构象变化，从而使RNA pol移动停顿。ρ因子中的解旋酶活性使RNA-DNA杂化双链解开，RNA产物和RNA pol一起从模板上脱落，转录终止（图6-10）。

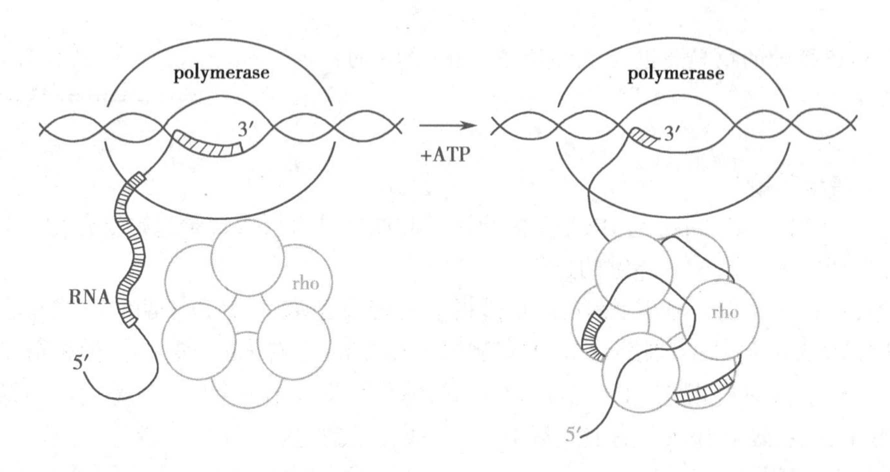

图6-10　依赖ρ因子的转录终止

RNA链上条纹线处代表富含C的ρ因子结合区段；ρ因子结合RNA（图右侧部分）发挥其ATP酶活性及解旋酶活性

2. 非依赖ρ因子的转录终止　DNA模板链上靠近转录终止区会有特殊的碱基序列，使得转录出的RNA链形成特殊的茎环状或发夹样的结构来终止转录。

第三节　蛋白质的生物合成

蛋白质的生物合成又称翻译（translation），即以mRNA为模板合成蛋白质的过程。其本质是将mRNA分子中的遗传信息，通过遗传密码破译的方式解读为蛋白质一级结构中20种氨基酸的排列顺序。

一、蛋白质合成体系

人类基因组计划对遗传密码的破译，对于疾病的早期发现和精准治疗有非常重大的意义。那什么是遗传密码，遗传密码又是怎样指导蛋白质合成的？

（一）原料

蛋白质生物合成的直接原料是20种编码氨基酸。

（二）三种 RNA

1. mRNA 与遗传密码　mRNA 是蛋白质合成的直接模板。在 mRNA 分子中，沿 5′→3′ 方向，由 AUG 开始，每三个相邻核苷酸为一组，编码一种氨基酸或者肽链合成的起始 / 终止信息，称遗传密码或密码子（codon）。mRNA 的四种核苷酸经排列组合可组成 64 种遗传密码（表 6-2），其中有 61 种分别对应 20 种不同的氨基酸，另有 3 个（UAA、UAG、UGA）不编码任何氨基酸，而是作为肽链合成的终止密码子。另外，密码子 AUG 具有特殊性，当其位于 mRNA 的 5′ - 端起始部位时，不仅代表甲硫氨酸，还代表多肽链合成的起始信号，称为起始密码子。

表 6-2　遗传密码表

第一核苷酸（5′）	第二核苷酸 U	第二核苷酸 C	第二核苷酸 A	第二核苷酸 G	第三核苷酸（3′）
U	苯丙氨酸	丝氨酸	酪氨酸	半胱氨酸	U
	苯丙氨酸	丝氨酸	酪氨酸	半胱氨酸	C
	亮氨酸	丝氨酸	终止信号	终止信号	A
	亮氨酸	丝氨酸	终止信号	色氨酸	G
C	亮氨酸	脯氨酸	组氨酸	精氨酸	U
	亮氨酸	脯氨酸	组氨酸	精氨酸	C
	亮氨酸	脯氨酸	谷氨酰胺	精氨酸	A
	亮氨酸	脯氨酸	谷氨酰胺	精氨酸	G
A	异亮氨酸	苏氨酸	天冬酰胺	丝氨酸	U
	异亮氨酸	苏氨酸	天冬酰胺	丝氨酸	C
	异亮氨酸	苏氨酸	赖氨酸	精氨酸	A
	※甲硫氨酸	苏氨酸	赖氨酸	精氨酸	G
G	缬氨酸	丙氨酸	天冬氨酸	甘氨酸	U
	缬氨酸	丙氨酸	天冬氨酸	甘氨酸	C
	缬氨酸	丙氨酸	谷氨酸	甘氨酸	A
	缬氨酸	丙氨酸	谷氨酸	甘氨酸	G

※注：位于 mRNA 起始部位的 AUG 为起始密码子，是肽链合成的起始信号。

遗传密码具有以下几个特点：

（1）连续性：翻译从起始密码子 AUG 开始，密码子被连续阅读，直到终止密码子为止。

（2）方向性：mRNA 分子中遗传密码的阅读方向是 5′→3′，从起始密码 AUG 开始，按顺序逐一阅读，直至终止密码。mRNA 可读框中核苷酸的排列顺序决定了多肽链从 N- 端到 C- 端的氨基酸排列顺序。

（3）简并性：20 种编码氨基酸中，除色氨酸和甲硫氨酸各有一个密码子外，其余每种氨基酸都有 2~6 个密码子。一种氨基酸可由多个密码子编码，这种现象称为简并性。简并性密码子的前两个碱基相同，仅第三位碱基有差异，即密码子的特异性主要由前两个碱基决定，第三个碱基的突变往往不改变其编码的氨基酸。遗传密码的简并性可减少有害突变的影响。

（4）摆动性：mRNA 密码子与 tRNA 反密码子反向配对辨认时，并不完全遵守碱基互补配对原则，称为密码子的摆动性。摆动配对常出现在密码子的第三位碱基与反密码子的第一位碱基配对时，此特性能使一种 tRNA 识别 mRNA 的多种简并性密码子（图 6-11）。

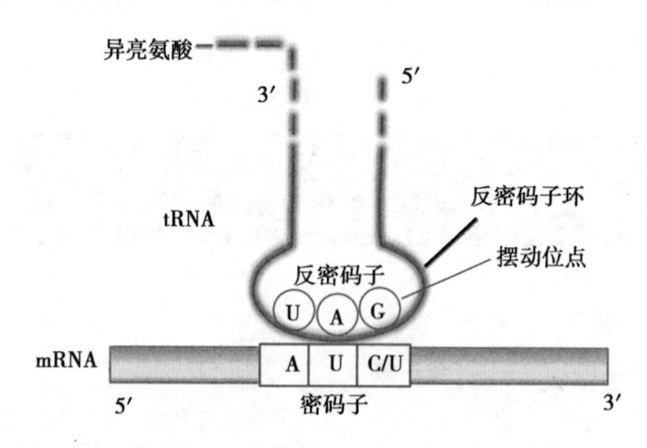

图 6-11　反密码子与密码子的摆动配对

（5）通用性：遗传密码具有通用性，也就是说从低等生物到人类均使用同一套遗传密码。

知识拓展

遗传密码的发现

20 世纪 60 年代，生物化学领域中突出的课题是遗传密码问题。克里克和其他学者已经确定了 DNA 的结构，而且对形成蛋白质的主要机制也已有所认识。沿着 DNA 链的三种核苷酸的每一组对应着一种特定的氨基酸，它是借助于 mRNA、tRNA 和核糖体进入蛋白质多肽链中一定位置的。之后所面临的问题是 DNA 三联体与氨基酸之间存在怎样的对应关系？

1961 年，马歇尔·沃伦·尼伦伯格有了突破。他利用合成的 RNA 作信使 RNA，它只有一种核苷酸，尿嘧啶核苷酸，因此，其结构为…UUUUUU…。当它形成只含有苯丙氨酸这种肽链时，显然 UUU 就与苯丙氨酸相对应，从而破解了第一个遗传密码。此后，哈尔·葛宾·科拉纳等生物化学家相继确定了别的三联体和各氨基酸之间的关系。

1968 年，马歇尔·沃伦·尼伦伯格和哈尔·葛宾·科拉纳因破解遗传密码，并阐述其在蛋白质合成中的作用，获得了诺贝尔生理学或医学奖。

2. tRNA　肽链合成时，氨基酸需与相应的 tRNA 共价结合，活化形成氨酰 -tRNA，再转运至核糖体，通过其反密码子与 mRNA 中对应的密码子配对结合。

3. rRNA 与核糖体　核糖体由 rRNA 和多种蛋白质组成，它类似一个移动的多肽链“装配机”，沿着 mRNA 链从 5′ 端向 3′ 端移动，mRNA 与 tRNA 的相互识别、肽链延长等过程均在核糖体上完成。

核糖体上含有多个与蛋白质合成有关的功能部位：①A 位结合氨酰 -tRNA，称为氨酰位；②P 位结合肽酰 -tRNA，称为肽酰位；③E 位释放已经卸载了氨基酸的 tRNA，称排出位（E 位）（图 6-12）。

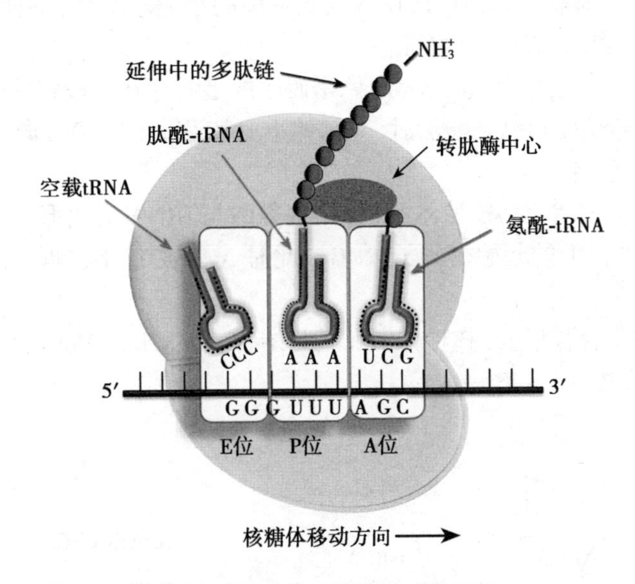

图 6-12　核糖体在翻译中的功能部位

（三）酶和蛋白因子

蛋白质合成过程需由 ATP 或 GTP 供能，需要 Mg^{2+}、转肽酶、氨酰 -tRNA 合成酶、转位酶等多种分子参与。整个翻译过程还需要各种蛋白因子参与，包括起始因子（IF）、延长因子（EF）和释放因子（RF）。

二、蛋白质的生物合成过程

四环素可抑制细菌氨酰 -tRNA 与小亚基结合从而干扰细菌蛋白质的合成，达到抗菌目的。那它是作用于蛋白质合成的哪个阶段呢？

（一）氨基酸的活化与转运

氨基酸在氨酰 -tRNA 合成酶的催化下与特异的 tRNA 结合形成氨酰 -tRNA 的过程称为

氨基酸的活化。其总反应式如下：

$$\text{氨基酸} + tRNA + ATP \xrightarrow[Mg^{2+}]{\text{氨酰-tRNA合成酶}} \text{氨酰-}tRNA + AMP + PPi$$

（二）肽链的合成过程

肽链的合成包括起始、延长、终止三个阶段。

1. 起始　肽链合成的起始阶段是指模板 mRNA 和起始氨酰 -tRNA 分别于核糖体结合，形成翻译起始复合物的过程。

（1）核糖体大小亚基分离：IF-1、IF-3 与核糖体的小亚基结合，促使大、小亚基分离，为结合 mRNA 和起始氨酰 -tRNA 做好准备。

（2）mRNA 与小亚基结合：mRNA 起始密码子的上游存在一段特殊的序列，可被核糖体小亚基 16S rRNA 辨认配对结合。然后，核糖体小亚基沿 mRNA 模板向 3′ - 端滑动并在起始密码子 AUG 处准确定位。

（3）$fMet\text{-}tRNA^{fMet}$ 结合在核糖体 P 位：甲硫氨酸与 tRNA 活化形成 $fMet\text{-}tRNA^{fMet}$ 后，识别并结合核糖体 P 位上的起始密码子 AUG。此时 A 位被 IF-1 占据，不与任何氨酰 -tRNA 结合。

（4）翻译起始复合物形成：核糖体大亚基与结合了 mRNA、$fMet\text{-}tRNA^{fMet}$ 的小亚基结合，形成翻译起始复合物（图 6-13）。

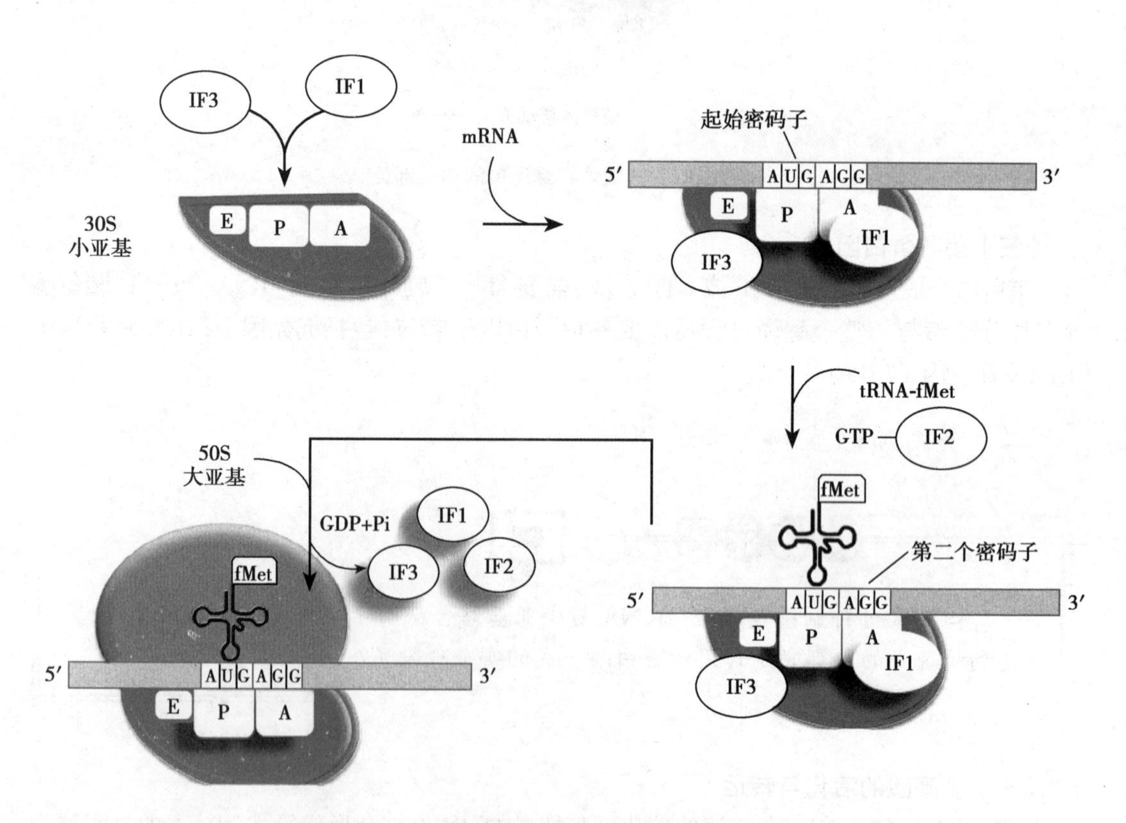

图 6-13　原核生物翻译起始复合物的装配

2. 延长　翻译起始复合物形成后，按照 mRNA 上密码子的顺序，相应的氨酰 -tRNA 依次进入核糖体并聚合形成多肽链。这一阶段在核糖体上连续循环进行，故又称核糖体循环。每个循环可分为三步，即进位、成肽和转位（图 6-14）。

（1）进位：指氨酰 -tRNA 按照 mRNA 密码子的指令进入核糖体 A 位的过程，又称注册。翻译起始复合物形成后，核糖体的 A 位空缺并且对应 mRNA 上的第二个密码子，进入 A 位的氨酰 -tRNA 由该密码子决定。

（2）成肽：转肽酶的催化核糖体 P 位上的 tRNA 所携带的氨基酸转移到 A 位与新进入的氨酰 -tRNA 上的氨基酸缩合成肽。二肽形成后，二肽酰 -tRNA 占据 A 位，空载的 tRNA 仍留在 P 位。

（3）转位：在转位酶的催化下，核糖体向 mRNA 的 3′ 端移动一个密码子的距离，此时，P 位上的 tRNA 转位到 E 位并脱落排出。位于 A 位上的肽酰 -tRNA 移动到 P 位，A 位空出，以接受下一个氨酰 -tRNA 的进位。

核糖体沿 mRNA 链 5′ → 3′ 方向顺序阅读密码子，连续进行进位、成肽、转位的循环，每次循环向肽链 C- 端添加一个氨基酸残基，使相应肽链从 N- 端向 C- 端不断延伸。

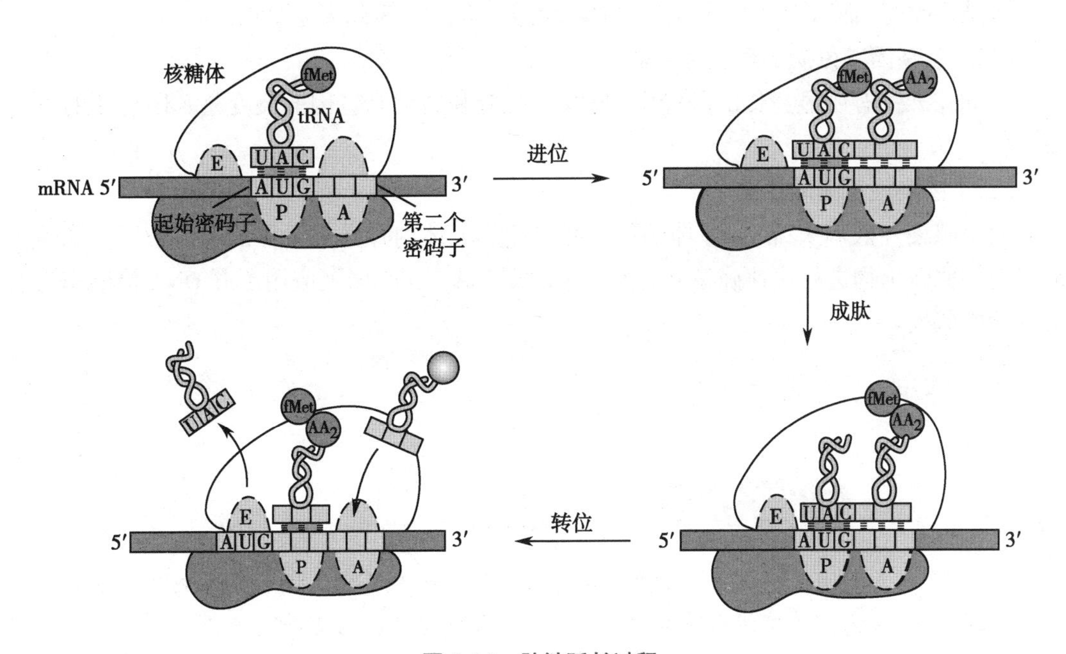

图 6-14　肽链延长过程

3. 终止　当核糖体 A 位上出现终止密码子（UAA、UAG、UGA）时，只有释放因子 RF 能辨认终止密码子并进入 A 位。RF 的结合可触发核糖体变构，将转肽酶转变为具有酯酶活性，水解 P 位上多肽链与 tRNA 之间的酯键，释放出新合成的多肽链。mRNA、tRNA 及 RF 从核糖体脱离，核糖体大、小亚基分离。

第四节　基因与医学的关系

一、基因与疾病的诊断

遗传性镰状细胞贫血是一种常染色体显性遗传性疾病，它发生的分子基础是什么？

（一）遗传性疾病的诊断和风险预测

1978年，首次应用基因诊断技术对镰状细胞贫血进行了产前诊断，开创了基因诊断疾病的先河。镰状细胞贫血患者体内血红蛋白β亚基的基因发生点突变，导致β亚基结构功能改变，红细胞变形成镰刀状而极易破裂，产生溶血性贫血。这种由于基因突变导致蛋白质一级结构改变，而引起某些蛋白质结构和功能异常的疾病称为分子病。

（二）多基因常见病的预测性诊断

比如在某些有明显遗传的肿瘤中，癌基因或者肿瘤抑制基因的突变是基因检测的重要靶点。

（三）感染性疾病的诊断

对于感染性疾病来说，病原体的侵入必定使病人体内存在病原体的遗传物质。基因诊断可对病原微生物进行快速确诊并分型，确定感染源。如临床上应用乙肝DNA检测作为乙肝的诊断依据。

二、基因与疾病的治疗

胰岛素的问世挽救了无数糖尿病患者，尤其是1型糖尿病患者的生命。临床上使用的胰岛素是重组人胰岛素，它的生产基于什么理论基础？

（一）某些抗生素通过干扰细菌蛋白质的合成发挥药理作用

比如红霉素通过抑制细菌转肽酶的作用干扰其蛋白质合成，从而发挥抗菌作用。

（二）重组DNA技术广泛用于生物制药

例如，利用重组DNA技术可以生产有药用价值的蛋白质/多肽及疫苗抗原等生物制剂。现在临床上广泛应用的重组人胰岛素就是通过重组DNA技术生产的。

（三）基因治疗

基因治疗可通过一定方式将人正常基因或者有治疗作用的DNA片段导入人体靶细胞以矫正或置换致病基因。基因治疗的范围包括单基因遗传病、恶性肿瘤、心脑血管疾病、代谢性疾病等。

人工胰岛素的合成

糖尿病的病因是胰岛素分泌不足或者其生物功能受损，所以其最常见的治疗方法就是以注射胰岛素的方式补充人体内的胰岛素。1965年，我国首次人工合成了结晶牛胰岛素，标志着人类在认识、探索生命的征途中迈出了关键性的一步。现阶段，临床上应用的胰岛素都是通过转基因技术合成的。其合成过程如下：首先将人类胰岛素的基因与质粒结合形成重组质粒，然后将质粒导入大肠埃希菌细胞内，重组质粒上的人类胰岛素的基因会在大肠埃希菌内进行表达，合成胰岛素。通过人工大规模培养大肠埃希菌，就可以在发酵液中提取胰岛素了。由于细菌的繁殖呈指数级增长，这就意味着我们可以批量、快速、廉价的获得胰岛素，达到临床应用的目的。

第五节　常用分子生物学技术

随着近代医学的发展，越来越多地将分子生物学的理论和技术应用于疾病的预防、诊断和治疗，深入了解一些常用的分子生物学技术，可以帮助我们更清楚地认识疾病的发生、发展机制。

一、分子杂交与印迹技术

在适当的条件下，只要存在某种程度的碱基互补配对关系，不同的DNA与DNA之间、DNA与RNA之间、RNA与RNA之间可以形成杂化双链，即为核酸分子杂交（hybridization）。分子杂交技术的原理是核酸分子的变性与复性。结合印迹技术和探针技术，可进行DNA或RNA的定性或定量分析。

临床上常使用免疫印迹技术对幽门螺杆菌进行分型及阳性率的分析。什么是印迹技术？它的原理是什么？

（一）印迹技术的原理

印迹技术（blotting）是将在凝胶中分离的生物大分子转移到固相介质上加以检测分析的技术。1975年，Edwin Mellor Southern将经琼脂糖凝胶电泳分离的DNA片段在胶中变性为单链，然后利用毛细作用使胶中DNA片段转移到硝酸纤维素（NC）膜上，使之固相化。将载有单链DNA分子的NC膜放在杂交液中，具有互补序列的DNA或者RNA就可以结合到存在于NC膜上的DNA分子上进行杂交。

（二）印迹技术的分类

印迹技术分为DNA印迹技术、RNA印迹技术和蛋白质印迹技术三大类。基本流程如图6-15所示。

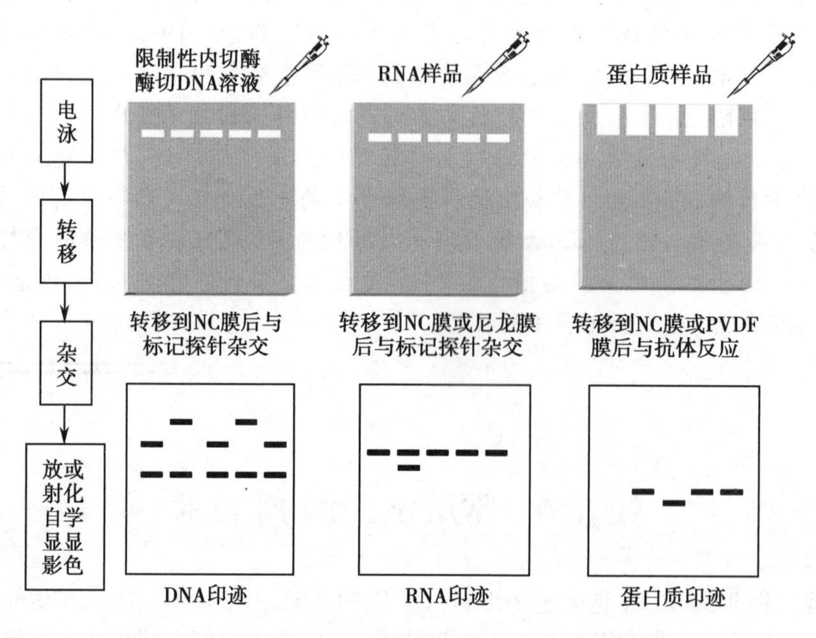

图6-15 DNA印迹、RNA印迹和蛋白质印迹技术示意图

1. DNA印迹技术（Southern blotting） 将经限制性内切酶酶切的DNA片段进行琼脂糖凝胶电泳分离，然后将胶中的DNA分子转移并固定到NC膜上，即可用于杂交反应。该技术法主要用于DNA基因组的定量和定性分析。

2. RNA印迹技术（Northern blotting） 利用DNA印迹相类似技术来分析RNA，就称为RNA印迹。这是一种将RNA从琼脂糖凝胶中转印到NC膜上的方法。该技术主要用于检测某一组织或细胞中已知的特异mRNA的表达水平，也可比较不同组织和细胞中同一基因的表达情况。

3. 蛋白质印迹技术（Western blotting） 蛋白质经过聚丙烯酰胺凝胶电泳分离后，可通过电转移至NC膜或者其他膜上，再与溶液中相应的蛋白质分子结合进行定量分析，临床上最常用的是用抗体来结合检测，又称为免疫印迹。蛋白质印迹技术常应用于检测样品中特异性蛋白的存在、细胞中特异蛋白质的半定量分析和蛋白质分子的相互作用研究。

二、PCR技术与应用

2020年，新型冠状病毒在全世界范围内肆虐，威胁人类的健康。通过PCR技术对新冠病毒核酸进行检测是新冠肺炎确诊的重要指标。什么是PCR技术？它的原理是什么？

聚合酶链反应（polymerase chain reaction，PCR）是一种在体外快速、高效和特异地扩增目的基因或者DNA片段的技术，可将微量的目的基因或者DNA片段大量扩增。

PCR技术与应用

（一）PCR技术的原理

PCR的基本工作原理是以待扩增的DNA片段为模板，以两条与模板互补的寡核苷酸片段为引物，在DNA聚合酶的催化下，按照半保留复制的方式沿着模板链合成新的DNA。此过程不断重复，可使目的DNA片段得到扩增（图6-16）。

组成PCR反应体系的基本成分包括模板DNA、特异引物、耐热性DNA聚合酶（比如*Taq* DNA聚合酶）、dNTP以及含有Mg^{2+}的缓冲液。

（二）PCR技术的基本反应过程

1. 变性　将反应体系加热至95℃，使模板双链DNA完全变性为单链，并消除引物自身和引物之间存在的局部双链。

2. 退火　将温度下降至50~55℃左右，使引物与模板DNA结合。

3. 延伸　将温度升至72℃，DNA聚合酶以dNTP为底物催化DNA合成。

上述三个步骤为一个基本循环，经多次循环（25~30次）后即可达到扩增DNA片段的目的。

（三）PCR技术的应用

PCR技术目前主要用于目的基因的克隆、DNA和RNA的微量分析、DNA序列分析、基因的体外突变和突变分析等。

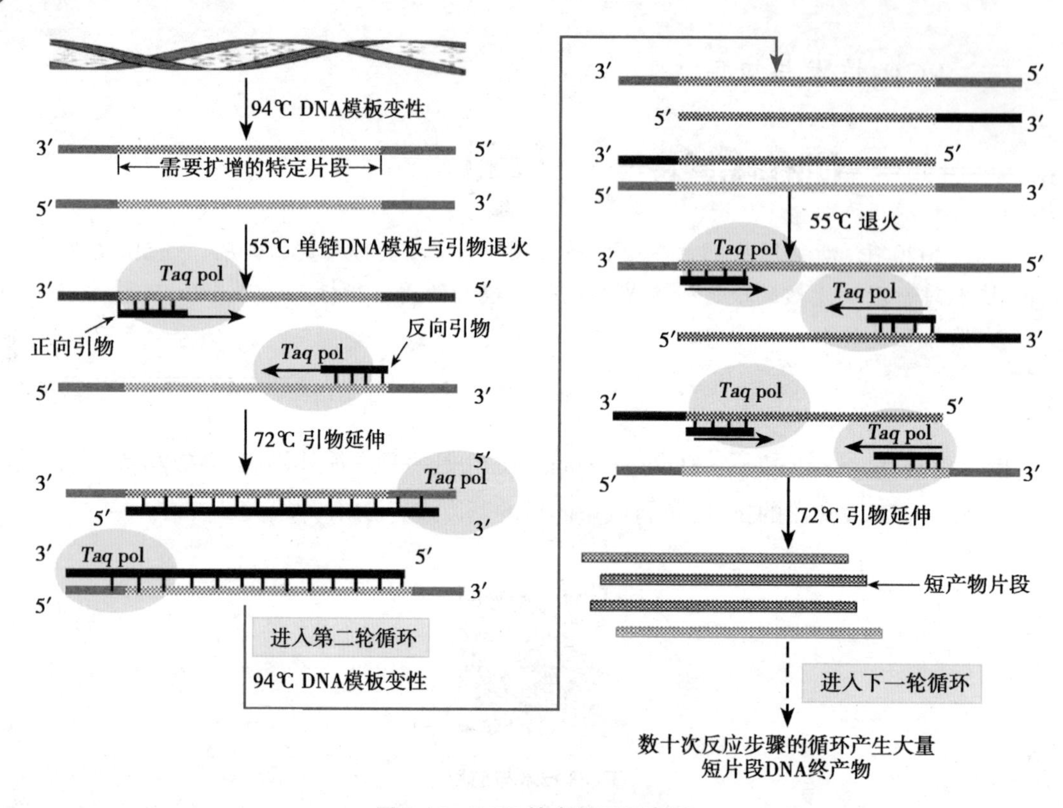

图6-16　PCR技术原理示意图

新型冠状病毒核酸检测

冠状病毒的外层是包膜和蛋白质，里面是它的遗传物质RNA。新型冠状病毒核酸检测就是应用实时荧光RT-PCR技术，检测病毒的RNA。

检测流程：首先在人的上呼吸道（咽部或鼻腔）擦拭采集样本，从样本中提取出病毒的RNA，然后通过逆转录技术（RT），把病毒的RNA"反转"成cDNA，再利用PCR技术进行cDNA的扩增。当cDNA扩增的同时，试剂盒中还有一种"荧光探针"同时工作。它会释放荧光信号，cDNA每完成一次扩增，荧光信号就会增加一点，而PCR检测仪就能记录到一个荧光信号增加的Ct值（即PCR扩增过程中，扩增产物的荧光信号达到设定的阈值时，所经过的扩增循环次数）。最后根据检测仪记录的Ct值，进行检测结果分析。

结果分析：如果样本中有新冠病毒，那么在cDNA完成预订次数的扩增后，检测仪记录的Ct值就会形成一个逐渐上升的S形曲线，检测结果为阳性；如果没有类似的S形曲线，检测结果就为阴性。

我国在新冠疫情防控中，应用该技术开展全员核酸检测，实现"早发现、早隔离、早诊断、早治疗"，有力保障了人民群众生命安全和身体健康。

基因信息的传递及表达遵循遗传的中心法则。

DNA复制是以亲代DNA为模板，按照碱基互补配对原则合成子代DNA的过程。细胞内的DNA复制有半保留性、半不连续性、双向性等特点。复制过程需要底物、模板、多种酶及蛋白因子等共同参与完成，大致分为起始、延长、终止三个阶段。

转录是指生物体以DNA为模板以NTP为原料合成RNA的过程。转录有RNA pol与启动子结合、起始、延长、终止等几个阶段，RNA合成的方向是$5' \rightarrow 3'$。

蛋白质的生物合成又称翻译，即以mRNA为模板合成蛋白质的过程。mRNA是蛋白质合成的模板，mRNA上密码子的排列顺序决定了其翻译出的多肽链中氨基酸的排列顺序。tRNA是氨基酸和密码子之间的特异衔接子。核糖体是蛋白质合成的场所。翻译过程包括翻译起始复合物的形成、肽链的延长、肽链合成的终止三个阶段。

印迹技术和PCR技术是临床和科研过程中最常用的分子生物学技术。印迹技术是将在凝胶中分离的生物大分子转移到固相介质上加以检测分析的技术。PCR是在体外快速、高效和特异地扩增目的基因或者DNA片段的技术。PCR技术主要用于目的基因的克隆、DNA和RNA的微量分析等。

目标检测

一、名词解释

1. 复制　2. 冈崎片段　3. 转录　4. 翻译　5. 核酸分子杂交　6. 印迹技术　7. PCR技术

二、填空题

1. DNA复制的特点有______、______、______。
2. 终止密码子包括______、______、______。
3. 翻译的过程有______、______、______。
4. 印迹技术可分为______、______、______。
5. PCR基本反应步骤为______、______、______。

三、单项选择题

1. DNA复制的主要方式是
   A. 半保留复制　B. 全保留复制　C. 滚环式复制
   D. D环复制　E. 混合式复制

2. 模板DNA的序列是3′-TAGACTAC-5′，其转录出的RNA序列是

A. 5′-TAGACTAG-3′
B. 5′-ATCTGATG-3′
C. 5′-AUCUGAUG-3′
D. 5′-TCATCTAG-3′
E. 5′-AUGUGTUC-3′

3. 识别转录起始点的是

A. ρ因子
B. RNA聚合酶σ亚基
C. 核心酶
D. RNA聚合酶的α亚基
E. RNA聚合酶的β亚基

4. 在蛋白质合成中起转运氨基酸作用的是

A. mRNA
B. tRNA
C. rRNA
D. 转肽酶
E. 延长因子

5. 利福平抗结核分枝杆菌的作用机制是

A. 抑制细菌RNA聚合酶
B. 激活细菌RNA聚合酶
C. 抑制细菌DNA聚合酶
D. 激活细菌DNA聚合酶
E. 以上都不对

6. 关于镰状细胞贫血的叙述，错误的是

A. 血红蛋白β亚基编码基因出现点突变
B. 红细胞变成镰刀状
C. 血红蛋白极易破裂，出现溶血性贫血
D. 血红蛋白不易相互黏着
E. 以上都不对

7. 经电泳分离后，将DNA转移至NC膜上的技术是

A. Southern blotting
B. Northern blotting
C. Western blotting
D. Eastern blotting
E. *in situ* hybridization

8. PCR反应中，变性所需的温度一般是

A. 95℃
B. 85℃
C. 75℃
D. 65℃
E. 55℃

9. PCR反应体系不包括

A. NTP
B. 模板DNA
C. *Taq* DNA聚合酶
D. 特异性引物
E. 含Mg^{2+}的缓冲液

10. PCR技术主要应用于

A. 目的基因的克隆
B. DNA和RNA的微量分析
C. DNA序列分析
D. 基因的体外突变和突变分析
E. 以上均可以

四、思考题

1. 请列表比较复制与转录。
2. 遗传密码是什么？有何特点？
3. 简述 PCR 技术的基本原理、反应体系及基本反应过程。

（崔文静　张承玉）

参考答案

模块五　临床生物化学

第七章　肝的生物化学

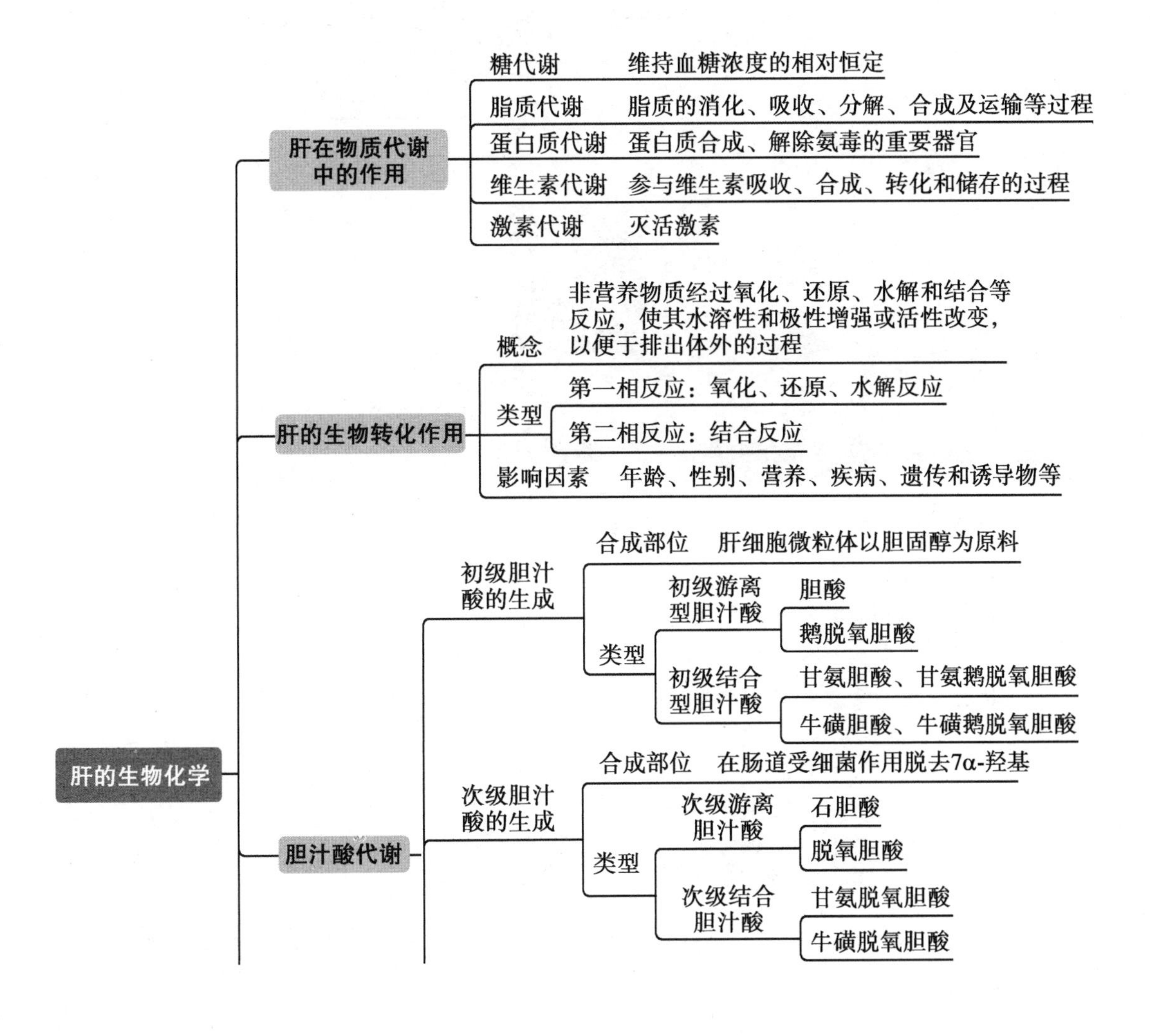

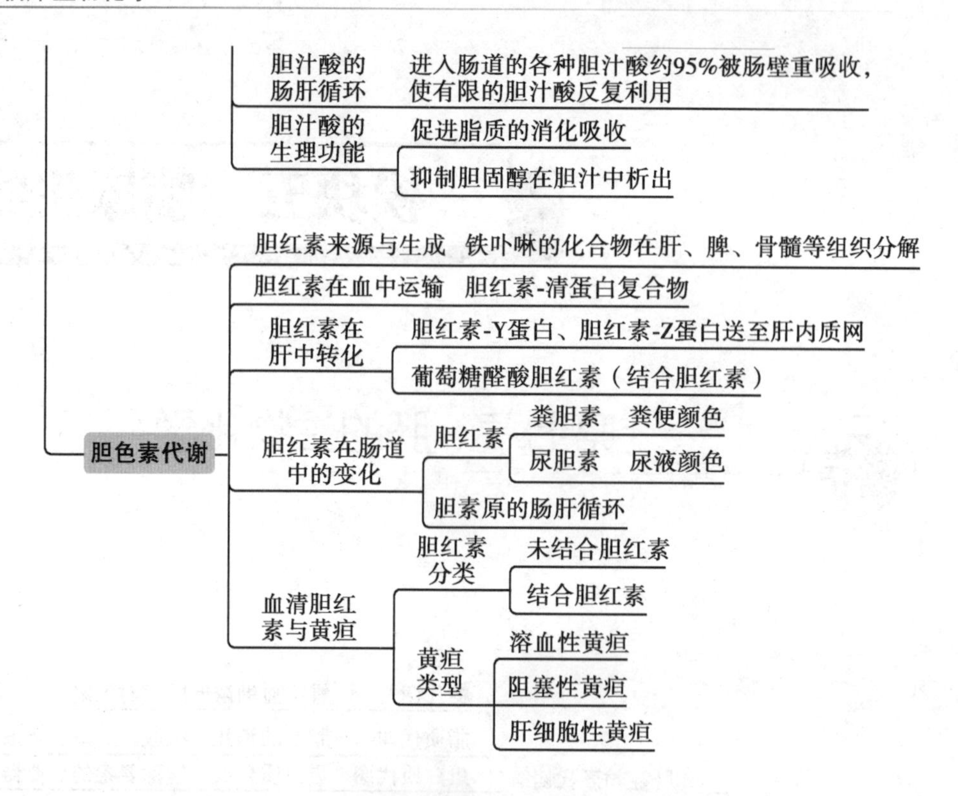

1. 掌握肝脏生物转化的概念及生理意义；胆色素的概念。
2. 熟悉肝在物质代谢中的作用；生物氧化的基本类型及影响因素；胆汁酸代谢及肠肝循环；胆红素的正常代谢；黄疸的类型。
3. 了解黄疸发生机制。
4. 具有应用肝生化知识解释临床护理相关问题的能力。

为什么长期、过量用药容易引起肝脏损伤，从而影响人体的物质代谢功能呢？

肝脏是人体物质代谢的枢纽。不仅在糖类、脂质、蛋白质、维生素、激素等代谢中起着重要的作用，同时肝还具有生物转化、分泌和排泄等功能。肝脏之所以有诸多复杂的代谢功能，是由其独特的形态结构和化学组成特点所决定的：①肝有肝动脉和门静脉双重血液供应，通过门静脉可以获得从胃肠道吸收的大量营养物质，通过肝动脉可以获得充足的氧，二者为肝进行各种物质代谢奠定了物质基础。②肝有肝静脉和胆道系统两条输出通道，有利于非营养物质输出及排泄，这是肝具有输出及排泄功能的结构基础。③肝具有丰富的血窦，血窦使肝细胞与血液的接触面积增大，加之血窦中血液流速缓慢，为肝细胞与血液进行充分的物质交换提供了足够的接触面积及时间，有利于各种物质的交换。④肝细胞含有丰富的线粒体、内质网、溶酶体和高尔基复合体等细胞器，为物质代谢的顺利进行提供了场所；同时肝细胞中含有数百种酶类，参与物质代谢。

第一节 肝在物质代谢中的作用

一、肝在糖代谢中的作用

肝在糖代谢中的主要作用是通过糖原的合成、分解及糖异生作用来维持血糖浓度的相对恒定，以保证全身各组织，特别是脑和红细胞的能量供应。进食后，人体经消化吸收获得的单糖合成肝糖原和肌糖原储存。空腹时，肝糖原分解成葡萄糖补充血糖。在饥饿12h后，肝糖原几乎耗尽，糖异生作用加强，维持血糖浓度恒定。此外，肝细胞磷酸戊糖途径也很活跃，可为体内生物转化提供足够的$NADPH+H^+$。

二、肝在脂质代谢中的作用

脂质的消化、吸收、分解、合成及运输等过程均离不开肝脏。如肝分泌的胆汁酸可促进脂质及脂溶性维生素的吸收。当肝细胞受损或胆道阻塞时，可出现食欲缺乏、厌油腻、脂肪泻、脂肪酸和维生素缺乏等症状。同时肝脏是脂肪酸β-氧化分解、合成酮体的主要器官。如饥饿时，脂肪动员加强，酮体生成增多，脂肪酸和酮体成为心肌、骨骼肌等的重要能量来源，一部分酮体可被大脑利用。

脂 肪 肝

肝脏不仅合成甘油三酯、胆固醇、磷脂等非常活跃，同时可将其以VLDL的形式分泌入血，当肝功能障碍或磷脂合成原料缺乏时，肝细胞合成磷脂减少，从而影响VLDL的合成与分泌，导致肝内脂肪运输障碍。正常成人肝中脂质含量占肝重的5%，其中以磷脂含量最多，约占3%，甘油三酯约占2%。如果肝中脂质含量超过10%，且主要是脂肪，肝实质细胞脂肪化超过30%，过多的脂肪存积在肝细胞内形成脂肪肝。形成脂肪肝的常见原因有：①肝中脂肪来源过多，如高脂肪及高糖膳食；②肝功能障碍，影响 VLDL 的合成与释放；③合成磷脂原料不足，特别是胆碱或胆碱合成的原料缺乏以及必需脂肪酸不足。在临床护理工作中，医护人员要积极开展健康宣教，引导患者合理膳食，倡导健康的生活方式，有效预防、控制甚至逆转脂肪肝。

三、肝在蛋白质代谢中的作用

肝脏在蛋白质代谢中的主要作用是作为蛋白质合成的重要器官。除 γ- 球蛋白外，几乎所有的血浆蛋白质均在肝脏合成。合成的蛋白质包括全部的清蛋白、部分球蛋白、大部分凝血因子、纤维蛋白原、多种结合蛋白质和某些激素的前体等。合成的这些蛋白质在维持血浆胶体渗透压、凝血作用和物质代谢等方面均起着重要的作用。当肝功能严重受损时，合成及分泌入血的清蛋白减少，引起血浆清蛋白与球蛋白的比值（A/G）下降，甚至倒置。临床上常测定 A/G 比值来作为肝脏疾病的辅助诊断指标。

同时肝脏是清除血氨的主要器官。各种来源的氨可在肝脏经鸟氨酸循环合成尿素经肾排出体外。当肝细胞严重受损时，尿素合成障碍，血氨升高，可引起肝性脑病。肝还是芳香族胺类的清除器官，严重肝病时，芳香族胺类物质转变为胺性假神经递质（如苯丙氨酸转变为苯乙醇胺），取代正常的神经递质（如去甲肾上腺素等），引起中枢神经活动紊乱，这可能是肝性脑病产生的重要生化机制之一。

四、肝在维生素代谢中的作用

肝脏在维生素吸收、合成、转化和储存的过程中均起着重要的作用。如肝合成和分泌的胆汁酸盐能协助脂溶性维生素 A、D、E、K 的吸收。肝可将从食物中摄取的 β- 胡萝卜素转变为维生素 A，可将维生素 D 转变为 25- 羟维生素 D，可将 B 族维生素转化为相应辅酶或辅基而发挥生理作用。肝脏是人体储存维生素最丰富的器官，如维生素 A、K、B_1、B_2、B_6、B_{12}、泛酸和叶酸等在肝脏储存最多，肝中维生素 A 储存量占全身总量的 95%。

五、肝在激素代谢中的作用

肝脏在激素代谢中的重要作用是灭活激素。许多激素在发挥作用后，主要在肝脏内被分解转化、降低或失去生物活性，此过程称为激素的灭活。灭活对于激素作用的时间及强度具有调控作用，灭活后的产物大部分随尿排出。严重肝病时，一些雌激素、醛固酮、抗利尿激素不能在肝脏灭活，导致血中这些激素水平升高，可出现男性乳房女性化、蜘蛛痣、肝掌及水肿等现象。

第二节　肝的生物转化作用

在物质代谢过程中产生的或由外界摄入的某些物质，既不参与机体的构成，又不能氧化供能，称为非营养物质。非营养物质经过氧化、还原、水解和结合等反应，使其极性（或

水溶性)增加或活性改变,易于随胆汁或尿液排出的过程称为生物转化(biotransformation)。非营养物质按其来源可分为两大类:①内源性:物质代谢产生的各种生物活性物质,如待灭活的激素、神经递质及胺类物质;有毒的代谢产物,如氨、胆红素等。②外源性:由外界进入体内的各种物质,如药物、毒物、食品添加剂、色素、环境污染物及肠道内的腐败产物等。

一、生物转化的特点

(一)多样性和连续性

一种物质在体内可以进行多种生物转化反应,每种反应都按照一定的顺序进行。

(二)解毒与致毒的双重性

经生物转化,有的毒性减弱甚至消失(解毒作用),有的反而出现毒性或毒性增加(致毒作用),如3,4-苯并芘和黄曲霉素 B_1 的致癌都说明生物转化的致毒作用。因而,不能将肝脏的生物转化作用一概称为"解毒作用",生物转化具有解毒与致毒的双重作用。

二、生物转化的类型

生物转化分为两相反应,包括4种类型,第一相反应包括氧化、还原、水解反应,第二相反应是结合反应。

(一)氧化反应

在有机化合物中加氧或脱氢的反应称为氧化反应。催化加氧的酶系存在于肝细胞的微粒体、线粒体,催化脱氢的酶系存在于肝细胞胞质。

1. 单加氧酶系 单加氧酶系存在于肝细胞的微粒体中,可催化脂溶性低的有机物加氧羟化。该酶系催化的反应特点是激活分子氧,使其中一个氧原子加到底物分子上形成羟基,另一个氧原子被 $NADPH+H^+$ 还原成水。由于该酶催化氧分子中的氧发挥了两种功能,故又称混合功能氧化酶。其反应通式如下:

$$\underset{\text{底物}}{RH+O_2+NADPH+H^+} \xrightarrow{\text{单加氧酶}} \underset{\text{氧化产物}}{ROH} + NADP^+ + H_2O$$

此种羟化反应不仅能增加毒物或药物的极性,使其水溶性增加,易于排泄,而且是许多代谢过程不可缺少的步骤,如维生素D羟化后才有生物活性,类固醇激素和胆汁酸的合成过程都需进行羟化反应。

2. 单胺氧化酶系 单胺氧化酶系存在于肝细胞的线粒体,可催化胺类物质氧化脱氨基生成相应的醛。肠道腐败产物如组胺、尸胺、酪胺和体内许多活性物质如5-羟色胺、儿茶酚胺类等均在此酶的催化下代谢灭活。其反应通式如下:

$$\underset{\text{胺}}{RCH_2NH_2} + O_2 + H_2O \xrightarrow{\text{单胺氧化酶}} \underset{\text{醛}}{RCHO} + NH_3 + H_2O_2$$

3. 脱氢酶系 脱氢酶系分为醇脱氢酶和醛脱氢酶,分别存在于肝细胞的胞质和线粒体中。两者均以 NAD^+ 为辅酶，分别催化醇和醛氧化为醛和酸。反应通式如下：

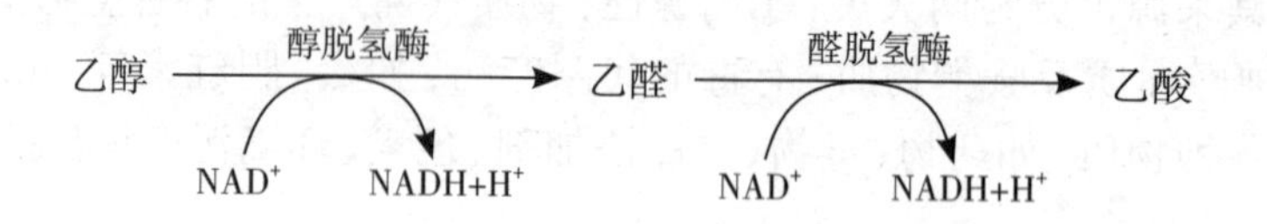

乙 醇 中 毒

酒的主要成分是乙醇，体内乙醇主要在肝脏中进行代谢。肝脏中乙醇被乙醇脱氢酶氧化成乙醛，乙醛很快又在乙醛脱氢酶的作用下氧化成乙酸，乙酸可以被机体细胞利用，所以适量饮酒不会造成乙醇在体内的蓄积。因乙醇在人体内的代谢速率有限，如果饮酒过量，乙醇就会在体内器官，特别是肝脏和大脑中蓄积，使中枢神经先兴奋后抑制，最终引起乙醇中毒，严重时甚至会因心脏麻痹或呼吸中枢失去功能而造成窒息，导致死亡。

（二）还原反应

肝细胞的微粒体内含有硝基还原酶和偶氮还原酶，分别催化硝基化合物和偶氮化合物还原为相应的胺类物质，该反应需要以 $NADPH+H^+$ 作为供氢体。如氯霉素被硝基还原酶还原成氨基氯霉素而失效。

（三）水解反应

肝细胞的微粒体及胞质中含有酯酶、酰胺酶、糖苷酶等多种水解酶类，可催化不同类型的物质进行水解反应，以降低或消除它们的生物活性。如异烟肼经酰胺酶水解生成异烟酸和肼后作用消失。

（四）结合反应

结合反应是体内重要的生物转化方式。凡含有羟基、羧基或氨基的药物、毒物、激素均可与葡萄糖醛酸、硫酸、乙酰基、甲基、谷胱甘肽、甘氨酸等发生结合反应，以利于灭活或排出。其中以葡萄糖醛酸的结合反应最为普遍。

如肝细胞微粒体中含有葡萄糖醛酸基转移酶，该酶可催化尿苷二磷酸上的葡萄糖醛酸基转移到醇、酚、羧酸及胺等的官能团上（—OH、—COOH、—SH、$—NH_2$），生成葡萄糖醛酸苷，从而使这些物质极性增强。如苯酚和尿苷二磷酸葡萄糖醛酸的结合反应如下：

$$苯酚 + UDPGA \xrightarrow{UGT} 苯\text{-}\beta\text{-}葡萄糖醛酸苷 + UDP$$

三、影响生物转化的因素

生物转化作用受年龄、性别、营养、疾病、遗传和诱导物等体内外多种因素的影响。如新生儿生物转化酶系发育不完善，对药物、毒物等的转化能力较弱，临床上对新生儿用药量

较成年人低。肝实质病变时，生物转化酶类活性下降，使药物、毒物等的灭活速率降低，故对肝病患者用药应慎重。长期服用苯巴比妥可诱导肝微粒体混合功能氧化酶的合成，加速药物代谢过程，使之产生耐受性。临床上利用苯巴比妥可诱导肝微粒体 UDP- 葡萄糖醛酸基转移酶，加速游离胆红素转变为结合胆红素，治疗新生儿高胆红素血症。

第三节 胆汁酸代谢

正常人每天合成 1~1.5g 胆固醇，其中约 40%（0.4~0.6g）在肝内转变成为胆汁酸。胆汁酸多以钠盐或钾盐（胆汁酸盐）的形式存在，随胆汁排入肠道，促进脂质及脂溶性维生素的消化和吸收。

一、初级胆汁酸的生成

肝细胞微粒体以胆固醇为原料在一系列酶的催化下合成的胆汁酸称为初级胆汁酸。胆固醇生成胆汁酸的过程很复杂，需要经过羟化、侧链氧化、异构化、加水等多步酶促反应才能完成。羟化反应是胆汁酸合成最主要的变化，胆固醇首先在 7α- 羟化酶催化下转变为 7α- 羟胆固醇，再经过多步酶促反应生成初级游离型胆汁酸——胆酸和鹅脱氧胆酸，游离胆汁酸再与甘氨酸或牛磺酸这些极性物质发生结合反应，形成初级结合型胆汁酸（图 7-1），从而增强了水溶性。

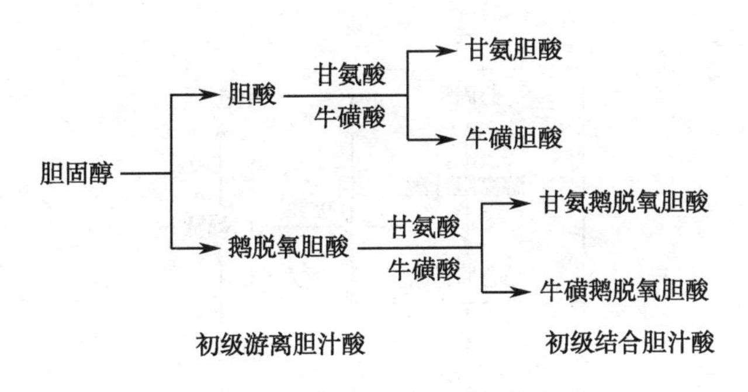

图 7-1 初级胆汁酸生成示意图

二、次级胆汁酸的生成

随胆汁分泌进入肠道的初级胆汁酸在协助脂质物质消化吸收的同时，在小肠下段和大肠受细菌作用脱去 7α- 羟基转变为次级胆汁酸（图 7-2），即胆酸转化为脱氧胆酸，鹅脱氧胆酸转化为石胆酸。此类由初级胆汁酸在肠菌作用下形成的胆汁酸称为次级胆汁酸。一部分结合型胆汁酸先水解脱去甘氨酸或牛磺酸，再经 7α- 脱羟基反应生成次级胆汁酸。次级游离胆汁酸可重吸收入血，经血液循环回到肝，再与甘氨酸或牛磺酸结合形成结合型次级胆汁酸。

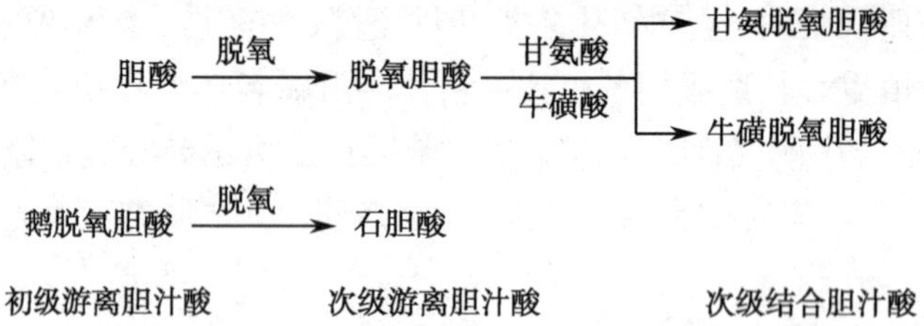

胆酸
脱氧
脱氧胆酸
甘氨酸
牛磺酸
甘氨脱氧胆酸
牛磺脱氧胆酸
鹅脱氧胆酸
脱氧
石胆酸
初级游离胆汁酸
次级游离胆汁酸
次级结合胆汁酸

图 7-2 次级胆汁酸生成示意图

三、胆汁酸的肠肝循环

健康成人胆汁酸储存量为 3~5g。进入肠道的各种胆汁酸约 95% 被肠壁重吸收，肠道重吸收的初级和次级胆汁酸、游离型与结合型胆汁酸均经门静脉回到肝。在肝中游离胆汁酸可重新转变为结合胆汁酸，并同新合成的胆汁酸一起随胆汁再排入十二指肠，此过程称为胆汁酸肠肝循环(图 7-3)。结合型胆汁酸主要在回肠以主动转运方式重吸收，游离型胆汁酸则在小肠各部位及大肠经被动重吸收方式进入肝。

人体每天需要 16~32g 胆汁酸才能使脂质乳化，而正常人体胆汁酸池的储量远远不足，供需矛盾十分突出。机体必须依靠餐后 2~4 次胆汁酸肠肝循环弥补胆汁酸储量不足，使有限的胆汁酸能够发挥最大限度地乳化作用，以维持脂质食物消化吸收的正常进行。故胆汁酸肠肝循环重要的生理意义在于使有限的胆汁酸反复利用，满足机体对胆汁酸的需要。若因腹泻或回肠大部切除等破坏了胆汁酸肠肝循环，一方面会影响脂质的消化吸收，另一方面胆汁中胆固醇含量相对增高，处于饱和状态，极易形成胆固醇结石。

肝
胆固醇
游离胆汁酸
结合胆汁酸
体循环
5%
95%
门静脉
90%
胆囊
十二指肠
回肠
10%
粪

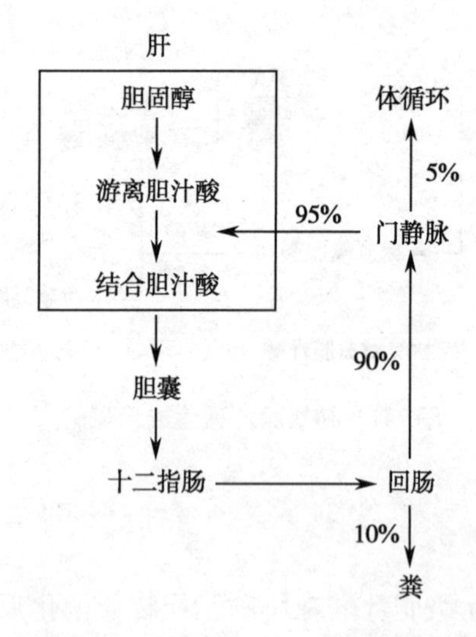

图 7-3 胆汁酸的肠肝循环示意图

四、胆汁酸的生理功能

(一) 促进脂质的消化吸收

胆汁酸分子内既含亲水性的羟基和羧基，又含疏水性的甲基及烃核。同时羟基、羧基的空间配位又全是 α 型，故胆汁酸的主要构型具有亲水和疏水两个侧面，具有界面活性分

子的特征，能降低油和水两相之间的表面张力，促进脂质乳化成3~10μm的细小微团，增加与脂肪酶的接触面积，加速脂质的消化吸收。

（二）抑制胆固醇在胆汁中析出沉淀（结石）

胆汁酸还具有防止胆石生成的作用。胆固醇难溶于水，随胆汁排入胆囊贮存时，胆汁在胆囊中被浓缩，胆固醇易沉淀。但因胆汁中含胆汁酸盐与卵磷脂，可使胆固醇分散形成可溶性微团而不易沉淀形成结石。如果肝合成胆汁酸能力下降、排入胆汁中的胆固醇过多（高胆固醇血症）、胆汁酸在消化道丢失过多、胆汁酸肠肝循环减少等均可造成胆汁中胆汁酸和卵磷脂与胆固醇的比例下降（小于10∶1，正常时可高达2∶1），易发生胆固醇沉淀析出形成胆结石。不同胆汁酸对结石形成的作用不同，鹅脱氧胆酸可使胆固醇结石溶解，而胆酸及脱氧胆酸则无此作用。临床常用鹅脱氧胆酸及熊脱氧胆酸（熊胆汁中提取）治疗胆固醇结石。

胆汁酸与胆结石形成的关系

胆结石是一种世界性的常见多发病，西方发达国家发病率在15%~20%，我国发病率在7%~10%以上，且呈逐渐上升趋势。胆结石的主要成分是胆固醇、胆红素、碳酸盐以及镁、铁等，其中胆固醇和胆红素为主要成分。结石的形成，其外在的原因是胆汁成分的变异，表现为胆汁酸盐含量相对过少，而胆固醇及胆红素等成分过多，胆汁酸盐不足以溶解过多的胆固醇及胆红素，使得胆固醇及胆红素逐渐析出并凝聚成石；而本质的内在原因是由于肝、胆代谢功能异常甚至紊乱，而导致胆汁在分泌过程中其组分比例失调，同时代谢异常，又进一步影响胆固醇及胆红素在肝肠内的循环代谢与吸收，多余的致石物质逐渐增多，成为结石形成的根本症结。

第四节　胆色素代谢

胆色素（bile pigments）是体内血红蛋白、肌红蛋白、过氧化物酶、过氧化氢酶及细胞色素类等铁卟啉化合物分解代谢的产物，包括胆红素（bilirubin）、胆绿素（biliverdin）、胆素原（bilinogen）和胆素（bilin）等。胆红素呈金黄色，是胆汁的主要色素。胆色素代谢以胆红素代谢为中心，肝在胆色素代谢中起着重要作用。

胆色素代谢

一、胆红素来源与生成

请应用生物化学知识分析新生儿黄疸的产生机制及治疗。

（一）胆红素的来源

体内含铁卟啉的化合物在肝、脾、骨髓等组织分解代谢产生胆红素。成人产生250~350mg/d，其中约80%由衰老红细胞释放的血红蛋白分解产生，小部分来自造血过程中红细胞过早破坏，仅少量由非血红蛋白血红素分解产生。

（二）胆红素的生成

体内红细胞不断更新，正常人红细胞寿命约120天。衰老红细胞由于细胞膜的变化被肝、脾、骨髓中单核吞噬细胞识别、吞噬并破坏释放出血红蛋白，血红蛋白分解为珠蛋白和血红素。血红素在吞噬细胞微粒体血红素加氧酶（heme oxygenase，HO）催化下，释放出CO和Fe^{3+}，生成胆绿素。胆绿素在细胞质胆绿素还原酶的催化下，迅速被还原为胆红素。新生的胆红素亲水性基团封闭在分子内部，疏水性基团暴露在表面，因此胆红素是亲脂、疏水的化合物，具有脂溶性。珠蛋白水解为氨基酸，通过氨基酸代谢途径分解或再利用（图7-4）。

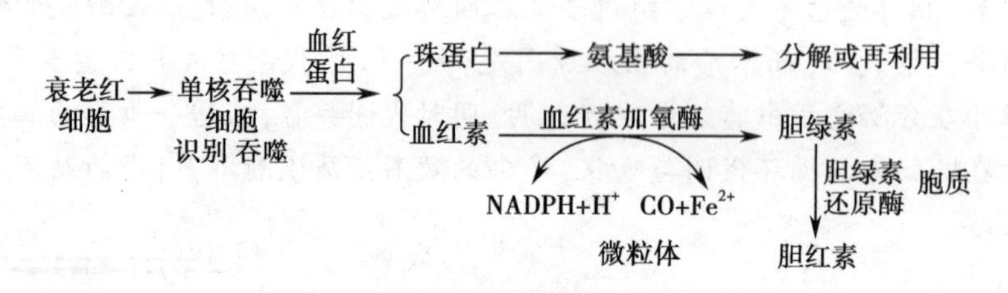

图7-4 胆红素的生成

二、胆红素在血液中的运输

新生胆红素为游离胆红素，在生理pH条件下是一种难溶于水的脂溶性有毒物质，能自由透过细胞膜进入血液。在血液循环中附着于清蛋白上（小部分与α_1球蛋白结合），形成胆红素-清蛋白复合物。胆红素与清蛋白形成复合物后增高胆红素的水溶性，有利于胆红素运输，同时还限制了胆红素自由透过各种生物膜，抑制其对组织细胞的毒性作用。胆红素-清蛋白复合物不能透过肾小球基底膜，即使血清胆红素含量增加尿液检测也是阴性。胆红素-清蛋白复合物中的胆红素仍然为游离型胆红素，或称非结合胆红素。每分子清蛋白可结合两分子胆红素。正常人血清胆红素含量为3.4~17.1mol/L（0.2~1mg/d），而100ml血浆中的清蛋白能结合25mg胆红素，故血浆清蛋白结合胆红素的潜力很大，足以阻止胆红素进入组织细胞产生毒性作用。某些有机阴离子如磺胺类、脂肪酸、胆汁酸、水杨酸等可与胆红素

竞争与清蛋白结合，从而使胆红素游离出来，增加其透入细胞的可能性。过多的游离胆红素可与脑部基底核的脂质结合，并干扰脑的正常功能，称胆红素脑病或核黄疸。新生儿高胆红素血症及黄疸倾向的病人，对多种有机阴离子药物必需慎用。

三、胆红素在肝中转化

血中胆红素以"胆红素 - 清蛋白复合物"的形式输送到肝脏，胆红素与清蛋白分离，很快被肝细胞摄取，并被转运到肝细胞内。肝能迅速从血浆中摄取胆红素，这是由于肝细胞内含有两种载体蛋白，即 Y 蛋白和 Z 蛋白，它们能特异地结合包括胆红素在内的有机阴离子，主动将其摄入细胞内。胆红素与载体蛋白结合后以胆红素 -Y 蛋白、胆红素 -Z 蛋白形式运送至肝内质网进一步代谢。肝细胞摄取胆红素是可逆、耗能的过程，当肝细胞处理胆红素的能力下降，或者胆红素生成量超过肝细胞处理胆红素能力时，已进入肝细胞的胆红素可反流入血，使血胆红素含量增高。

肝细胞内质网中有胆红素 - 尿苷二磷酸葡萄糖醛酸基转移酶（UDP-glucuronyl transferase，UGT），由 UDP- 葡萄糖醛酸提供葡萄糖醛酸基，胆红素与葡萄糖醛酸以酯键结合转变生成葡萄糖醛酸胆红素，即结合胆红素。每分子胆红素可结合 2 分子葡萄糖醛酸，生成双葡萄糖醛酸胆红素。人胆汁中结合胆红素主要是双葡萄糖醛酸胆红素（占 70%~80%），仅有少量单葡萄糖醛酸胆红素（占 20%~30%）。肝对胆红素代谢的最重要作用就是将脂溶性、有毒的游离胆红素通过生物转化的结合反应转变成水溶性、无毒的结合胆红素，主要是葡萄糖醛酸胆红素。结合胆红素水溶性强，与血浆清蛋白亲和力减小，易随胆汁排入小肠继续代谢，也容易透过肾小球基底膜，随尿排出。结合胆红素不容易通过细胞膜和血脑屏障，不易造成组织中毒，是胆红素在体内解毒的重要方式（图 7-5）。

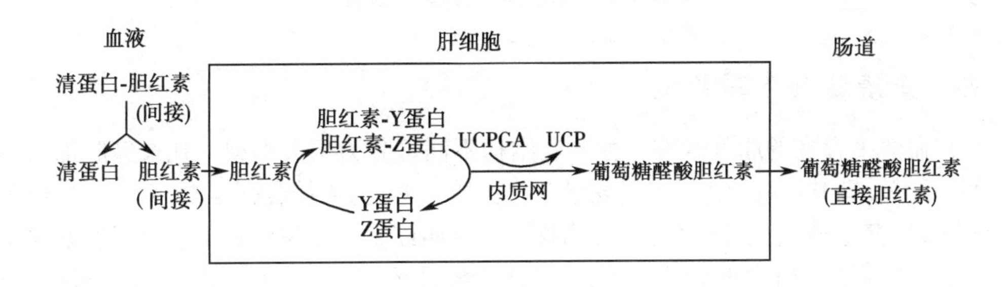

图 7-5　肝细胞对胆红素的摄取、转化与排泄作用

四、胆红素在肠道中的变化

结合胆红素随胆汁排入肠道后，自回肠下段至结肠，在肠道细菌作用下，由 β- 葡萄糖醛酸酶催化水解脱去葡萄糖醛酸，生成未结合胆红素，后者再逐步还原成为无色的胆素原族化合物。粪胆素原在肠道下段或随粪便排出后，经空气氧化为棕黄色的粪胆素，它是正常粪便中的主要色素。

正常人每日从粪便排出的胆素原为 40~280mg。当胆道完全梗阻时，因结合胆红素不能排入肠道，不能形成粪胆素原及粪胆素，粪便则呈灰白色。临床上称之为白陶土样便。肠道中有10%~20%的胆素原可被重吸收入血，经门静脉进入肝脏，其中大部分（约90%）由肝脏摄取并以原形经胆汁分泌排入肠腔，此过程称为胆素原的肠肝循环。在此过程中，少量（10%）胆素原可进入体循环，可通过肾小球滤出，由尿排出，即为尿胆素原。正常成人每天从尿排出的尿胆素原为0.5~4.0mg，尿胆素原在空气中被氧化成尿胆素，是尿液中的主要色素。尿胆素原、尿胆素及尿胆红素临床上称为尿三胆。胆色素代谢过程总结于图7-6。

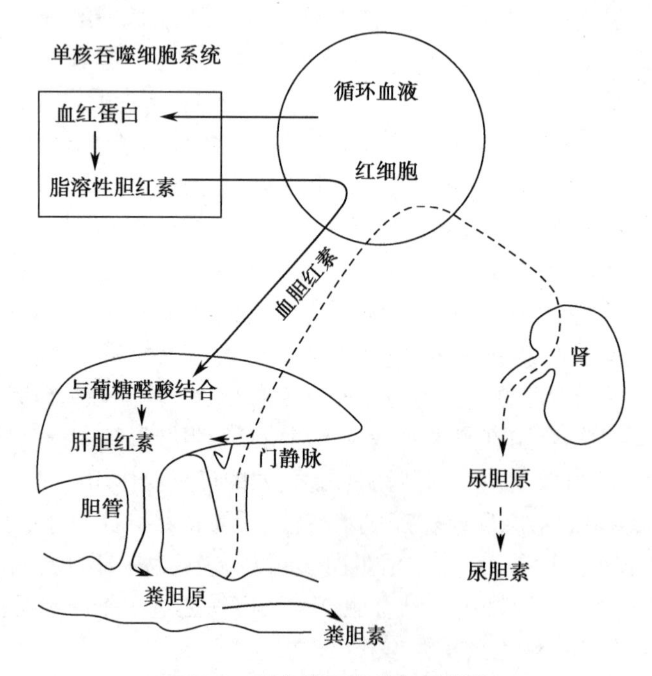

图7-6　胆色素正常代谢示意图

五、血清胆红素与黄疸

正常血清中存在的胆红素按其性质和结构不同可分为两大类型。凡未经肝细胞结合转化的胆红素，即其侧链上丙酸基的羧基为自由羧基者，为未结合胆红素；凡经过肝细胞转化，与葡萄糖醛酸或其他物质结合者，均称为结合胆红素。血清中的未结合胆红素与结合胆红素，由于其结构和性质不同，它们对重氮试剂的反应不同。未结合胆红素不能与重氮试剂反应，必须先加入乙醇或尿素破坏氢键后才能与重氮试剂反应生成紫红色偶氮化合物，称为胆红素试验间接反应，所以未结合胆红素又称"间接胆红素"。而结合胆红素能迅速直接与重氮试剂反应形成紫红色偶氮化合物，故又称"直接胆红素"。两种胆红素不同理化性质的比较见表7-1。

表7-1　两种胆红素不同理化性质的比较

理化性质	未结合胆红素	结合胆红素
其他常用名称	间接胆红素、血胆红素、游离胆红素	直接胆红素、肝胆红素
与葡萄糖醛酸结合	未结合	结合
与重氮试剂反应	慢、间接反应	快、直接反应

续表

理化性质	未结合胆红素	结合胆红素
溶解性	脂溶性大	水溶性大
透过细胞膜的能力和毒性	大	小
经肾随尿排出	不能	能

正常人血清胆红素的总量不超过 10mg/L，其中未结合型约占 4/5，其余为结合胆红素。凡能引起胆红素的生成过多，或使肝细胞对胆红素处理能力下降的因素，均可使血清胆红素浓度增高，称高胆红素血症。胆红素是金黄色色素，当血清中浓度高时，则可扩散入组织，组织被染黄，称为黄疸。特别是巩膜或皮肤，因含有较多弹性蛋白，后者与胆红素有较强亲和力，故易被染黄。黏膜中含有能与胆红素结合的血浆清蛋白，因此也能被染黄。黄疸程度与血清胆红素的浓度密切相关。一般血清中胆红素浓度超过 20mg/L 时，肉眼可见组织黄染；当血清胆红素达 70~80mg/L 以上时，黄疸即较明显。有时血清胆红素浓度虽超过正常，介于 10~20mg/L，但肉眼尚观察不到巩膜或皮肤黄染，称为隐性黄疸。应注意黄疸是一种常见体征，并非疾病名称。凡能引起胆红素代谢障碍的各种因素均可形成黄疸。临床上常根据黄疸发病的原因不同，将黄疸分为三类。

（一）溶血性黄疸

溶血性黄疸是指各种原因（如蚕豆病、输血不当、一些药物、毒物等）导致红细胞大量破坏，单核吞噬细胞系统产生胆红素过多，超过肝细胞处理能力，血中非结合胆红素增高引起的黄疸，又称肝前性黄疸。其特征为血清总胆红素和游离胆红素增高，粪便颜色加深，尿胆素原增多，尿胆红素阴性。

（二）阻塞性黄疸

阻塞性黄疸是多种原因（如胆结石、胆道蛔虫或肿瘤压迫）引起胆红素排泄的通道胆管阻塞，使胆小管或毛细胆管压力增高或破裂，胆汁中结合胆红素逆流入血引起的黄疸，又称肝后性黄疸。主要特征是血中结合胆红素升高，非结合胆红素无明显改变，尿胆红素阳性。由于排入肠道的胆红素减少，生成的胆素原也减少，粪便的颜色变浅，大便甚至呈灰白色。

（三）肝细胞性黄疸

肝细胞性黄疸是指肝功能受损害，肝对胆红素的摄取、转化、排泄能力下降导致的高胆红素血症，又称为肝源性黄疸。其特点是血中非结合胆红素和结合胆红素都可能升高。由于肝功能障碍，结合胆红素在肝内生成减少，粪便颜色变浅。肝细胞受损程度不同，尿胆素原的变化也不一定。由于病变导致肝细胞肿胀，压迫毛细胆管，或造成肝内毛细胆管阻塞，使已生成的结合胆红素部分反流入血，血中结合胆红素含量也增加。结合胆红素能通过肾小球滤过，故尿胆红素检测呈阳性反应。

三种类型黄疸的血、尿、粪胆色素的实验室检查变化见表 7-2。

表 7-2　黄疸时血、尿、粪胆色素的实验室检查变化

指标		正常	溶血性黄疸	阻塞性黄疸	肝细胞性黄疸
胆红素	总量	< 10mg/L	> 10mg/L	> 10mg/L	> 10mg/L
	直接	极少	-	↑↑	↑
	间接	0~8mg/L	↑↑	-	↑
尿三胆	尿胆红素	-	-	++	++
	尿胆素原	少量	↑	↓	不一定
	尿胆素	少量	↑	↓	不一定
粪便颜色		正常	加深	变浅 / 陶土色	变浅或正常

引起黄疸的其他因素

1. 生理缺陷(先天性代谢酶和红细胞遗传性缺陷)以及理化、生物及免疫因素导致的体内红细胞破坏过多，如自身免疫性溶血性贫血、遗传性球形红细胞增多症、不稳定血红蛋白病等等，患者发生贫血、溶血，使血内胆红素原料过剩，均可造成肝前性黄疸。
2. 由于结石和肝、胆、胰肿瘤以及其他炎症，致使胆道梗阻，胆汁不能排入小肠，就可造成肝后性黄疸。常见疾病包括化脓性胆管炎、胆总管结石、胰腺炎、胰头癌、胆管或胆囊癌。胆管结石多见于中年妇女，常有反复发作急性腹绞痛史，并放射至肩背部，黄疸与腹痛发作有关，呈间歇性；碱性磷酸酶、胆固醇、γ- 谷氨酰转肽酶等增高；胆道造影可有结石显影。胰、胆肿瘤老年人多见。胰头癌起病缓慢，总胆管癌隐匿发病，患者消瘦明显，上、中腹区痛持续加重，黄疸呈进行性加深；碱性磷酸酶、胆固醇及 γ- 谷氨酰转肽酶增高；B 超、CT 及磁共振检查可探及肿物、胆囊肿大或胆管扩大等可明确诊断。
3. 新生儿降生不久可因红细胞大量破坏，肝细胞对胆红素摄取障碍而出现生理性黄疸。还有先天性非溶血性黄疸，如吉尔伯特病及二氏综合征引起的黄疸和新生霉素引起的黄疸，都是肝细胞内胆红素结合障碍、胆红素代谢功能缺陷所造成。
4. 严重心脏病患者心力衰竭时，肝脏长期淤血肿大，可以发生黄疸。
5. 药物类损害引发黄疸。有服药史，服用氯丙嗪、吲哚美辛、苯巴比妥类、磺胺类、对氨基水杨酸等，可致中毒性肝炎。此时胃肠道症状不明显，黄疸出现之前无发热，血清转氨酶升高很明显，但絮浊反应正常等可资鉴别。

各种营养物质都需在肝脏进行代谢，非营养物质也需在肝脏进行生物转化。肝脏在糖代谢中的主要作用是维持血糖浓度的相对恒定，脂质的消化、吸收、分解、合成及运输等的过程均离不开肝脏，肝脏在蛋白质代谢中的主要作用是作为蛋白质合成的重要器官。肝脏在维生素吸收、合成、转化和储存的过程中均起着重要的作用。肝脏在激素代谢中的重要作用是灭活激素。

非营养物质需经过氧化、还原、水解和结合等反应，才能使其水溶性和极性增强或活性改变排出体外，这个过程称为生物转化作用。生物转化可分为两相 4 种反应类型，第一相反应包括氧化、还原、水解反应，第二相反应是结合反应。生物转化作用受个体差异、年龄、性别、药物及肝功能等多种因素的影响。

正常人每天合成 1~1.5g 胆固醇，其中约 40%（0.4~0.6g）在肝内转变成为胆汁酸，称为初级胆汁酸。初级胆汁酸在肠菌作用下形成的胆汁酸称为次级胆汁酸。在肝中游离胆汁酸可重新转变为结合胆汁酸，并同新合成的胆汁酸一起随胆汁再排入十二指肠，此过程称为胆汁酸肠肝循环。胆汁酸具有促进脂质的消化吸收和抑制胆固醇在胆汁中析出沉淀的作用。

胆色素是铁卟啉化合物分解代谢的产物，包括胆红素、胆绿素、胆素原和胆素等。在血液循环中胆红素附着于清蛋白上，形成胆红素 - 清蛋白复合物，称未结合胆红素。在肝细胞胆红素与葡萄糖醛酸结合生成葡萄糖醛酸胆红素，称结合胆红素。未结合胆红素不能与胆红素试剂直接反应。必须先加入乙醇或尿素破坏其氢键后才能与重氮试剂反应生成紫红色偶氮化合物，称为胆红素试验间接反应。而结合胆红素能迅速直接与重氮试剂反应形成紫红色偶氮化合物，称胆红素试验直接反应。凡能引起胆红素的生成过多，或使肝细胞对胆红素处理能力下降的因素，均可使血中胆红素浓度增高，称高胆红素血症。当血清中浓度高时可引起黄疸。根据黄疸发病的原因不同，将黄疸分为溶血性黄疸、阻塞性黄疸和肝细胞性黄疸。

目标检测

一、名词解释

1. 生物转化　2. 胆色素　3. 未结合胆红素　4. 结合胆红素　5. 黄疸

二、填空题

1. 肝脏有________和________双重血液供应，肝脏有________和________两条输出通道。

2. 初级胆汁酸是在肝脏内由________转变而来。游离型初级胆汁酸包括

________和________，两者都可以与________或________结合生成结合型初级胆汁酸。

3. 次级胆汁酸是在________生成。游离型次级胆汁酸包括________和________；结合型次级胆汁酸包括________和________。胆汁酸通过________循环，可反复利用。

4. 肝脏生物转化的特点是________和________，同时还具有________双重性。第一相反应包括________、________和________。第二相反应常于________、________和结合。

5. 胆色素包括以下四种________、________、________和________。

6. 黄疸有________、________和阻塞性黄疸三种类型。阻塞性黄疸血液中增高的胆红素主要是________。

三、单项选择题

1. 非营养物质在体内生物转化的最重要器官是

A. 心　　B. 肾　　C. 肝

D. 脾　　E. 胃

2. 人体内最重要的生物转化反应类型是

A. 氧化反应　　B. 还原反应　　C. 氧化还原反应

D. 结合反应　　E 水解反应

3. 在肝脏生物转化的结合反应中，最常见的是

A. 与磷酸结合　　B. 与甲基结合　　C. 与GSH结合

D. 与葡萄糖醛酸结合　　E. 与乙酰基结合

4. 属于初级胆汁酸的是

A. 牛磺胆酸、甘氨脱氧胆酸　　B. 甘氨胆酸、鹅脱氧胆酸

C. 胆酸、牛磺鹅脱氧胆酸　　D. 脱氧胆酸、石胆酸

E. 胆酸、鹅脱氧胆酸

5. 下列属于结合型次级胆汁酸的是

A. 甘氨胆酸　　B. 甘氨鹅脱氧胆酸　　C. 牛磺胆酸

D. 石胆酸　　E. 甘氨脱氧胆酸

6. 有关“胆红素代谢”的描述，错误的是

A. 游离胆红素在血液循环中形成胆红素清蛋白复合物运载到肝

B. 游离胆红素与葡萄糖醛酸基相结合形成结合胆红素

C. 衰老红细胞所释放的血红蛋白是胆红素主要来源

D. 结合胆红素大部分进入体循环经肾排出

E. 在肝窦内胆红素被肝细胞微突所摄取

7. 血中哪一种胆红素增加会在尿中出现胆红素

A. 未结合胆红素　　B. 间接胆红素　　C. 结合胆红素

D. 血胆红素　　E. 与清蛋白结合的胆红素

8. 下列哪种物质是在肠道内生成的

A. 胆红素　　B. 血红素　　C. 胆素原

D. 胆素　　E. 胆绿素

9. 胆色素主要是哪类化合物分解代谢的产物
A. 含铁硫蛋白化合物
B. 含铁叶琳结构化合物
C. 含羧基化合物
D. 含氨基化合物
E. 含硫氨基酸

10. 关于溶血性黄疸，说法不正确的是
A. 可由红细胞大量破坏产生
B. 血中升高的主要是未结合胆红素
C. 尿中胆红素阳性
D. 粪便颜色加深
E. 尿中胆素原增加

11. 关于阻塞性黄疸，说法不正确的是
A. 可由于结石、肿瘤等原因造成的胆道阻塞而产生
B. 血中结合与未结合胆红素均增加
C. 尿中胆红素阳性
D. 粪便颜色变浅
E. 尿胆素原阴性

12. 关于肝细胞性黄疸，说法不正确的是
A. 血中结合与未结合胆红素均增加
B. 又称肝源性黄疸
C. 尿中胆红素阴性
D. 粪便颜色变浅
E. 血清胆红素浓度超过10mg/L

四、思考题

1. 分析肝脏在营养物质和非营养物质代谢中的作用。
2. 说明胆汁酸的代谢过程及胆汁酸的肠肝循环。
3. 请应用胆红素代谢的生化知识分析黄疸的分类、病因及实验室检测指标的变化。

（张承玉　赵　婷）

参考答案

第八章 酸碱平衡

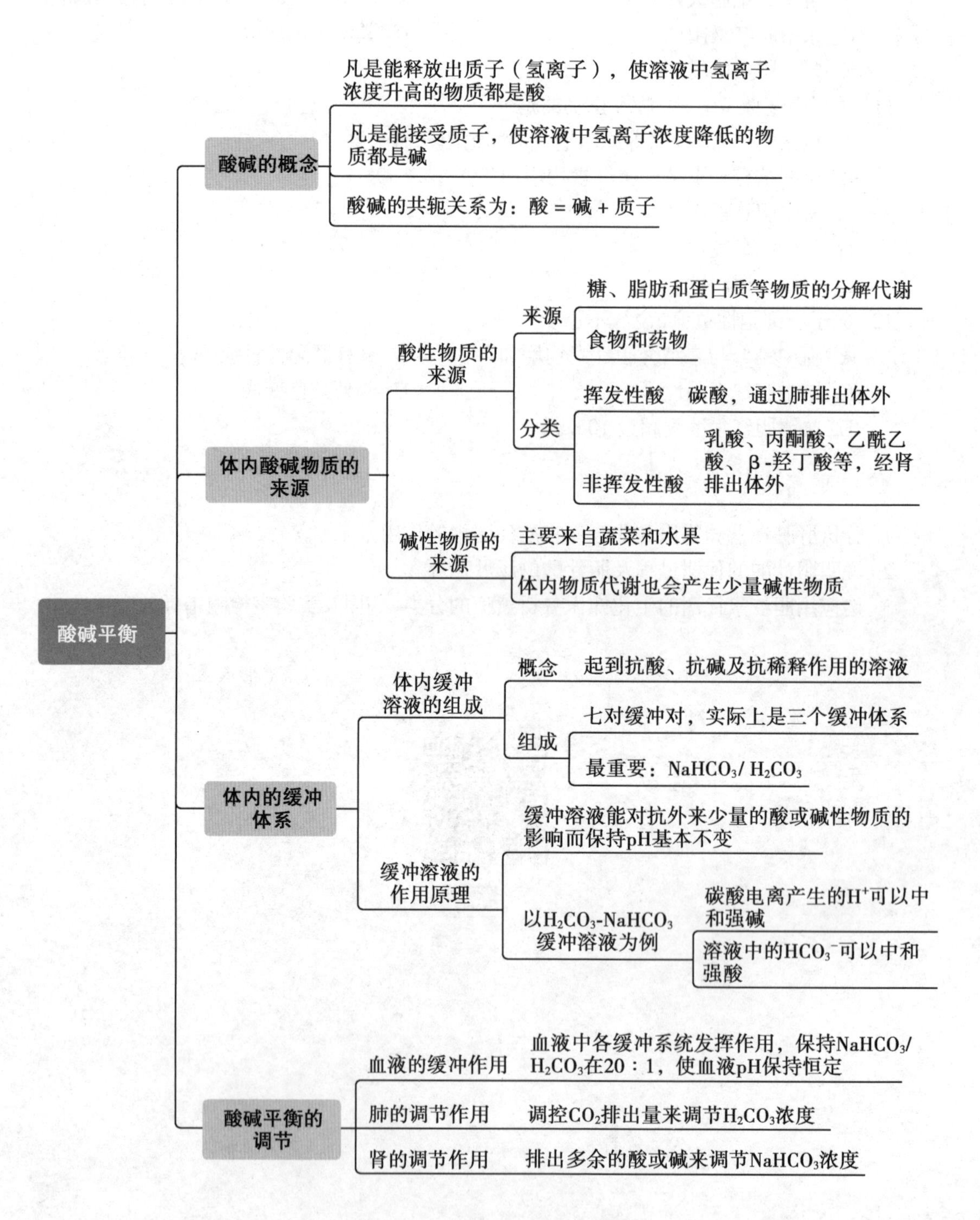

酸碱平衡
酸碱的概念
凡是能释放出质子（氢离子），使溶液中氢离子浓度升高的物质都是酸
凡是能接受质子，使溶液中氢离子浓度降低的物质都是碱
酸碱的共轭关系为：酸 = 碱 + 质子
体内酸碱物质的来源
酸性物质的来源
来源
糖、脂肪和蛋白质等物质的分解代谢
食物和药物
分类
挥发性酸
碳酸，通过肺排出体外
非挥发性酸
乳酸、丙酮酸、乙酰乙酸、β-羟丁酸等，经肾排出体外
碱性物质的来源
主要来自蔬菜和水果
体内物质代谢也会产生少量碱性物质
体内的缓冲体系
体内缓冲溶液的组成
概念
起到抗酸、抗碱及抗稀释作用的溶液
组成
七对缓冲对，实际上是三个缓冲体系
最重要：$NaHCO_3$/ H_2CO_3
缓冲溶液的作用原理
缓冲溶液能对抗外来少量的酸或碱性物质的影响而保持pH基本不变
以H_2CO_3-$NaHCO_3$缓冲溶液为例
碳酸电离产生的H^+可以中和强碱
溶液中的HCO_3^-可以中和强酸
酸碱平衡的调节
血液的缓冲作用
血液中各缓冲系统发挥作用，保持$NaHCO_3$/ H_2CO_3在20∶1，使血液pH保持恒定
肺的调节作用
调控CO_2排出量来调节H_2CO_3浓度
肾的调节作用
排出多余的酸或碱来调节$NaHCO_3$浓度

1. 掌握体内酸、碱物质的概念和来源；主要的缓冲对。
2. 熟悉缓冲体系和作用原理；血液缓冲作用；肺与肾对酸碱平衡的调节作用。
3. 了解酸碱平衡测定的主要指标。
4. 具有应用酸碱平衡知识解释临床护理相关问题的能力。

1. 体内的酸性和碱性物质从何而来？
2. 如何理解缓冲系统中的酸和碱？

第一节　酸碱平衡概述

人体正常的生命活动需要相对恒定的 pH 环境。在正常情况下，机体不断摄入酸性物质和碱性物质，并且体内代谢也会产生酸性物质和碱性物质，但体液的 pH 稳定在 7.35~7.45 很窄的范围内，说明机体能够调节酸碱物质的含量和比例，以维持体液酸碱度的稳定，此过程称为酸碱平衡。人体的一切生理活动和生化反应，如物质合成、能量交换、生物氧化、酶的活性、基因表达等都是在稳定的 pH 条件下进行的。如果酸性物质或碱性物质过多，或调节机制障碍，则会引起机体酸碱平衡紊乱，出现酸中毒或碱中毒，影响机体正常功能。所以人体需要酸碱平衡来保持生命活动的正常进行。

一、酸碱的概念

酸碱性在化学中是指溶液的氢离子浓度，用 pH 表示。凡是能释放出质子（氢离子），使溶液中氢离子浓度升高的物质都是酸；凡是能接受质子，使溶液中氢离子浓度降低的物质都是碱。按照这一理论，酸碱的共轭关系为：

酸 = 碱 + 质子（酸越强，其共轭碱就越弱）

$$H_2CO_3 \rightleftharpoons HCO_3^- + H^+$$

$$H_2PO_4^- \rightleftharpoons HPO_4^{2-} + H^+$$

$$NH_4^+ \rightleftharpoons NH_3 + H^+$$

pH 的定义：$pH=-lg[H^+]$（由丹麦生理学家索仑生提出）。在此理论下，水既有酸性，又有碱性。

$$H_2O \rightleftharpoons OH^- + H^+$$

酸碱性对于生命活动有极为重要的意义。例如酶的活性只能在一定的 pH 范围内表现出来，人体的各个部分都需要其体液具有一定的 pH，否则就会影响到组织细胞的活动。

二、体内酸碱物质的来源

（一）体内酸性物质的来源

体内的酸性物质主要来自糖、脂肪和蛋白质等物质的分解代谢，因此这些物质都称为酸性食物；其次来源于食物和药物，如酒石酸、苯甲酸、阿司匹林等。代谢产生的酸分为挥发性酸和非挥发性酸（固定酸）。

挥发性酸是指能通过肺排出体外的酸，主要指碳酸。在体内糖、脂肪和蛋白质彻底氧化分解的产物为 CO_2 和 H_2O，在红细胞、肾小管上皮细胞、肺泡上皮细胞等细胞内存在碳酸酐酶，碳酸酐酶可催化 CO_2 和 H_2O 生成碳酸。在肺部，碳酸又可分解为 CO_2 和 H_2O，CO_2 通过肺呼出体外，因此称碳酸为挥发性酸。

非挥发性酸是指不能通过肺排出体外，只能经肾排出的酸。如糖、脂肪和蛋白质等物质分解代谢过程中产生的乳酸、丙酮酸、磷酸、硫酸、乙酰乙酸、β-羟丁酸等。

（二）体内碱性物质的来源

体内的碱性物质主要来自蔬菜和水果，这些物质所含的有机酸盐，如柠檬酸、苹果酸等的钠盐或钾盐在体内代谢，其中有机酸根被氧化分解，留下的 Na^+ 或 K^+ 转化为 $NaHCO_3$、$KHCO_3$ 等碱性物质。因此，蔬菜和水果称为碱性食物。另外，体内物质代谢也会产生少量碱性物质，如氨基酸分解代谢产生的 NH_3 等。机体代谢产生的酸性物质大于碱性物质。

三、体内的缓冲体系

（一）体内缓冲溶液的组成

缓冲溶液（buffer solution）是一种能在加入少量酸、碱或水时，大大降低 pH 变动幅度的溶液。人体的体液本身就是缓冲溶液，由多种缓冲体系（缓冲对）构成。每种缓冲体系由一种弱酸（共轭酸）及其相应的强碱盐（共轭碱）组成缓冲对，起到抗酸、抗碱及抗稀释作用。血液由多种缓冲体系构成，包括血浆缓冲体系和红细胞缓冲体系两部分（表 8-1）。

表 8-1 血液缓冲体系

血浆缓冲体系	红细胞缓冲体系
$NaHCO_3/H_2CO_3$	$KHCO_3/H_2CO_3$
Na_2HPO_4/NaH_2PO_4	K_2HPO_4/KH_2PO_4
NaPr/HPr	KHb/HHb
	$KHbO_2/HHbO_2$

上述七对缓冲对，实际上是三个缓冲体系，即碳酸氢盐缓冲体系、磷酸氢盐缓冲体系和蛋白质（包括 Hb、HbO_2）缓冲体系。这些缓冲对中，以血浆中的碳酸氢盐缓冲体系最为重要，因为其含量多，缓冲能力强，是缓冲非挥发性酸及碱的重要物质。$NaHCO_3$ 是体内缓冲非挥发性酸的主要物质，能够使较强的非挥发性酸变成挥发性酸，易于从肺排出。H_2CO_3 是体内缓冲碱的主要物质，能够使较强的碱转变为 $NaHCO_3$。在正常情况下，血浆 $NaHCO_3$ 浓度为 24mmol/L，H_2CO_3 浓度为 1.2mmol/L，那么血浆 pH 为：

$$pH=pK_a+lg\frac{[HCO_3^-]}{[H_2CO_3]}=6.1+lg\frac{24}{1.2}=6.1+lg\frac{20}{1}=7.4$$

由上式可以看出，血浆 pH 主要取决于 $NaHCO_3$ 和 H_2CO_3 的相对浓度，如果二者浓度比为 20∶1，则血浆 pH 即为 7.4，即血浆的生理 pH。因此机体调节酸碱平衡的实质即调节 $NaHCO_3$ 和 H_2CO_3 的浓度，使其比值保持在 20∶1。

红细胞中血红蛋白及氧合血红蛋白缓冲体系主要缓冲挥发性酸。

（二）缓冲溶液的作用原理

现以 H_2CO_3-$NaHCO_3$ 缓冲溶液为例，来说明缓冲溶液抵抗少量强酸或强碱使 pH 稳定的原理。在溶液中，碳酸是弱酸，仅能电离出少量的 H^+ 和 HCO_3^-。碳酸氢钠是强电解质，能全部电离出 Na^+ 和 HCO_3^-。由于同离子效应，大量的 HCO_3^- 抑制了碳酸的电离，溶液中碳酸及碳酸氢根离子的量都很大。

$$H_2CO_3 \rightleftharpoons H^+ + HCO_3^-$$
$$NaHCO_3 \rightarrow Na^+ + HCO_3^-$$

当向溶液中加少量的强碱时，碳酸电离产生的 H^+ 与加入的 OH^- 作用生成 H_2O，溶液中 $[H^+]$ 减少后碳酸可以继续电离，使溶液的 $[H^+]$ 没有明显减少，所以溶液的 pH 也不发生明显变化。这就是抗碱物质——酸的作用。

$$H^+ + OH^- \rightleftharpoons H_2O$$
$$H_2CO_3 \rightleftharpoons H^+ + HCO_3^-$$

当向溶液中加少量的强酸时，溶液中的 HCO_3^- 马上与 H^+ 结合生成 H_2CO_3，由于 H^+ 与 HCO_3^- 生成了碳酸，使溶液中 $[H^+]$ 没有明显增加，所以溶液的 pH 也不发生明显变化。

$$HCO_3^- + H^+ \rightleftharpoons H_2CO_3$$

所以，缓冲溶液能对抗外来少量的酸或碱性物质的影响而保持 pH 基本不变。

机体如何维持酸碱平衡状态？

第二节　酸碱平衡的调节

酸碱平衡的调节

一、酸碱平衡的调节机制

酸碱平衡调节主要通过血液的缓冲、肺的呼吸及肾的排泄作用来进行。

(一)血液的缓冲作用

1. 对非挥发性酸的缓冲作用　物质代谢产生的乳酸、柠檬酸等非挥发性酸(HA)进入血液后，主要由血浆碳酸氢盐缓冲体系中共轭碱 $NaHCO_3$ 来缓冲，使非挥发性酸转化为挥发性酸。碳酸由血液循环运输到肺，进一步分解为 H_2O 和 CO_2，经呼吸排出体外，从而减弱非挥发性酸对血液 pH 的影响。

$$HA + NaHCO_3 \rightarrow H_2CO_3 + NaA$$
$$H_2CO_3 \rightarrow H_2O + CO_2$$

2. 对碱性物质的缓冲作用　碱性物质进入血液后，主要由血浆缓冲体系中的共轭酸来缓冲，如：

$$Na_2CO_3 + H_2CO_3 \rightarrow 2\ NaHCO_3$$

经过缓冲作用，相对较强的碱性物质碳酸钠转化为较弱的碱性物质碳酸氢钠，过多的碳酸氢钠可由肾排出体外，从而减弱碱性物质对血液 pH 的影响。

3. 对挥发性酸的缓冲作用　对挥发性酸的缓冲作用主要由红细胞缓冲体系来进行。当血液流经组织时，组织细胞代谢产生的 CO_2 绝大部分扩散进入红细胞，在碳酸酐酶的催化下生成碳酸。碳酸主要由红细胞缓冲体系中共轭碱 KHb 来缓冲，经过缓冲作用，酸性较强的碳酸转化为相对较弱的 $KHCO_3$：

$$KHb + H_2CO_3 \rightarrow KHCO_3 + HHb$$

当血液流经肺部时，氧分压升高，HHb 分解为 H^+ 和 Hb^-，Hb^- 与氧结合生成 HbO_2，H^+ 与 HCO_3^- 结合生成碳酸，碳酸在碳酸酐酶的催化下又分解为 CO_2 和 H_2O，CO_2 通过呼吸排出体外。

血液中各缓冲系统相互关联，并与肺和肾的调节作用相互协同，共同维持体液 pH 的相对稳定。

(二)肺的调节作用

肺对酸碱平衡的调节主要通过调控 CO_2 排出量来调节 H_2CO_3 浓度，以维持酸碱平衡。

当血液 $PaCO_2$ 升高或 pH 降低时，呼吸中枢兴奋，使呼吸运动加深加快，排出更多的 CO_2，使血液 H_2CO_3 浓度下降；反之，当血液 $PaCO_2$ 降低或 pH 升高时，呼吸中枢抑制，使呼吸运动变浅变慢，CO_2 的排出减少，使血液 H_2CO_3 浓度升高。通过调节 H_2CO_3 浓度，保持 $NaHCO_3/H_2CO_3$ 在 20∶1，使血液 pH 保持相对恒定。

（三）肾的调节作用

肾主要通过排出多余的酸或碱来调节血浆 $NaHCO_3$ 浓度，发挥维持酸碱平衡的作用。肾的调节作用主要是通过 H^+-Na^+ 交换、NH_4^+-Na^+ 交换和 K^+-Na^+ 交换来实现的。当血浆中 $NaHCO_3$ 浓度降低时，肾 H^+-Na^+ 交换和 NH_4^+-Na^+ 交换加强，而 K^+-Na^+ 交换减弱，因此增强对酸的排泄及 $NaHCO_3$ 的重吸收；反之，当 $NaHCO_3$ 浓度升高时，肾则减少 $NaHCO_3$ 的重吸收并排出过多的碱性物质。这样，使血浆中 $NaHCO_3/H_2CO_3$ 保持在 20∶1，以维持血液 pH 相对稳定。

综上所述，体内的酸碱平衡主要是通过血液缓冲体系、肺及肾的调节来实现的。进入血液的酸性物质或碱性物质首先经血液缓冲系统，尤其是碳酸氢盐缓冲系统的缓冲作用，由较强的酸或碱转化为较弱的酸或碱，再经肺调节 H_2CO_3 的含量及肾调节 $NaHCO_3$ 的含量，使 $[NaHCO_3]/[H_2CO_3]$ 保持在 20∶1，维持血液 pH 的相对恒定。

酸碱平衡紊乱

体内酸性或碱性物质产生过多或肺、肾的调节功能下降，都会引起 $NaHCO_3$、H_2CO_3 浓度的改变，影响血液 H^+ 浓度，导致酸碱平衡紊乱。根据血液 pH 的改变，酸碱平衡紊乱可分为酸中毒和碱中毒。pH 的变化主要由 $NaHCO_3$、H_2CO_3 浓度的改变引起。

$NaHCO_3$ 是缓冲非挥发性酸（代谢性酸）的主要成分，因此 $NaHCO_3$ 浓度变化可以反映机体代谢状况。由 $NaHCO_3$ 的改变而引起的酸中毒或碱中毒称为代谢性酸中毒或代谢性碱中毒。如糖代谢障碍时会引起酮体（乙酰乙酸、β-羟丁酸和丙酮）产生过多，进入血液主要由 $NaHCO_3$ 来缓冲，造成 $NaHCO_3$ 减少，$NaHCO_3/H_2CO_3$ 比值下降，pH 降低，引起代谢性酸中毒。

H_2CO_3 浓度主要受呼吸因素的影响，因此 H_2CO_3 的浓度变化可以反映肺的呼吸功能。由 H_2CO_3 的改变而引起的酸中毒或碱中毒称为呼吸性酸中毒或呼吸性碱中毒。如支气管哮喘引起肺通气障碍，CO_2 潴留，H_2CO_3 浓度升高，$NaHCO_3/H_2CO_3$ 比值下降，pH 降低，引起呼吸性酸中毒。

在酸碱平衡紊乱初期或病变较轻时，$NaHCO_3$ 和 H_2CO_3 的浓度虽有改变，但通过机体调节作用，$NaHCO_3/H_2CO_3$ 的比值仍可维持在 20∶1，血液的 pH 可以保持在正常范围内，这种情况称为代偿性酸中毒或碱中毒。如果超过代偿能力，血液 pH 超出正常范围，则称为失代偿性酸中毒或碱中毒。

在临床护理工作中要耐心细致，密切观察并记录患者生命体征，配合医生及时复查血气分析，改善患者的通气功能，纠正离子紊乱和酸碱失衡。

二、酸碱平衡测定指标

（一）血液 pH

血液 pH 是表示血液中 H^+ 浓度的指标，即血液的酸碱度。正常人动脉血的 pH 为 7.35~7.45。但血液 pH 正常只能说明酸碱平衡正常或有酸碱平衡紊乱而代偿良好。

（二）二氧化碳分压（PCO_2）

PCO_2 是指物理溶解于血浆中的 CO_2 所产生的张力。动脉血 PCO_2 的正常范围是 33~46mmHg，平均为 40mmHg。它是反映呼吸性因素的重要指标。

（三）二氧化碳结合力（CO_2CP）

CO_2CP 是指血浆中以 HCO_3^- 形式存在的 CO_2 的量。正常范围为 23~31mmol/L，平均为 27mmol/L。其在一定程度上可以反映血浆中 HCO_3^- 的含量。

本章小结

酸性物质主要由糖、脂肪和蛋白质等物质分解代谢过程中产生。分为挥发性酸和非挥发性酸。挥发性酸主要指碳酸，非挥发性酸主要包括乳酸、丙酮酸、磷酸、乙酰乙酸、β-羟丁酸等。体内的碱性物质主要有 $NaHCO_3$、$KHCO_3$、Na_2HPO_4 等物质，多来自瓜果蔬菜。

缓冲溶液能对抗外来少量的酸性或碱性物质的影响而保持 pH 基本不变。机体最重要的缓冲对是 $NaHCO_3/H_2CO_3$。在缓冲溶液中，能释放 H^+，使溶液中 $[H^+]$ 升高的物质是酸；能结合 H^+，使溶液中 $[H^+]$ 降低的物质是碱；酸 = 碱 + H^+。可见缓冲溶液就是由这样的酸和碱物质组成的。

体内的酸碱平衡主要是通过血液缓冲体系、肺及肾的调节来实现。通过调节使 $[NaHCO_3]/[H_2CO_3]$ 保持在 20∶1，维持血液 pH 的相对恒定。

目标检测

一、名词解释

1. 酸碱平衡 2. 挥发性酸 3. 酸 4. 碱 5. 缓冲溶液

二、填空题

1. 体内酸性物质主要来源于________，碱性物质主要来源于________。
2. 酸碱平衡调节的机制有________、________和________三种。

三、单项选择题

1. 正常人体内酸性物质的最主要代谢来源是
   A. 食入酸性食物　　B. 食入碱性药物　　C. 含硫氨基酸氧化产生

D. 糖、脂肪、蛋白质氧化分解产生　　E. 以上都不是

2. 血浆中缓冲非挥发性酸主要依靠
   A. 磷酸氢二钠　　B. 碳酸氢钠　　C. 有机酸钠
   D. 磷酸二氢钠　　E. 蛋白质钠盐
3. 血浆中最主要的缓冲对
   A. 碳酸氢钠 / 碳酸　　B. 乳酸钠 / 乳酸　　C. 磷酸氢二钠 / 磷酸二氢钠
   D. 蛋白质钠 / 蛋白质　　E. 丙酮酸钠 / 丙酮酸
4. 正常人体内每天产生最多的酸是
   A. 乳酸　　B. 硫酸　　C. 磷酸
   D. 碳酸　　E. 乙酰乙酸
5. 关于肺在酸碱平衡中的作用叙述不正确的是
   A. 排出 CO_2 是肺的重要功能　　B. 对非挥发性酸没有作用
   C. 通过调节 CO_2 的排出可调节碳酸的浓度　　D. 可直接呼出丙酮
   E. 以上都不是
6. 血钾浓度增高会引起
   A. 碱中毒　　B. 酸中毒　　C. 尿中氢排出增加
   D. 尿中氯排出增多　　E. 尿钠排出增高
7. 血液缓冲作用叙述正确的是
   A. 血浆 pH 7.4 时，血浆中 HCO_3^-/H_2CO_3 的比值是 1 ∶ 20
   B. 红细胞中主要缓冲系统是 HCO_3^-/H_2CO_3
   C. 血浆中主要的缓冲系统是 HCO_3^-/H_2CO_3
   D. $NaHCO_3$ 是体内缓冲挥发性酸的主要物质
   E. 以上都不是
8. 表示血液中 H^+ 浓度的指标是
   A. 血浆中 HCO_3^-/H_2CO_3 的比值　　B. PCO_2
   C. 血液 pH　　D. PO_2
   E. CO_2CP

四、思考题

1. 体内的酸性和碱性物质从何而来？
2. 机体如何调节酸碱平衡？

（张承玉　马元春）

参考答案

参考文献

[1] 周春燕，药立波. 生物化学与分子生物学. 9版. 北京：人民卫生出版社，2019.
[2] 吕世杰，王志刚. 生物化学. 8版. 北京：人民卫生出版社，2019.
[3] 何旭辉. 生物化学. 北京：人民卫生出版社，2017.
[4] 吕学儒. 生物化学. 北京：人民卫生出版社，2013.
[5] 姚文兵，杨红. 生物化学. 8版. 北京：人民卫生出版社，2016.
[6] 陆阳. 有机化学. 9版. 北京：人民卫生出版社，2018.
[7] 尤黎明，吴瑛. 内科护理学. 北京：人民卫生出版社，2017.
[8] 史琳娜. 临床营养学. 3版. 北京：人民卫生出版社，2018.
[9] 何丹，张淑芳. 生物化学. 2版. 北京：中国医药科技出版社，2019.
[10] 李清秀. 生物化学. 3版. 北京：人民卫生出版社，2019.
[11] 赵宝昌，关一夫. 生物化学（英文版）. 2版. 北京：科学出版社，2016.
[12] 刘观昌，马少宁. 生物化学检验. 4版. 北京：人民卫生出版社，2015.
[13] 胡颂恩. 分子生物学与检验技术. 北京：人民卫生出版社，2015.
[14] 张丽萍，杨建雄. 生物化学简明教程. 5版. 北京：高等教育出版社，2015.
[15] 万福生，揭克敏. 医学生物化学. 北京：科学出版社，2010.